Otto Bruhns

Aufgabensammlung Technische Mechanik 2

Festigkeitslehre für Bauingenieure und Maschinenbauer

Otto Bruhns

Aufgabensammlung Technische Mechanik 2

Festigkeitslehre für Bauingenieure und Maschinenbauer

Mit 327 Abbildungen

2., verbesserte Auflage

Die Deutsche Bibliothek – CIP-Einheitsaufnahme
Ein Titeldatensatz für diese Publikation ist bei
Der Deutschen Bibliothek erhältlich.

1. Auflage, Juli 1997
2., verbesserte Auflage, November 2000

www.vieweg.de

Konzeption und Layout des Umschlags: Ulrike Weigel, www.CorporateDesignGroup.de

Gedruckt auf säurefreiem Papier

ISBN-13: 978-3-528-17421-7   e-ISBN-13: 978-3-322-89570-7
DOI: 10.1007/978-3-322-89570-7

Vorwort

Die Mechanik ist eine der Grundlagen der Ingenieurwissenschaften. Sie soll die Studierenden an die Ingenieurprobleme heranführen und sie später in die Lage versetzen, neuen Problemen mit geschärftem analytischen Denkvermögen begegnen zu können.

Erfahrungsgemäß ist das Erlernen der wesentlichen Grundlagen und Methoden der Mechanik etwas, das den Studierenden der Ingenieurwissenschaften zu Beginn ihres Studiums besonders schwer fällt. Das vorliegende Buch soll dazu beitragen, die Schwierigkeiten beim Erlernen dieses Faches zu überwinden. Es wendet sich deshalb insbesondere an die Studierenden des Bauingenieurwesens und des Maschinenbaus im Grundstudium.

Das Buch folgt eng der didaktischen Linie der Mechanik-Vorlesungen an deutschen Hochschulen. Es ist insbesondere hervorgegangen aus meiner langjährigen Lehrtätigkeit an der Ruhr-Universität in Bochum.

Das vorliegende Studienbuch ist der zweite Band der Reihe "Aufgabensammlung Mechanik", die die Bände "Elemente der Mechanik" ergänzen und abrunden soll. Es ist so aufgebaut, dass die wesentlichen Elemente der "Festigkeitslehre" behandelt werden. Zu Beginn eines jeden Kapitels werden die für die Lösung der Aufgaben wichtigsten Formeln zusammengestellt und kurz erläutert. Dabei wird jeweils auf die entsprechenden Abschnitte der Bände der "Elemente der Mechanik" Bezug genommen, so dass ein genaueres Nacharbeiten erleichtert wird. Es folgen einige typische Beispiele von Aufgaben, die in aller Ausführlichkeit gelöst werden. Den Abschluss bilden dann in jedem Kapitel eine Reihe von Aufgaben, für die im Kapitel 10 die Lösungen in Kurzform angegeben werden.

Die Mechanik behandelt einen Stoff, der erfahrungsgemäß durch reines Lesen nicht erlernbar ist. Es wird deshalb empfohlen – und der gewählte Aufbau der Kapitel soll die Studierenden in dieser Weise motivieren – die zusammengestellten Aufgaben entsprechend den Lösungen der Beispiele sorgfältig durchzuarbeiten. Dabei wird hier allerdings vorausgesetzt, dass die Methoden und Prinzipien der "Statik", insbesondere also das Schnittprinzip, die Lösungsverfahren der Stabstatik und die Ermittlung von Zustandslinien, beherrscht werden.

Mein herzlicher Dank geht an dieser Stelle an meine Mitarbeiter Dipl.-Ing. C. Bongmba, cand. ing. S. Kim, Dr.-Ing. A. Meyers, Dipl.-Ing. C. Oberste-Brandenburg, Dipl.-Ing. T. Quent, Dr.-Ing. P. Schieße, Dipl.-Ing. S. H. Vogelsang und Dipl.-Ing. S. Weng, die mir bei der Abfassung des Textes und insbesondere bei der Erstellung der vielen Abbildungen behilflich waren.

Bochum, im April 1997 *Otto Bruhns*

Vorwort zur zweiten Auflage

Die starke Nachfrage nach den ersten beiden Bänden der Reihe "Aufgabensammlung Mechanik" hat eine Neuauflage dieser Bände erforderlich werden lassen. Die bewährte Form wurde dabei beibehalten – lediglich einige notwendige Korrekturen wurde durchgeführt. Mein besonderer Dank gilt in diesem Zusammenhang den vielen Studierenden, die die Bände fleißig durchgearbeitet und mich auf so manchen Fehler aufmerksam gemacht haben, der – trotz gründlicher Kontrolle – immer noch in der 1. Auflage enthalten war.

Bochum, im September 2000 *Otto Bruhns*

Inhaltsverzeichnis

1 Spannungen und Verzerrungen

1.1 Allgemeines

In der Statik (Band I der „Elemente der Mechanik") waren wir davon ausgegangen, dass die behandelten Körper als starr angenommen werden können. Die Bewegung (Lageänderung) eines solchen Körpers ist dementsprechend durch die Angabe von 6 bzw. bei ebenen Problemen 3 Verschiebungsgrößen vollständig beschrieben (Band I, Abschnitt 5.2). Wird diese Bewegungsmöglichkeit durch kinematische Bindungen eingeschränkt, so treten an die Stelle der jeweiligen Verschiebungsgrößen entsprechend zugeordnete Kraftgrößen (Kräfte und Momente). In der Statik haben wir diese Größen mit Hilfe des Befreiungs- und des Schnittprinzips ermittelt.

In der Festigkeitslehre lassen wir nun die Annahme starrer Körper fallen. Um die Bewegung eines deformierbaren Körpers zu beschreiben, müssen wir von der Verschiebung $\mathbf{u}(\mathbf{x},t)$ eines Körperpunktes $\mathbf{x}$ ausgehen (Band I, Abschnitt 5.3). Die 3 Komponenten $u_i(\mathbf{x},t)$ beschreiben dann das Verschiebungsfeld in dem betrachteten Punkt.

Ein infinitesimal großes Volumenelement dV in $\mathbf{x}$ erfährt bei einer solchen Deformation eine Änderung seiner Größe und seiner Gestalt. Diesen physikalischen Vorgang nennen wir eine Verzerrung (Band II, Abschnitt 1.3) und beschreiben ihn durch den Gradienten an das Verschiebungsfeld in $\mathbf{x}$ bzw. durch den symmetrischen Anteil des Gradienten (Band II, Satz 1.14)

$$\epsilon_{ik} = \epsilon_{ki} = \frac{1}{2}\left(\frac{\partial u_k}{\partial x_i} + \frac{\partial u_i}{\partial x_k}\right), \quad (i,k = 1,2,3) \tag{1.1}$$

wenn wir die abkürzende Tensorschreibweise benutzen und wenn wir uns hier im Rahmen einer linearen Theorie auf kleine Formänderungen beschränken.

Die Verzerrung ist dimensionslos. Für ein kartesisches Koordinatensystem erhalten wir aus (1.1) (Band II, Satz 1.13) für die Dehnungen

$$\epsilon_{xx} = \frac{\partial u_x}{\partial x}, \quad \epsilon_{yy} = \frac{\partial u_y}{\partial y}, \quad \epsilon_{zz} = \frac{\partial u_z}{\partial z}, \tag{1.2}$$

bzw. für die Gleitungen

$$\epsilon_{xy} = \epsilon_{yx} = \frac{1}{2}\left(\frac{\partial u_y}{\partial x} + \frac{\partial u_x}{\partial y}\right),$$

$$\epsilon_{yz} = \epsilon_{zy} = \frac{1}{2}\left(\frac{\partial u_z}{\partial y} + \frac{\partial u_y}{\partial z}\right), \tag{1.3}$$

$$\epsilon_{zx} = \epsilon_{xz} = \frac{1}{2}\left(\frac{\partial u_x}{\partial z} + \frac{\partial u_z}{\partial x}\right).$$

Um bei der betrachteten Deformation den Zusammenhalt eines kontinuierlichen Körpers zu gewährleisten, müssen die Verzerrungen den Kompatibilitätsbedingungen genügen (siehe Band II, Satz 1.18).

Der Verzerrung zugeordnet ist die Spannung

$$\sigma_{ik} \quad (i,k = 1,2,3) \tag{1.4}$$

mit der Dimension einer Kraft pro Fläche (Band II, Abschnitt 1.2). Sie gibt uns – bezogen auf die jeweilige Schnittfläche – die Größe der einzelnen Komponenten des Spannungsvektors $\mathbf{p}$ im betrachteten Körperpunkt $\mathbf{x}$ an. Dementsprechend kennzeichnen der 1. Index die betrachtete Schnittfläche,

der 2. Index die betrachtete Richtung der jeweiligen Komponente des Spannungsvektors.

Aus dem Gleichgewicht der Kräfte am betrachteten Volumenelement dV erhalten wir den Impulssatz (Band II, Satz 1.21)

$$\frac{\partial \sigma_{xx}}{\partial x} + \frac{\partial \sigma_{yx}}{\partial y} + \frac{\partial \sigma_{zx}}{\partial z} + \rho f_x = \rho \frac{D^2 u_x}{dt^2},$$

$$\frac{\partial \sigma_{xy}}{\partial x} + \frac{\partial \sigma_{yy}}{\partial y} + \frac{\partial \sigma_{zy}}{\partial z} + \rho f_y = \rho \frac{D^2 u_y}{dt^2}, \tag{1.5}$$

$$\frac{\partial \sigma_{xz}}{\partial x} + \frac{\partial \sigma_{yz}}{\partial y} + \frac{\partial \sigma_{zz}}{\partial z} + \rho f_z = \rho \frac{D^2 u_z}{dt^2},$$

bzw. in abgekürzter Schreibweise

$$\sum_i \frac{\partial \sigma_{ik}}{\partial x_i} + \rho f_k = \rho \frac{D^2 u_k}{dt^2}. \tag{1.6}$$

Der Drallsatz schließlich liefert uns die Symmetrie des Spannungstensors (Band II, Satz 1.2)

$$\sigma_{ik} = \sigma_{ki}, \quad \text{bzw.} \quad \sigma_{xy} = \sigma_{yx}, \quad \sigma_{yz} = \sigma_{zy}, \quad \sigma_{zx} = \sigma_{xz}. \tag{1.7}$$

Spannungen σ_{ik} und Verzerrungen ϵ_{ik} sind im allgemeinen orts- und zeitabhängige tensorielle Größen – oder genauer – Zahlenwerte von entsprechenden Tensoren 2. Stufe, die wir auch in Form von Matrizen angeben können, z.B. die Spannungen in kartesischen Koordinaten

$$\begin{pmatrix} \sigma_{xx} & \sigma_{xy} & \sigma_{xz} \\ \sigma_{yx} & \sigma_{yy} & \sigma_{yz} \\ \sigma_{zx} & \sigma_{zy} & \sigma_{zz} \end{pmatrix}. \tag{1.8}$$

Tensoren 2. Stufe besitzen übereinstimmende mathematische Eigenschaften. Es reicht daher aus, diese Eigenschaften an einem Tensor – z.B. dem Spannungstensor – zu erläutern. Diese Ergebnisse lassen sich dann auf alle anderen Tensoren 2. Stufe übertragen.

1.2 Transformationseigenschaften

Betrachten wir einen ebenen Spannungszustand in einem kartesischen Koordinatensystem mit

$$\sigma_{zx} = \sigma_{zy} = \sigma_{zz} = 0,$$

so erhalten wir für die Transformation der Zahlenwerte bei Drehung des Koordinatensystems um die z-Achse um den Winkel φ (Band II, Satz 1.3)

$$\sigma_{\bar{x}\bar{x}} = \frac{1}{2}(\sigma_{xx} + \sigma_{yy}) + \frac{1}{2}(\sigma_{xx} - \sigma_{yy})\cos 2\varphi + \sigma_{xy}\sin 2\varphi$$

$$\sigma_{\bar{y}\bar{y}} = \frac{1}{2}(\sigma_{xx} + \sigma_{yy}) - \frac{1}{2}(\sigma_{xx} - \sigma_{yy})\cos 2\varphi - \sigma_{xy}\sin 2\varphi \tag{1.9}$$

$$\sigma_{\bar{x}\bar{y}} = \sigma_{\bar{y}\bar{x}} = \qquad -\frac{1}{2}(\sigma_{xx} - \sigma_{yy})\sin 2\varphi + \sigma_{xy}\cos 2\varphi.$$

Aus diesen Transformationsregeln folgt:

1. In den gegenüber dem Ausgangs-Bezugssystem um den Winkel

$$\varphi = \frac{1}{2} \arctan \frac{2\sigma_{xy}}{\sigma_{xx} - \sigma_{yy}} \tag{1.10}$$

gedrehten Schnittrichtungen verschwinden die Schubspannungen und die Normalspannungen nehmen Extremwerte an. Für diese Haupt-Normalspannungen (σ_1, σ_2 mit $\sigma_1 \geqq \sigma_2$) gilt (Band II, Satz 1.4):

$$\left.\begin{array}{c}\sigma_1 \\ \sigma_2\end{array}\right\} = \frac{1}{2}\left(\sigma_{xx} + \sigma_{yy}\right) \pm \frac{1}{2}\sqrt{\left(\sigma_{xx} - \sigma_{yy}\right)^2 + 4\,\sigma_{xy}^2}. \tag{1.11}$$

2. In den gegenüber den Hauptachsen um $\dfrac{\pi}{4}$ gedrehten Schnittrichtungen wird der Betrag der Schubspannungen maximal (Band II, Satz 1.5)

$$|\sigma_{x\bar{y}}|_{\max} = \frac{1}{2}\sqrt{\left(\sigma_{xx} - \sigma_{yy}\right)^2 + 4\,\sigma_{xy}^2} = \frac{1}{2}\left(\sigma_1 - \sigma_2\right). \tag{1.12}$$

Für die Normalspannungen in diesem Schnitt erhalten wir

$$\sigma_{\bar{x}\bar{x}} = \sigma_{\bar{y}\bar{y}} = \frac{1}{2}\left(\sigma_{xx} + \sigma_{yy}\right) = \frac{1}{2}\left(\sigma_1 + \sigma_2\right). \tag{1.13}$$

3. Gehen wir von den Hauptachsen aus, so erhalten wir bei Drehung des Koordinatensystems um den Winkel α

$$\left.\begin{array}{c}\sigma_{xx} \\ \sigma_{yy}\end{array}\right\} = \frac{1}{2}\left(\sigma_1 + \sigma_2\right) \pm \frac{1}{2}\left(\sigma_1 - \sigma_2\right)\cos 2\alpha$$

$$\sigma_{xy} = \qquad\quad -\frac{1}{2}\left(\sigma_1 - \sigma_2\right)\sin 2\alpha. \tag{1.14}$$

Für allgemeine (dreiachsige) Spannungszustände finden wir drei senkrecht aufeinander stehende Schnittrichtungen, für die die Schubspannungen verschwinden. Die diese Schnittrichtungen kennzeichnenden Flächennormalen bilden die Hauptachsen des Spannungstensors. Die zugehörigen Haupt-Normalspannungen bezeichnen wir mit σ_1, σ_2, σ_3. Die Hauptachsen ordnen wir so, dass $\sigma_1 \geqq \sigma_2 \geqq \sigma_3$ ist und die zugehörigen Achsen ein Rechtssystem bilden (Band II, Satz 1.8).

Die betragsmäßig größte Schubspannung finden wir für Schnittrichtungen, die unter einem Winkel von $\dfrac{\pi}{4}$ gegen die Hauptachsen 1 und 3 geneigt sind (Band II, Satz 1.9)

$$|\tau|_{\max} = \frac{1}{2}\left(\sigma_1 - \sigma_3\right). \tag{1.15}$$

Ausgehend von den Transformationsbeziehungen für ebene Probleme (1.9) hat sich ein graphisches Verfahren zur Bestimmung der transformierten Größe bewährt, der so genannte Mohrsche Kreis. Dieses Verfahren beruht mathematisch darauf, dass sich die Beziehungen (1.9) auf eine Parameterdarstellung eines Kreises zurückführen lassen mit

$$|\sigma_{x\bar{y}}|_{\max} = \frac{1}{2}\sqrt{\left(\sigma_{xx} - \sigma_{yy}\right)^2 + 4\,\sigma_{xy}^2} = R. \tag{1.16}$$

als Radius des Kreises.
Dieser Mohrsche Kreis wird wie folgt konstruiert:

1. Wir geben ein σ-τ-Achsensystem in der angegebenen Weise vor.
2. In diesem System lassen sich die Punkte $P_x(\sigma_{xx}, \sigma_{xy})$ und $P_y(\sigma_{yy}, -\sigma_{xy})$ angeben.
3. Die Verbindungsgerade beider Punkte schneidet die σ-Achse im Punkt M, dem Mittelpunkt des Mohrschen Kreises.
4. Die Hauptspannungen σ_1 und σ_2 erhalten wir aus den Schnittpunkten P_1 bzw. P_2 des Kreises mit der σ-Achse.

5. Die Hauptschubspannungen aus den Schnittpunkten des Kreises mit der Senkrechten durch M.

6. Die zu den jeweiligen Spannungen gehörenden Richtungen werden durch die Strahlen vom Punkt $P_2(\sigma_2, 0)$ zu den jeweiligen Punkten des Kreises (z.B. $P_1(\sigma_1, 0)$ für die Hauptrichtung 1, $P_x(\sigma_{xx}, \sigma_{xy})$ für die x-Richtung etc.) festgelegt.

7. Dementsprechend lassen sich dann auch die zugehörigen Winkel ablesen.

8. Nach Konstruktion des Kreises lassen sich die entsprechend transformierten Zahlenwerte für beliebige Schnitte in einem um den Winkel φ gegenüber dem x-y-System gedrehten $\bar{x}$-$\bar{y}$-System ablesen: $P_{\bar{x}}, P_{\bar{y}}$.

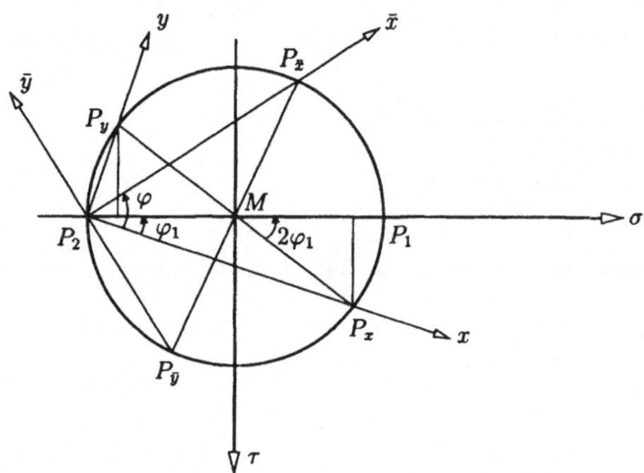

Bild 1.1: Mohrscher Kreis

1.3 Invarianten, Deviatoren

Die Größen

$$S_1 = \sum_i \sigma_{ii} = \sigma_1 + \sigma_2 + \sigma_3$$

$$S_2 = \sum_i \sum_k \sigma_{ik}\sigma_{ki} = \sigma_1^2 + \sigma_2^2 + \sigma_3^2 \tag{1.17}$$

$$S_3 = \sum_i \sum_k \sum_l \sigma_{ik}\sigma_{kl}\sigma_{li} = \sigma_1^3 + \sigma_2^3 + \sigma_3^3, \quad (i,k,l = 1,2,3)$$

sind Invarianten des Spannungszustandes, d.h. unabhängig von der Orientierung des Bezugssystems (Band II, Satz 1.10).

Jeder Tensor 2. Stufe lässt sich aufspalten in einen Kugeltensor und in seinen zugehörigen Deviator, z.B.

$$\sigma_{ik} = \tau_{ik} + \sigma_m \delta_{ik} \tag{1.18}$$

bzw.

$$\epsilon_{ik} = \gamma_{ik} + \frac{1}{3} e \, \delta_{ik} . \tag{1.19}$$

Dabei sind τ_{ik} und γ_{ik} die Deviatoren,

$$\sigma_m = \frac{1}{3} \sum_i \sigma_{ii} = \frac{1}{3} \left(\sigma_{xx} + \sigma_{yy} + \sigma_{zz} \right) = \frac{1}{3} \left(\sigma_1 + \sigma_2 + \sigma_3 \right) \tag{1.20}$$

die mittlere Spannung,

$$e = \sum_i \epsilon_{ii} = \epsilon_{xx} + \epsilon_{yy} + \epsilon_{zz} = \epsilon_1 + \epsilon_2 + \epsilon_3 \tag{1.21}$$

die Volumendehnung und δ_{ik} ist das Kronecker-Delta.

Für die Deviatoren können wir ebenfalls Invarianten angeben, z.B.

$$
\begin{aligned}
T_1 &= \sum_i \tau_{ii} \equiv 0 \\
T_2 &= \sum_i \sum_k \tau_{ik}\tau_{ki} = S_2 - \frac{1}{3} S_1^2 \\
T_3 &= \sum_i \sum_k \sum_l \tau_{ik}\tau_{kl}\tau_{li} = S_3 - S_1 S_2 + \frac{2}{9} S_1^3 .
\end{aligned}
\tag{1.22}
$$

d.h. die erste Invariante eines Deviators verschwindet stets.

1.4 Beispiele

Aufgabe 1.1:

Für den gegebenen ebenen Spannungszustand sind die Hauptspannungen, die maximalen Schubspannungen und die zugehörigen Schnittrichtungen gesucht.

Gegeben: $\sigma_{xx} = -60 \text{ N/mm}^2$,
$\qquad\quad \sigma_{yy} = -30 \text{ N/mm}^2$,
$\qquad\quad \sigma_{xy} = 20 \text{ N/mm}^2$

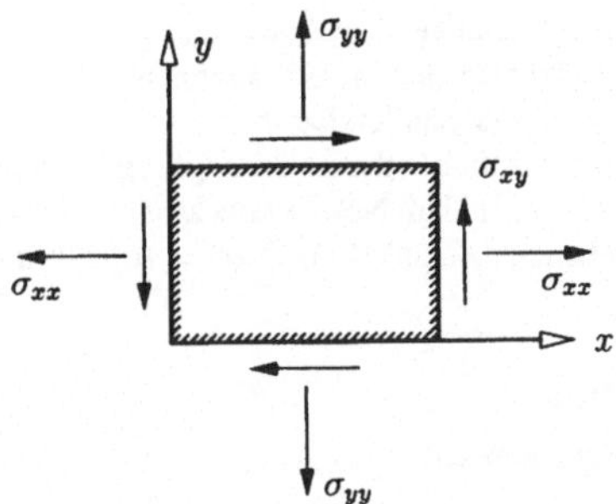

Lösung:

a) Analytische Lösung:

Für die Hauptspannungen in einem ebenen Spannungszustand gilt (1.11)

$$\left.\begin{array}{c} \sigma_1 \\ \sigma_2 \end{array}\right\} = \frac{1}{2} \left(\sigma_{xx} + \sigma_{yy} \right) \pm \frac{1}{2} \sqrt{\left(\sigma_{xx} - \sigma_{yy} \right)^2 + 4\,\sigma_{xy}^2} .$$

Danach berechnen wir

$$\sigma_1 = -20 \text{ N/mm}^2, \ \sigma_2 = -70 \text{ N/mm}^2.$$

Die Schnittrichtung erhalten wir aus (1.10)

$$\tan 2\varphi = \frac{2\sigma_{xy}}{\sigma_{xx} - \sigma_{yy}} = -\frac{4}{3} \quad \rightarrow \quad \varphi = -26{,}57° + n\,90°.$$

Zur genauen Lagebestimmung der Hauptachse 1 benutzen wir Tabelle 1.1 (Band II, Abschnitt 1.2) und lesen ab für

$$\sigma_{xx} \leqslant \sigma_{yy}, \ \ \sigma_{xy} \geqslant 0: \ \ \rightarrow \ \ \frac{\pi}{4} \leqslant \varphi_1 \leqslant \frac{\pi}{2} \ \ \rightarrow \ \ \varphi_1 = 63{,}43°.$$

b) Graphische Lösung:

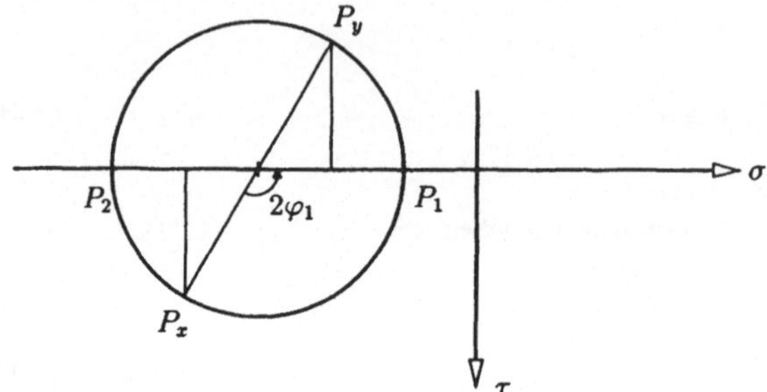

Aufgabe 1.2:

Die Hauptspannungen σ_1 und σ_2 eines ebenen Spannungszustandes sind gegeben. Bestimmen Sie die Normal- und Schubspannungen in dem durch den Winkel $\varphi = 30°$ gekennzeichneten Schnitt mit Hilfe

a) einer Gleichgewichtsbetrachtung,
b) der Transformationsbeziehungen,
c) des Mohrschen Kreises bzw.
d) einer multiplikativen Verknüpfung des Spannungstensors mit dem Normalenvektor der Schnittfläche.

Gegeben: $\sigma_1 = 200 \text{ N/mm}^2$, $\sigma_2 = 100 \text{ N/mm}^2$

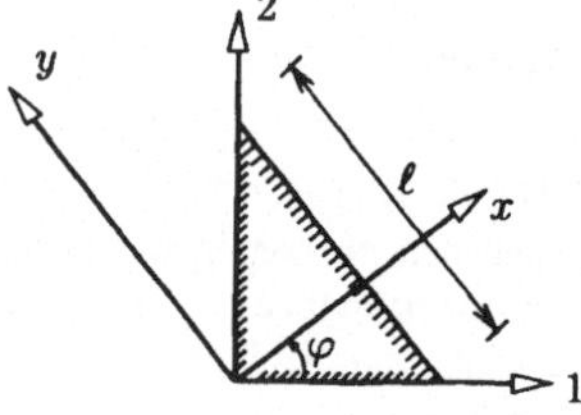

Dicke: d

Lösung:

a) Gleichgewicht:

Wir integrieren die Spannungskomponenten über die jeweiligen Schnittflächen und bilden dann das Gleichgewicht für die auf diese Weise entstandenen Kräfte

$$\sum F_x = 0: \quad \sigma_{xx}\, d\ell = \sigma_1\, d\ell \cos^2 \varphi + \sigma_2\, d\ell \sin^2 \varphi$$

$$\sum F_y = 0: \quad \sigma_{xy}\, d\ell = \sigma_2\, d\ell \sin \cos \varphi - \sigma_1\, d\ell \cos \sin \varphi.$$

Damit erhalten wir

$$\sigma_{xx} = \sigma_1 \cos^2 \varphi + \sigma_2 \sin^2 \varphi = 175 \text{ N/mm}^2$$

$$\sigma_{xy} = \sigma_2 \sin \cos \varphi - \sigma_1 \sin \cos \varphi = -25\sqrt{3} \text{ N/mm}^2.$$

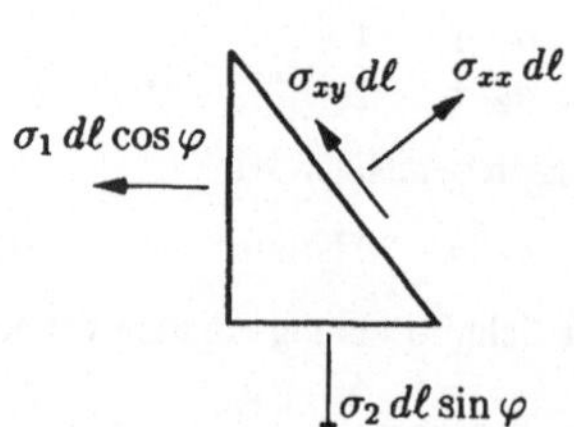

b) Transformationsbeziehungen:

Wir gehen aus von den Beziehungen (1.14)

$$\sigma_{xx} = \frac{1}{2}(\sigma_1 + \sigma_2) + \frac{1}{2}(\sigma_1 - \sigma_2)\cos 2\alpha$$

$$\sigma_{xy} = \qquad\qquad -\frac{1}{2}(\sigma_1 - \sigma_2)\sin 2\alpha$$

und ermitteln

$$\sigma_{xx} = 175 \text{ N/mm}^2, \; \sigma_{xy} = -25\sqrt{3} \text{ N/mm}^2.$$

c) Mohrscher Kreis:

Wir konstruieren den Mohrschen Kreis und lesen ab:

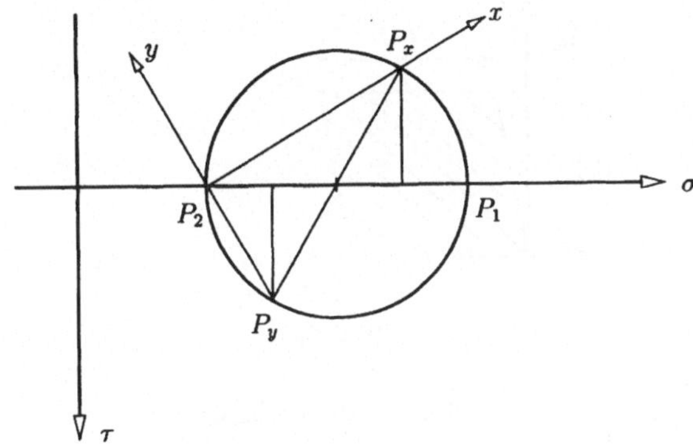

$$\sigma_{xx} = 175 \text{ N/mm}^2, \; \sigma_{xy} = -43 \text{ N/mm}^2.$$

d) Spannungsvektor:

Für den Spannungsvektor $\sigma_{(n)}$ gilt

$$\sigma_{(n)} = e_n \cdot S$$

(siehe Band II, Abschnitt 1.2), wenn S den Spannungstensor und e_n eine beliebige Richtung (Schnittfläche) kennzeichnen.

Geben wir alle Vektoren und Tensoren im Hauptachsensystem 1-2 an, so gilt für die Flächennormale der Schnittfläche

$$e_n = e_x = \begin{pmatrix} \cos\varphi \\ \sin\varphi \end{pmatrix} = \frac{1}{2}\begin{pmatrix} \sqrt{3} \\ 1 \end{pmatrix}, \quad e_y = \begin{pmatrix} -\sin\varphi \\ \cos\varphi \end{pmatrix} = \frac{1}{2}\begin{pmatrix} -1 \\ \sqrt{3} \end{pmatrix}$$

sowie für den Spannungstensor

$$S = \begin{pmatrix} \sigma_1 & 0 \\ 0 & \sigma_2 \end{pmatrix}.$$

Wir erhalten also für den Spannungsvektor in der Schnittfläche

$$\sigma_{(n)} = \begin{pmatrix} 200 & 0 \\ 0 & 100 \end{pmatrix} \frac{1}{2}\begin{pmatrix} \sqrt{3} \\ 1 \end{pmatrix} \text{ N/mm}^2 = \begin{pmatrix} 100\sqrt{3} \\ 50 \end{pmatrix} \text{ N/mm}^2$$

$$\sigma_{xx} = \sigma_{(n)} \cdot e_n = \frac{1}{2}(300 + 50) \text{ N/mm}^2 = 175 \text{ N/mm}^2$$

$$\sigma_{xy} = \sigma_{(n)} \cdot e_y = \frac{1}{2}(-100\sqrt{3} + 50\sqrt{3}) \text{ N/mm}^2 = -25\sqrt{3} \text{ N/mm}^2$$

Aufgabe 1.3:

Eine quadratische Scheibe wird durch äußere Belastungen wie dargestellt deformiert. Unter der Annahme, dass die Verschiebungskomponente u_x linear von den Ortskoordinaten (x,y) abhängt, ist der Verzerrungszustand ϵ_{ik} zu berechnen.

Gegeben: $\ell_0 = 100\,a$, $\ell_1 = 102\,a$, $\Delta\ell_2 = a$

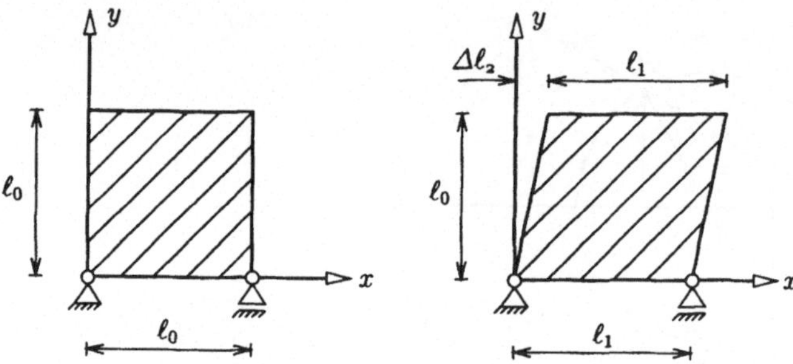

Lösung: Alle Punkte der Scheibe werden lediglich in x-Richtung verschoben, d.h.

$$u_y(x,y) \equiv 0.$$

In x-Richtung überlagern sich die Verschiebungen infolge Dehnung und Gleitung.
Gleitung:

$$\frac{u_G}{\Delta\ell_2} = \frac{y}{\ell_0} \quad \rightarrow \quad u_G = \frac{\Delta\ell_2}{\ell_0}\, y$$

Dehnung:

$$\frac{u_D}{\Delta\ell_1} = \frac{x}{\ell_0} \quad \rightarrow \quad u_D = \frac{\Delta\ell_1}{\ell_0}\, x, \quad \Delta\ell_1 = \ell_1 - \ell_0$$

$$\rightarrow \quad u_x(x,y) = u_D + u_G = \frac{\Delta\ell_1}{\ell_0}\, x + \frac{\Delta\ell_2}{\ell_0}\, y.$$

Mit (1.2) bzw. (1.3) erhalten wir daraus

$$\epsilon_{xx} = \frac{\partial u_x}{\partial x} = \frac{\Delta\ell_1}{\ell_0} = 0.02, \quad \epsilon_{yy} = \frac{\partial u_y}{\partial y} = 0,$$

$$\epsilon_{xy} = \frac{1}{2}\left(\frac{\partial u_y}{\partial x} + \frac{\partial u_x}{\partial y}\right) = \frac{1}{2}\frac{\Delta\ell_2}{\ell_0} = 0.005\,.$$

Aufgabe 1.4:

Ein Balken werde durch eine Druckkraft F belastet.

a) Bestimmen Sie die Normalspannung in einem Schnitt senkrecht zur Balkenachse.

b) Der Balken wurde in angegebener Weise in einer um den Winkel α geneigten Fläche geklebt. Wie groß darf die Kraft F werden, wenn die zulässige Schubspannung τ_{zul} in der Klebefläche 4 N/mm^2 beträgt?

Gegeben: $F = 10\,\text{kN}$, $\alpha = 45°$, $a = 20\,\text{mm}$, $b = 50\,\text{mm}$

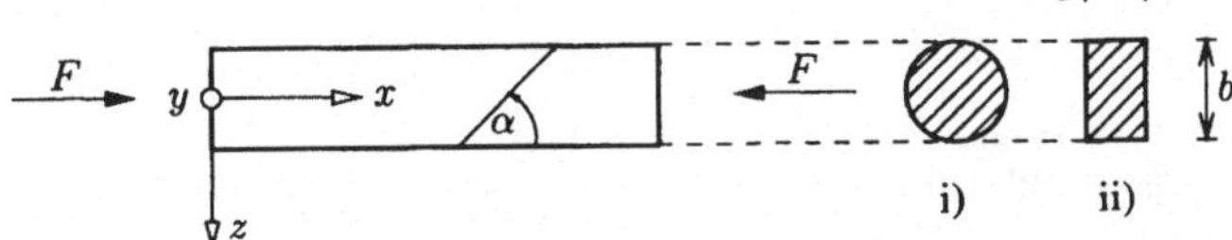

Lösung:

a) In hinreichender Entfernung von der Krafteinleitungsstelle ist die Spannung im Balken

$$\sigma_{xx} = -\frac{F}{A}$$

(siehe Band II, Abschnitt 2.2), alle übrigen Spannungskomponenten verschwinden. Wir erhalten so

$$\text{i) } \sigma_{xx} = -\frac{10^4}{10^3} = -10\,\text{N/mm}^2, \quad \text{ii) } \sigma_{xx} = -\frac{10^4}{\pi 25^2} = -5{,}09\,\text{N/mm}^2 \,.$$

b) Für die um den Winkel $\alpha = 45°$ geneigte Schnittfläche erhalten wir aus (1.9) bzw. (1.14)

$$\sigma_{\bar{x}\bar{x}} = \frac{1}{2}\sigma_{xx} + \frac{1}{2}\sigma_{xx}\cos 2\alpha = \frac{1}{2}\sigma_{xx} = -\frac{F}{2A}$$

$$\sigma_{\bar{x}\bar{z}} = -\frac{1}{2}\sigma_{xx}\sin 2\alpha \qquad = -\frac{1}{2}\sigma_{xx} = \frac{F}{2A} \,.$$

Die Schubspannung $\sigma_{\bar{x}\bar{z}}$ in der geneigten Fläche darf den Wert τ_{zul} nicht überschreiten,

$$\frac{F}{2A} \leqslant \tau_{\text{zul}} \quad \rightarrow \quad F \leqslant 2A\tau_{\text{zul}} \,.$$

i) $F \leqslant 8\,\text{kN}$, ii) $F \leqslant 15{,}71\,\text{kN}$.

1.5   Aufgaben

Aufgabe 1.5:

Die dargestellte Scheibe (AC = 15 cm, AB = 25 cm, CB = 20 cm) wird längs AC nur durch eine konstante Schubspannung τ = 120 N/mm², längs AB durch eine konstante Druckspannung unbekannter Größe beansprucht. Wie groß muss diese sein und wie ist die Scheibe längs CB zu beanspruchen, wenn sie bei einem ebenen Spannungszustand im Gleichgewicht stehen soll? Wie groß sind die Hauptspannungen?

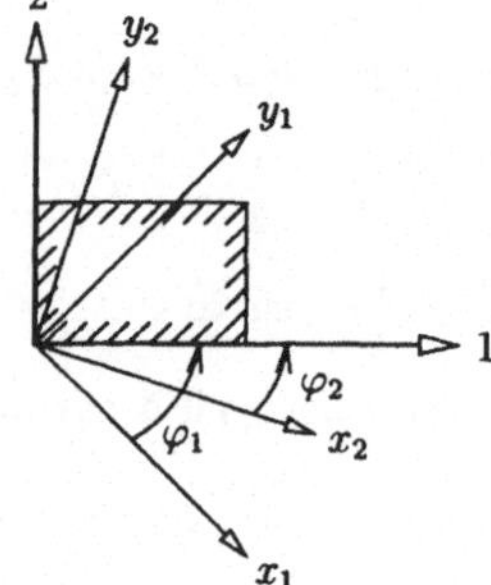

Aufgabe 1.6:

Bei einem ebenen Spannungszustand sind die Normal- und die Schubspannungen in zwei verschiedenen Schnitten x_1 bzw. x_2 bekannt. Bestimmen Sie
a) die Hauptspannungen und die Winkel φ_1 und φ_2, die die vorgegebenen Schnittrichtungen mit der ersten Hauptrichtung bilden und
b) die größte Schubspannung.
c) Gibt es Schnitte, in denen keine Normalspannungen auftreten?

Gegeben: $\sigma_{x_1 x_1}$ = 10 N/mm², $\sigma_{x_2 x_2}$ = 50 N/mm²,
$\quad\quad\quad\;\, \sigma_{x_1 y_1}$ = 50 N/mm², $\sigma_{x_2 y_2}$ = 30 N/mm².

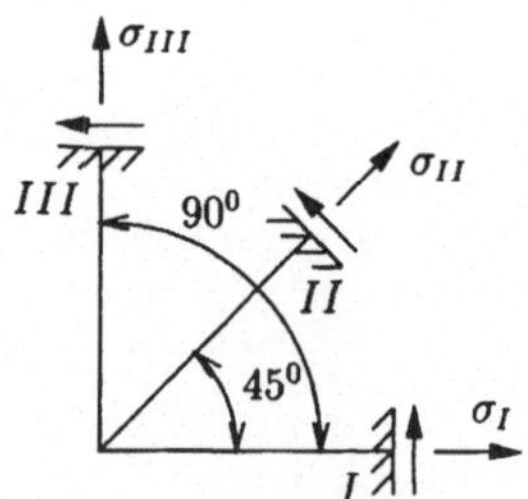

Aufgabe 1.7:

Für einen ebenen Spannungszustand werden in 3 Richtungen die Normalspannungen σ_I, σ_{II} und σ_{III} gemessen. Die Hauptspannungen und die größte Schubspannung sowie die zugehörigen Schnittrichtungen sind gesucht.

Gegeben: σ_I = 100 N/mm², σ_{II} = 50 N/mm²,
$\quad\quad\quad\;\, \sigma_{III}$ = −100 N/mm²

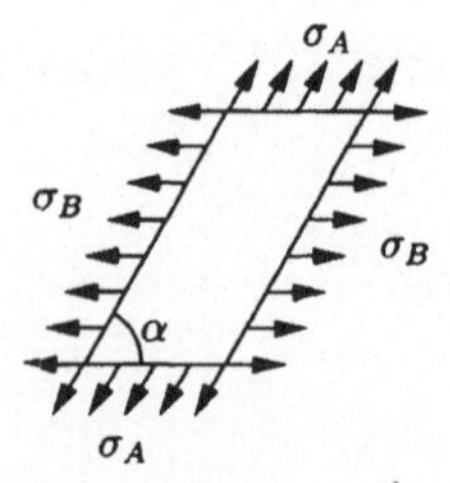

Aufgabe 1.8:

Die dargestellte Verbindungslasche wird durch die Spannungen σ_A und σ_B beansprucht. Bestimmen Sie die Hauptspannungen und die zugehörigen Schnittrichtungen.

Gegeben: σ_A = 40 N/mm², σ_B = 20 N/mm²,
$\quad\quad\quad\;\, \alpha$ = 60°

Aufgabe 1.9:

Die nebenstehende Scheibe wird in angegebener
Weise beansprucht. Längs AC wirkt keine Spannung. Gesucht sind

a) der Winkel α und

b) die Lage und die Größe der Hauptspannungen.

Gegeben: $\sigma_{(AB)} = 40 \ \text{N/mm}^2$, $\sigma_{(BC)} = 20 \ \text{N/mm}^2$

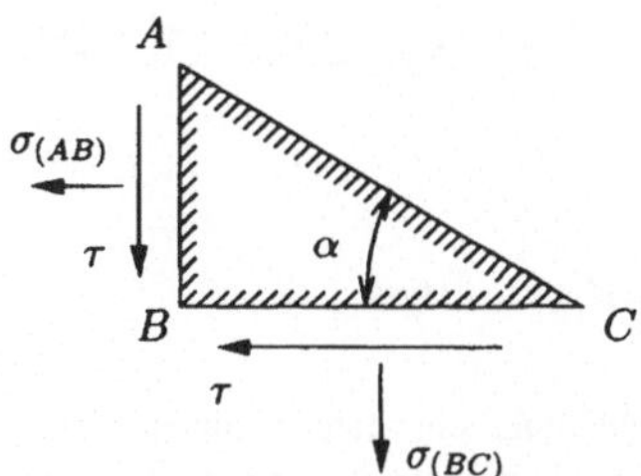

Aufgabe 1.10:

Der gegebene ebene Spannungszustand σ_{ik} ist in einem kartesischen Koordinatensystem darzustellen,
welches um $\alpha = 60°$ gegenüber dem gegebenen x-y-System gedreht ist. Bestimmen Sie zudem

a) die Hauptspannungen und die Hauptspannungsrichtungen,

b) die Richtungen und den Betrag der maximalen Schubspannungen sowie die zugehörigen Normalspannungen.

c) Überprüfen Sie die Ergebnisse mit Hilfe des Mohrschen Kreises.

Gegeben:
$$\sigma_{ik} = \begin{pmatrix} 150 & 80 \\ 80 & -50 \end{pmatrix}, \quad [\text{N/mm}^2]$$

Aufgabe 1.11:

Das abgebildete Quadrat wird durch eine entsprechende
Belastung in der angegebenen Weise verformt. Das
ebene Verschiebungsfeld sei gegeben.

$$u_x(x,y) = \frac{x}{\ell_0} + \frac{3y}{\ell_0} + x_0$$

$$u_y(x,y) = \frac{3x}{\ell_0} - \frac{3y}{\ell_0} + y_0$$

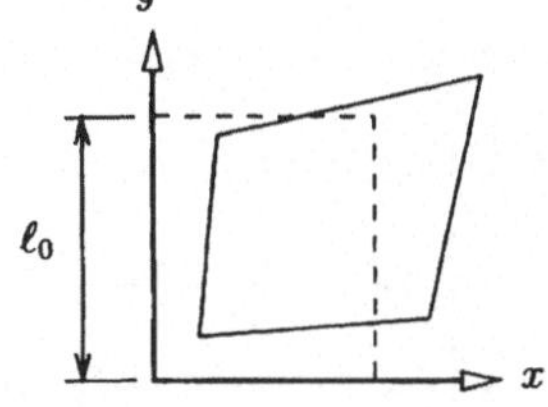

a) Berechnen Sie den ebenen Verzerrungszustand ε_{ik}.

b) Unter welchem Winkel zur x-Achse treten lediglich
   Dehnungen auf?

Gegeben: $\ell_0 = 200 \ \text{cm}$, $x_0 = 4 \ \text{cm}$, $y_0 = 2 \ \text{cm}$

2 Stoffgesetz für elastisches Materialverhalten

2.1 Allgemeines

Wir bezeichnen ein Material als elastisch, wenn eine eindeutig umkehrbare Beziehung zwischen den Spannungen σ_{ik}, den Verzerrungen ϵ_{ik} und der Temperatur T besteht. Eine solche Beziehung stellt eine Zustandsgleichung zwischen den Zustandsgrößen σ_{ik}, ϵ_{ik} und T dar.

Dabei wollen wir uns im folgenden auf ein lineares Verhalten eines isotropen Materials beschränken. Abgesehen vom Sonderfall der Verbundquerschnitte wollen wir ferner voraussetzen, dass die betrachteten Körper homogen, die Materialkonstanten also ortsunabhängig sind.

Für einen unter der Belastung F stehenden Zugstab können wir die Spannung bzw. die Dehnung angeben zu

$$\sigma = \frac{F}{A_0} \quad \text{und} \quad \epsilon = \frac{\Delta l}{l_0} \, . \tag{2.1}$$

Dabei sind A_0 und l_0 die Abmessungen des Stabes im Ausgangszustand und Δl ist die beobachtete Längenänderung. Bei konstanter Temperatur liefert dann das Hookesche Gesetz die Beziehung zwischen der Spannung und der Dehnung

$$\sigma = E \, \epsilon \, . \tag{2.2}$$

Für komplexe Beanspruchungen gilt das verallgemeinerte Hookesche Gesetz (Band II, Satz 2.1)

$$\begin{aligned}
\epsilon_{xx} &= \frac{1}{E} \left\{ \sigma_{xx} - \nu(\sigma_{yy} + \sigma_{zz}) \right\} + \alpha \Delta T \\
\epsilon_{yy} &= \frac{1}{E} \left\{ \sigma_{yy} - \nu(\sigma_{zz} + \sigma_{xx}) \right\} + \alpha \Delta T \\
\epsilon_{zz} &= \frac{1}{E} \left\{ \sigma_{zz} - \nu(\sigma_{xx} + \sigma_{yy}) \right\} + \alpha \Delta T \\
\epsilon_{xy} &= \frac{1}{2G} \, \sigma_{xy} \\
\epsilon_{yz} &= \frac{1}{2G} \, \sigma_{yz} \\
\epsilon_{zx} &= \frac{1}{2G} \, \sigma_{zx}
\end{aligned} \tag{2.3}$$

bzw. in verkürzter Schreibweise

$$\epsilon_{ik} = \frac{1}{2G} \left(\sigma_{ik} - \frac{3\nu}{1+\nu} \, \sigma_m \delta_{ik} \right) + \alpha \Delta T \, \delta_{ik} \, . \tag{2.4}$$

Hierin sind

E der Elastizitätsmodul,

G der Schubmodul,

ν die Querkontraktionszahl und

α der (lineare) Wärmeausdehnungs-Koeffizient.

Die drei Materialkonstanten E, G und ν eines isotropen elastischen Körpers sind durch die Beziehung

$$G = \frac{E}{2(1 + \nu)} \tag{2.5}$$

miteinander verknüpft. Deshalb sind nur zwei dieser Größen unabhängig voneinander. Die Beziehungen (2.3) bzw (2.4) lassen sich auch nach den Spannungen auflösen

$$\sigma_{xx} = \frac{2G}{1 - 2\nu} \left\{ (1 - \nu)\epsilon_{xx} + \nu(\epsilon_{yy} + \epsilon_{zz}) - (1 + \nu)\alpha\Delta T \right\}$$

$$\sigma_{yy} = \frac{2G}{1 - 2\nu} \left\{ (1 - \nu)\epsilon_{yy} + \nu(\epsilon_{zz} + \epsilon_{xx}) - (1 + \nu)\alpha\Delta T \right\}$$

$$\sigma_{zz} = \frac{2G}{1 - 2\nu} \left\{ (1 - \nu)\epsilon_{zz} + \nu(\epsilon_{xx} + \epsilon_{yy}) - (1 + \nu)\alpha\Delta T \right\} \tag{2.6}$$

$$\sigma_{xy} = 2G\,\epsilon_{xy}$$

$$\sigma_{yz} = 2G\,\epsilon_{yz}$$

$$\sigma_{zx} = 2G\,\epsilon_{zx}$$

bzw. in verkürzter Schreibweise

$$\sigma_{ik} = 2G\left(\epsilon_{ik} + \frac{\nu}{1 - 2\nu}\, e\, \delta_{ik} - \frac{1 + \nu}{1 - 2\nu}\, \alpha\Delta T\, \delta_{ik} \right). \tag{2.7}$$

Zwei Sonderfälle sind von technischer Bedeutung:

1. Ebener Spannungszustand (ESZ) mit

$$\sigma_{zx} = \sigma_{zy} = \sigma_{zz} = 0.$$

Dann wird aus (2.3)

$$\epsilon_{xx} = \frac{1}{E}\left(\sigma_{xx} - \nu\sigma_{yy} \right) + \alpha\Delta T$$

$$\epsilon_{yy} = \frac{1}{E}\left(\sigma_{yy} - \nu\sigma_{xx} \right) + \alpha\Delta T \tag{2.8}$$

$$\epsilon_{xy} = \frac{1}{2G}\, \sigma_{xy}$$

und in z-Richtung erhalten wir

$$\epsilon_{zz} = \frac{-\nu}{E}\left(\sigma_{xx} + \sigma_{yy} \right) + \alpha\Delta T. \tag{2.9}$$

2. Ebener Verzerrungszustand (EVZ) mit

$$\epsilon_{zx} = \epsilon_{zy} = \epsilon_{zz} = 0.$$

Aus (2.3) wird

$$\epsilon_{xx} = \frac{1}{2G}\left\{ (1 - \nu)\sigma_{xx} - \nu\sigma_{yy} \right\} + (1 + \nu)\alpha\Delta T$$

$$\epsilon_{yy} = \frac{1}{2G}\left\{ (1 - \nu)\sigma_{yy} - \nu\sigma_{xx} \right\} + (1 + \nu)\alpha\Delta T \tag{2.10}$$

$$\epsilon_{xy} = \frac{1}{2G}\, \sigma_{xy}$$

und für die z-Richtung

$$\sigma_{zz} = \nu(\sigma_{xx} + \sigma_{yy}) - E\alpha\Delta T. \tag{2.11}$$

Das Formänderungsgesetz wird physikalisch durchsichtiger, wenn wir sowohl den Spannungs- als auch den Verzerrungszustand gemäß (1.17) bzw. (1.18) in den kugelsymmetrischen Anteil und den Deviator aufspalten. Wir erhalten dann bei Aufspaltung der Verzerrungen in Volumen- und Gestaltänderungen (Band II, Satz 2.3)

$$e = \frac{1}{K}\,\sigma_m + 3\alpha\,\Delta T \quad \text{bzw.} \quad \gamma_{ik} = \frac{1}{2G}\,\tau_{ik}\,. \tag{2.12}$$

Hierin ist

$$K = \frac{E}{3(1 - 2\nu)} \tag{2.13}$$

der Kompressionsmodul.

2.2 Verzerrungsarbeit

Bei geometrischer Linearität ist das Inkrement der spezifischen (d.h. der auf die Masse bezogenen) Verzerrungsarbeit (Band II, Satz 2.4)

$$\mathrm{D}w = \frac{1}{\rho}\sum_i\sum_k \sigma_{ik}\,\mathrm{D}\epsilon_{ik}\,. \tag{2.14}$$

Dabei ist ρ die Dichte und $\mathrm{D}\epsilon_{ik}$ das Inkrement des Verzerrungstensors.

Zerlegen wir σ_{ik} und ϵ_{ik} jeweils in einen Kugeltensor und in einen Deviator (1.17), (1.18) und integrieren (2.14) für einen isothermen Prozess ($T = T_0$), so erhalten wir, ausgehend vom natürlichen Zustand des Körperelementes ($\sigma_{ik} = 0$, $\epsilon_{ik} = 0$), die spezifische Verzerrungsarbeit

$$w = \frac{1}{2\rho}\left(Ke^2 + 2G\sum_i\sum_k \gamma_{ik}\gamma_{ik}\right) = w_V(\epsilon) + w_G(\gamma_{ik})\,. \tag{2.15}$$

w ist dabei aufspaltbar in einen Anteil w_V, der die spezifische Volumenänderungsarbeit beschreibt, und in einen Anteil w_G der spezifischen Gestaltänderungsarbeit.

Wir können die spezifische Verzerrungsarbeit auch als Funktion der Spannungen angeben. Setzen wir für isotherme Prozesse ($T = T_0$) die Beziehungen (2.12) in (2.15) ein, so gilt

$$w = \frac{1}{2\rho}\left(\frac{\sigma_m^2}{K} + \frac{1}{2G}\sum_i\sum_k \tau_{ik}\,\tau_{ik}\right) = \frac{1}{2\rho}\left(\frac{S_1^2}{9K} + \frac{T_2}{2G}\right), \tag{2.16}$$

wobei S_1 bzw. T_2 die in (1.16) bzw. (1.21) angegebenen Invarianten des Spannungszustandes sind.

2.3 Beanspruchungshypothesen

Zur Bewertung der Beanspruchung eines Körpers unter mehrachsigem Spannungszustand führen wir Beanspruchungshypothesen ein, die diesen Spannungszustand in einen äquivalenten einachsigen (Vergleichs-) Spannungszustand überführt. Dieser kann dann mit den für jeden Werkstoff aus den 1-dimensionalen Experimenten ermittelten Festigkeitswerten verglichen werden, z.B.

$$\sigma_V \leqslant \sigma_{\text{zul}}\,. \tag{2.17}$$

Wir führen ein

1. Für zähe Werkstoffe (die meisten Metalle):

   (a) die Gestaltänderungsarbeit-Hypothese (Huber, v.Mises, Hencky)

$$\sigma_V = \sqrt{\frac{3}{2}\, T_2} = \sqrt{\frac{1}{2}\left\{(\sigma_1 - \sigma_2)^2 + (\sigma_2 - \sigma_3)^2 + (\sigma_3 - \sigma_1)^2\right\}}\,, \qquad (2.18)$$

   (b) die Schubspannungs-Hypothese (Tresca)

$$\sigma_V = 2\,|\tau|_{\max} = \sigma_1 - \sigma_3\,. \qquad (2.19)$$

2. Für spröde Werkstoffe (Felsen, Gesteine, Keramiken, gehärtete Metalle etc.):

   (c) die Normalspannungs-Hypothese

$$\sigma_V = \sigma_1\,. \qquad (2.20)$$

   Dabei ist allerdings zu beachten, dass nach dieser Hypothese nur positive Zahlenwerte von σ_1 zu einer Gefährdung des Werkstoffes führen. Für $\sigma_1 \leqslant 0$ ist $\sigma_V = 0$ zu setzen. Diese Hypothese hat deshalb allenfalls für solche Werkstoffe Bedeutung, die zum Spröd-Zugbruch neigen.

2.4 Beispiele

Aufgabe 2.1:

Ein Gleis ist bei einer Temperatur von $T_0 = 15°\,C$ lückenlos verschweißt worden. Wie groß sind die Spannungen in der Schiene bei der höchsten Temperatur im Sommer $T_S = 40°\,C$ und der niedrigsten im Winter $T_W = -30°\,C$?

Gegeben: $E = 2.1 \cdot 10^5\ \text{N/mm}^2$, $\nu = 0.3$, $\alpha = 12 \cdot 10^{-6}\ \text{K}^{-1}$, $A = 6300\ \text{mm}^2$

Lösung: Für das Verhalten der Schiene gilt entsprechend $(2.3)_1$

$$\epsilon_{xx} = \frac{1}{E}\left[\sigma_{xx} - \nu(\sigma_{yy} + \sigma_{zz})\right] + \alpha \Delta T.$$

Die Spannungen senkrecht zur Schienenachse verschwinden $\sigma_{yy} = \sigma_{zz} = 0$ und die Dehnung in Längsrichtung ist behindert $\epsilon_{xx} = 0$. Damit erhalten wir

$$\sigma_{xx} = -\alpha \Delta T E$$

und daraus für die Spannungen in der Schiene im Sommer bzw. im Winter:

$$\sigma_{xxS} = -63\,\text{N/mm}^2, \quad \sigma_{xxW} = 113{,}4\,\text{N/mm}^2.$$

Aufgabe 2.2:

Eine rechteckige Platte der Dicke d liegt zwischen zwei starren parallelen Ebenen und wird durch die Druckkräfte F beansprucht sowie um ΔT erwärmt. Wie groß müssen die Kräfte Z sein, damit auf die starren Ebenen kein Druck mehr ausgeübt wird, und wie stellt sich dann der Verzerrungszustand dar?

Gegeben: F, ΔT, a, d, α, E, ν

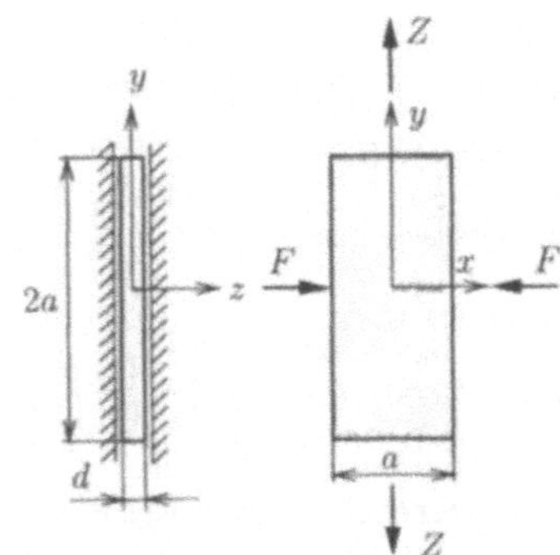

Lösung: Aufgrund der geometrischen Vorgaben in z-Richtung – der Körper kann sich in dieser Richtung nicht ausdehnen ($\epsilon_{zz} = 0$) – handelt es sich hier um ein Problem mit einem ebenen Verzerrungszustand (2.8), d.h.

$$\epsilon_{xx} = \frac{1}{2G}\left\{(1-\nu)\sigma_{xx} - \nu\sigma_{yy}\right\} + (1+\nu)\alpha\Delta T$$

$$\epsilon_{yy} = \frac{1}{2G}\left\{(1-\nu)\sigma_{yy} - \nu\sigma_{xx}\right\} + (1+\nu)\alpha\Delta T$$

$$\epsilon_{xy} = \frac{1}{2G}\,\sigma_{xy}$$

und in z-Richtung gilt

$$\sigma_{zz} = \nu(\sigma_{xx} + \sigma_{yy}) - E\alpha\Delta T\,.$$

Die Komponenten der Spannung in x- bzw. in y-Richtung lassen sich mit Hilfe von $(2.1)_1$ angeben

$$\sigma_{xx} = -\frac{F}{2ad}\,,\quad \sigma_{yy} = \frac{Z}{ad}\,.$$

Ausgehend von $\sigma_{zz} = 0$ (kein Druck auf die starren Ebenen) erhalten wir dann

$$0 = \nu\left(-\frac{F}{2ad} + \frac{Z}{ad}\right) - E\alpha\Delta T \quad\to\quad Z = \frac{F}{2} + \frac{E}{\nu}\,\alpha\Delta T ad.$$

Damit lassen sich die Verzerrungen berechnen zu

$$\epsilon_{xx} = -\frac{F}{4\,Gad}\,,\quad \epsilon_{yy} = \frac{F}{4\,Gad} + \frac{1+\nu}{\nu}\,\alpha\Delta T.$$

Aufgabe 2.3:

Bestimmen Sie für den gegebenen ebenen Spannungszustand
a) den Kugeltensor und den Deviator
b) die Vergleichsspannungen nach den Hypothesen der
   - maximalen Gestaltänderungsarbeit,
   - maximalen Schubspannung (Tresca) und
   - maximalen Normalspannung.

Gegeben:

$$\sigma_{ik} = \begin{pmatrix} 100 & 60 \\ 60 & -40 \end{pmatrix},\quad [\text{N/mm}^2]$$

Lösung:

a) Entsprechend (1.19) bestimmen wir die mittlere Spannung zu

$$\sigma_m = 20\ \text{N/mm}^2$$

und damit lässt sich gemäß (1.17) der Spannungszustand σ_{ik} in einen Kugeltensor und einen Deviator τ_{ik} aufspalten

$$\sigma_{ik} = \begin{pmatrix} 100 & 60 & 0 \\ 60 & -40 & 0 \\ 0 & 0 & 0 \end{pmatrix} = 20\begin{pmatrix} 1 & 0 & 0 \\ 0 & 1 & 0 \\ 0 & 0 & 1 \end{pmatrix} + \begin{pmatrix} 80 & 60 & 0 \\ 60 & -60 & 0 \\ 0 & 0 & -20 \end{pmatrix}.$$

b) Für einen ebenen Spannungszustand ($\sigma_3 = 0$) erhalten wir aus (1.11)

$$\sigma_1 = 122{,}20 \text{ N/mm}^2, \quad \sigma_2 = -62{,}20 \text{ N/mm}^2.$$

Damit lassen sich dann gem. (2.18)-(2.20) die Vergleichsspannungen berechnen:

Gestaltänderungsarbeit-Hypothese: $\sigma_V = 162{,}48$ N/mm^2

Schubspannungs-Hypothese: $\sigma_V = 184{,}39$ N/mm^2

Normalspannungs-Hypothese: $\sigma_V = 122{,}20$ N/mm^2.

2.5 Aufgaben

Aufgabe 2.4:

Eine Garagendecke aus Stahlbeton werde bei einer Temperatur von $+5°$ C hergestellt. Um welchen Betrag verlängert sie sich, wenn sie im Sommer auf $55°$ C gleichmäßig erwärmt wird? Wie groß werden die Spannungen in der Decke und die Horizontalkräfte in den Auflagern, wenn die Wärmeausdehnung behindert wird?

Gegeben: $E = 2.1 \cdot 10^4$ N/mm^2, $\alpha = 10^{-5}$ K^{-1}

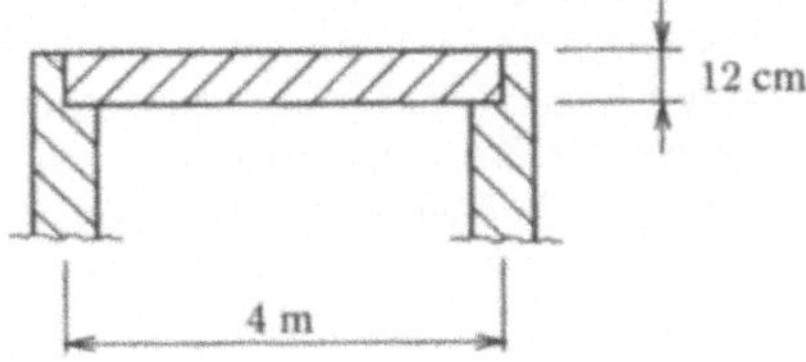

Aufgabe 2.5:

Ein elastischer Körper mit quadratischem Querschnitt (Kantenlänge a) wird durch einen Stempel mit der Kraft F in einem Loch mit entsprechendem Querschnitt zusammengedrückt. Stempel und Unterlage können als starr angenommen werden. Gesucht sind die Spannungen und Dehnungen in den 3 angegebenen Richtungen.

Wie verhält sich Gummi ($\nu = 0.5$) bei entsprechender Behandlung?

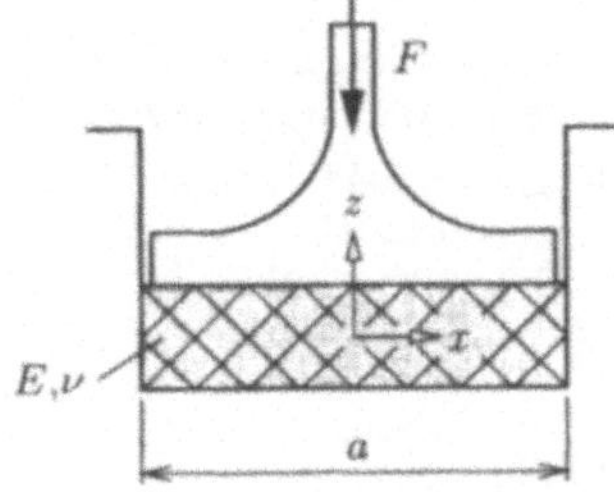

Aufgabe 2.6:

Bestimmen Sie die Verschiebung des Punktes A infolge Belastung durch $F = 10$ kN. Beide Stäbe haben einen Rohrquerschnitt 80×1.5.

Gegeben: $E = 2.1 \cdot 10^5$ N/mm^2

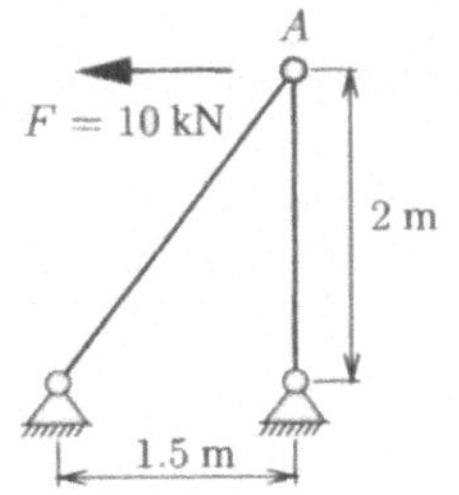

Aufgabe 2.7:

Ein Draht werde in angegebener Weise durch eine Kraft F belastet. Bestimmen Sie die Verlängerung des Drahtes unter Berücksichtigung seines Eigengewichtes.

Gegeben: E, A, ℓ, F, G

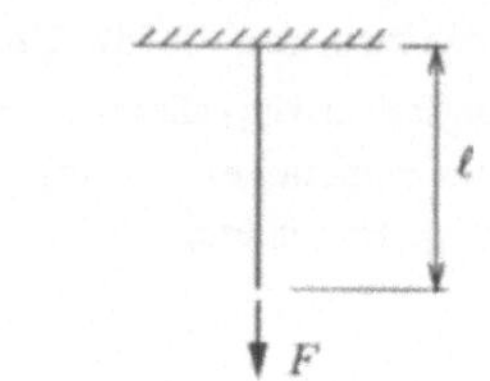

Aufgabe 2.8:

Eine starre Scheibe mit dem Gewicht G ist so montiert, dass sie lose auf den temperaturempfindlichen Säulen B und C aufliegt. Alle drei Auflager tragen bei 0° C die gleiche Last.

a) Bestimmen Sie die maximalen Lasten in den Säulen B und C bei Temperaturänderung.

b) Ab welcher Temperatur des gesamten Systems trägt die Säule B ihre maximale Last?

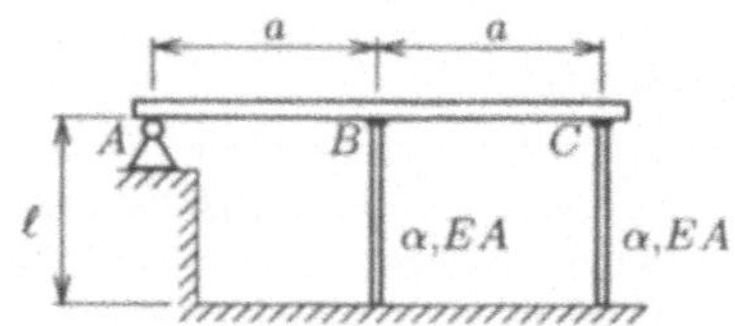

Aufgabe 2.9:

Bei der experimentellen Spannungsermittlung werden an der Oberfläche eines Körpers die Dehnungen in den drei Richtungen a, b und c gemessen.

Bestimmen Sie für die gemessenen Werte Betrag und Richtung der Hauptspannungen.

Gegeben: $\epsilon_{aa} = -0.048\,\%$, $\epsilon_{bb} = 0.133\,\%$,
$\qquad\quad \epsilon_{cc} = 0.120\,\%$,
$\qquad\quad E = 2.1 \cdot 10^5$ N/mm^2, $\nu = 0.3$

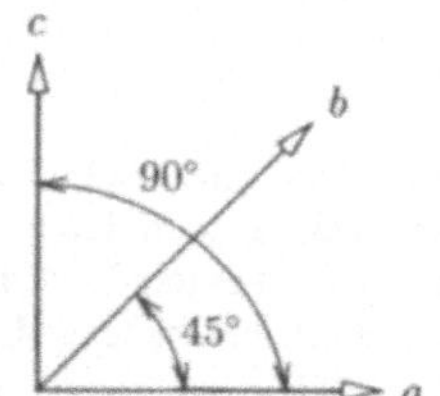

Aufgabe 2.10:

Der abgebildete Temperaturschalter besitzt zwei temperaturempfindliche Stäbe S_1 und S_2. Bei 20° C berühren sich die Kontakte 1 und 3 gerade.

Bei welcher Temperatur berührt der Mittelkontakt 3 gerade den Kontakt 2?

Gegeben: $\alpha_1 = 3\,\alpha_2$, $A_1 E_1 = 0.5\,A_2 E_2$

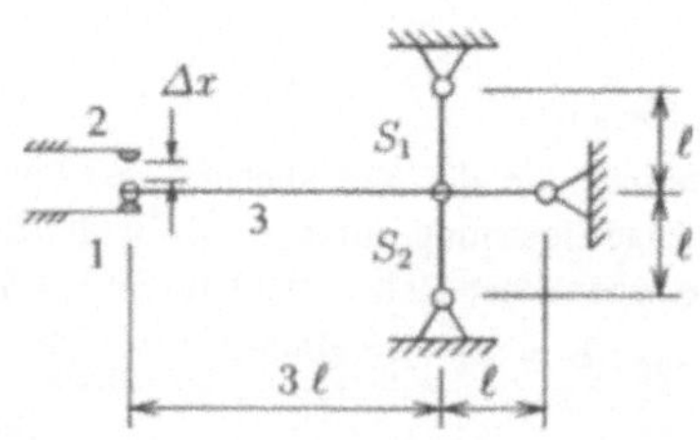

Aufgabe 2.11:

Ein mit Sand beladenes Transportband der Länge l_0 wird mit konstanter Geschwindigkeit über eine raue Ebene gezogen. Das Band ist mit einer Last $q = 200$ N/m beladen.

a) Wie groß ist die Zugkraft F?

b) Bestimmen Sie die Verschiebungen und Verzerrungen längs des Transportbandes.

Gegeben: $EA = 2 \cdot 10^5$ kN, $l_0 = 10$ m,
$\qquad \mu = \mu_0 = 0.4$

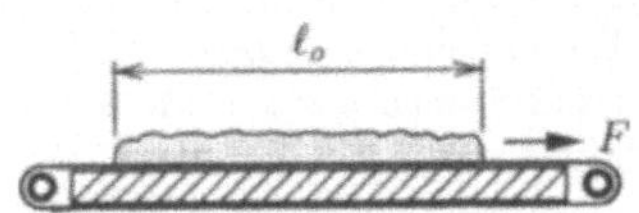

Aufgabe 2.12:

Eine als starr anzusehende Bogenbrücke ruht auf drei elastischen Säulen. Bestimmen Sie die zusätzlichen Kräfte in den Säulen, wenn eine Lokomotive mit dem Gewicht G an der angegebenen Stelle steht.

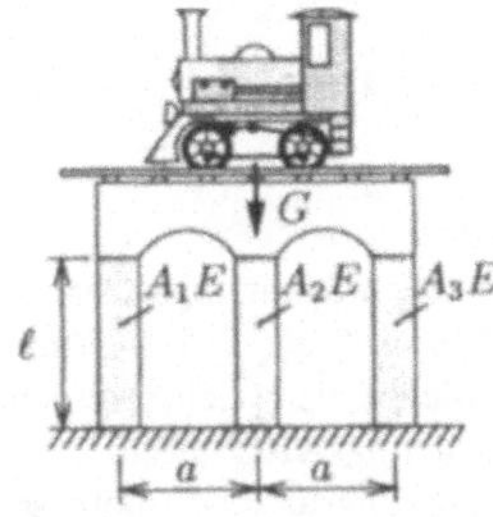

Aufgabe 2.13:

Ein Balken auf zwei Stützen wird erwärmt und kann sich in allen Richtungen ausdehnen. Die Temperaturverteilung über der Länge sei linear. Die Verschiebungen von zwei Punkten der Balkenachse seien gemessen worden. Bestimmen Sie den Verzerrungstensor ϵ_{ik} als Funktion der Koordinate x.

Gegeben: $l_0 = 100\,a$, $u_x(l_0) = 4\,a$, $u_x(\frac{l_0}{2}) = a$

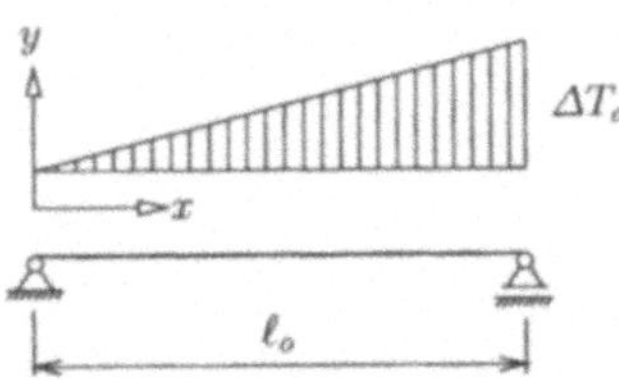

Aufgabe 2.14:

Ein Stab der Länge l und der Querschnittsfläche A wird durch die Kraft F auf die Länge $l + \Delta l$ gedehnt. Das Werkstoffverhalten sei elastisch mit dem Elastizitätsmodul E und der Querkontraktionszahl ν. Bestimmen Sie

a) die Komponenten des Spannungs- und des Verzerrungstensors und

b) den Zusammenhang zwischen Δl und F.

c) Um wie viel Grad muss der Balken wieder abgekühlt werden, wenn die Längenänderung rückgängig gemacht werden soll?

Aufgabe 2.15:

Welcher Temperaturdifferenz darf die nebenstehende Konstruktion ausgesetzt werden, damit
die zulässige Spannung $\sigma_{zul} = 140$ N/mm² nicht
überschritten wird?

Gegeben: $E = 2.1 \cdot 10^5$ N/mm²,

$\qquad \alpha = 1.2 \cdot 10^{-5}$ K⁻¹

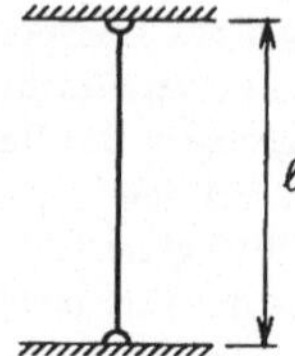

Aufgabe 2.16:

Für den ebenen Spannungszustand σ_{ij} sind die Vergleichsspannungen zu bestimmen nach

a) der Gestaltänderungsarbeit-Hypothese,

b) der Schubspannungs-Hypothese sowie

c) der Normalspannungs-Hypothese.

Gegeben:
$$\sigma_{ik} = \begin{pmatrix} \sigma & \tau \\ \tau & 0 \end{pmatrix}$$

Aufgabe 2.17:

Bei einem ebenen Spannungszustand herrschen die folgenden Spannungen:

$\sigma_{xx} = -20$ N/mm², $\sigma_{yy} = 140$ N/mm², $\sigma_{xy} = 40$ N/mm².

Berechnen Sie die Vergleichsspannung σ_V nach der

a) Schubspannungs-Hypothese,

b) Gestaltänderungsarbeit-Hypothese.

3 Flächen-Trägheitsmomente

3.1 Allgemeines

In der Mechanik betrachten wir Körper mit einer Reihe von Eigenschaften, wie z.B. Körperform, Massenverteilung usw. In Band I, Kapitel 7 haben wir diese Eigenschaften mit Hilfe von Verteilungsfunktionen charakterisiert und davon ausgehend die Bezeichnung metrische Größen von Körpern, Flächen und Linien eingeführt.

Von diesen Größen haben wir die Momente vom Grade 0 sowie vom Grade 1 im 1. Band der Aufgabensammlung behandelt. Im folgenden wollen wir von den Momenten vom Grade 2 die Flächen-Trägheitsmomente ansprechen. Auf die Massen-Trägheitsmomente werden wir im 3. Band der Aufgabensammlung zurückkommen.

In Band I, Abschnitt 7.4 haben wir gezeigt, dass für ein Schwerpunktsystem mit den kartesischen Koordinaten y und z in der betrachteten Ebene die Momente 1. Grades

$$\int_A y \, \mathrm{d}A = \int_A z \, \mathrm{d}A = 0 \tag{3.1}$$

verschwinden (Band I, Satz 7.4). Für ein solches Schwerpunktsystem haben wir als Flächen-Momente 2. Grades eingeführt (Band I, Def. 7.4):

$$J_{yy} = \int_A z^2 \, \mathrm{d}A : \quad \text{Flächen-Trägheitsmoment in bezug auf die } y\text{-Achse,} \tag{3.2}$$

$$J_{zz} = \int_A y^2 \, \mathrm{d}A : \quad \text{Flächen-Trägheitsmoment in bezug auf die } z\text{-Achse und} \tag{3.3}$$

$$J_{yz} = J_{zy} = -\int_A yz \, \mathrm{d}A : \quad \text{Flächen-Deviationsmoment.} \tag{3.4}$$

Daneben wird gelegentlich auch das polare Flächen-Trägheitsmoment (Band I, Def. 7.5) benötigt

$$J_0 = J_{yy} + J_{zz} = \int_A (y^2 + z^2) \, \mathrm{d}A = \int_A r^2 \, \mathrm{d}A . \tag{3.5}$$

In Band I, Abschnitt 7.4 haben wir gesehen, dass sich die Flächen-Trägheitsmomente vereinfachend auch als Komponenten eines 2-dimensionalen symmetrischen Tensors 2. Stufe darstellen lassen

$$J_{ik} = \int_A \left\{ \left(\sum_r x_r x_r \right) \delta_{ik} - x_i x_k \right\} \, \mathrm{d}A . \tag{3.6}$$

Wie beim ebenen Spannungszustand – oder ebenen Verzerrungszustand – können wir dies auch in Form einer Matrix angeben

$$J_{ik} = \begin{pmatrix} J_{yy} & J_{yz} \\ J_{zy} & J_{zz} \end{pmatrix} . \tag{3.7}$$

Der Flächen-Trägheitstensor J_{ik} besitzt damit auch sämtliche Eigenschaften, die wir z.B. für den Spannungstensor in Kapitel 1 angegeben haben, wobei hier nur zu beachten ist, dass J_{ik} eine ebene (2-dimensionale) Größe ist und J_{yy} sowie J_{zz} nur positive Werte annehmen können.

Bei einer Drehung des Koordinatensystems um den Winkel φ verschwindet das Deviationsmoment $J_{\bar{y}\bar{z}}(\varphi)$ für

$$\tan 2\varphi = \frac{2\,J_{yz}}{J_{yy} - J_{zz}} \tag{3.8}$$

(Band I, Satz 7.9) und die Flächen-Trägheitsmomente nehmen Extremwerte an. Diese Haupt-Trägheitsmomente bezeichnen wir mit J_1, J_2 und ordnen sie so, dass $J_1 \geqslant J_2$ ist. Dementsprechend bezeichnen wir auch die zugehörigen Hauptachsen mit 1 und 2 (Band I, Satz 7.10)

$$\left.\begin{matrix} J_1 \\ J_2 \end{matrix}\right\} = \frac{1}{2}\,(J_{yy} + J_{zz}) \pm \frac{1}{2}\,\sqrt{(J_{yy} - J_{zz})^2 + 4\,J_{yz}^2}\,. \tag{3.9}$$

Verschwinden in (3.8) $J_{yy} - J_{zz}$ sowie J_{yz} gleichzeitig, so ist für alle φ

$$J_{\bar{y}\bar{y}} = J_{\bar{z}\bar{z}} = J_{yy} = J_{zz} = \frac{1}{2}\,J_0 \quad \text{und} \quad J_{\bar{y}\bar{z}} = J_{yz} = 0\,, \tag{3.10}$$

d.h. alle möglichen Richtungen können Hauptrichtungen sein.

Das polare Trägheitsmoment (3.5)

$$J_{\bar{y}\bar{y}} + J_{\bar{z}\bar{z}} = J_{yy} + J_{zz} = J_1 + J_2 = J_0 \tag{3.11}$$

ist unabhängig von der Orientierung des Koordinatensystems, d.h. diese Größe ist invariant (Band I, Satz 7.11).

Schließlich gilt für die Transformation bei Drehung des Koordinatensystems von den Hauptachsen ausgehend (Band I, Satz 7.12)

$$\left.\begin{matrix} J_{yy} \\ J_{zz} \end{matrix}\right\} = \frac{1}{2}\,(J_1 + J_2) \pm \frac{1}{2}\,(J_1 - J_2)\cos 2\alpha$$
$$J_{yz} \;\; = \qquad\qquad -\frac{1}{2}\,(J_1 - J_2)\sin 2\alpha\,. \tag{3.12}$$

Wir können Flächenmomente 2. Grades auch für Bezugssysteme bilden, die nicht Schwerpunktsysteme sind. Mit Hilfe einer Parallelverschiebung des Koordinatensystems

$$\bar{y} = y + a, \quad \bar{z} = z + b \tag{3.13}$$

erhalten wir (Band I, Satz 7.13, Steinerscher Satz)

$$J_{\bar{y}\bar{y}} = J_{yy} + b^2 A$$
$$J_{\bar{z}\bar{z}} = J_{zz} + a^2 A \tag{3.14}$$
$$J_{\bar{y}\bar{z}} = J_{yz} - ab A\,.$$

Das Aufsuchen der Hauptachse einer Fläche wird oft erleichtert, wenn eine Fläche eine Symmetrieachse aufweist. Dann fällt bei einem Schwerpunktsystem eine Hauptachse mit der Symmetrieachse zusammen (Band I, Satz 7.14).

3.2 Beispiele

Aufgabe 3.1:
Bestimmen Sie J_{yy}, J_{zz} und J_{yz} für den dargestellten Querschnitt.

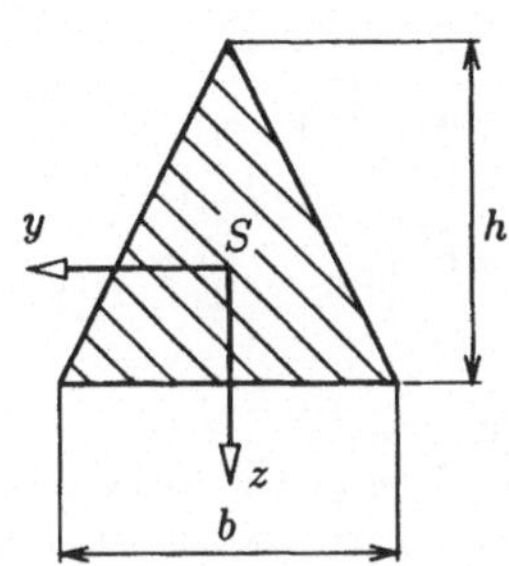

Lösung:

1. Berechnung des Schwerpunktes.
Definitionsgemäß beziehen sich die Flächen-Trägheitsmomente auf den Schwerpunkt der betrachteten Schnittfläche. Wir haben deshalb zunächst diesen Schwerpunkt zu bestimmen. Für das gegebene Dreieck kann er entweder entsprechend der in
Band I, Abschnitt 7.4 erläuterten Vorgehensweisen berechnet oder aus Tabellenwerken entnom-
men werden.

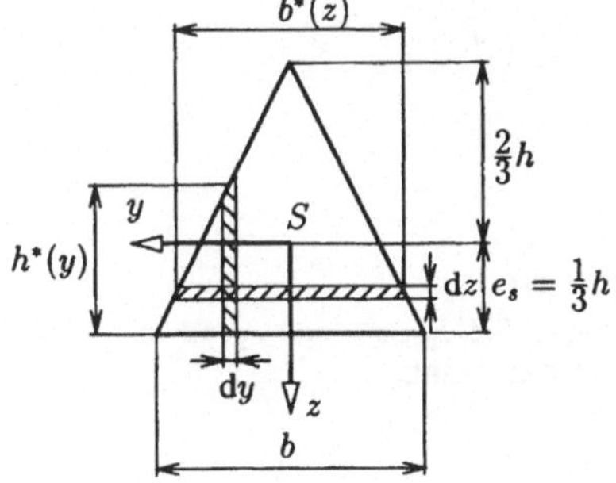

Da der Querschnitt symmetrisch ist bzgl. der z-
Achse, liegt der Schwerpunkt auch auf dieser Ach-
se (Band I, Satz 7.14). Für die y-Koordinate des
Schwerpunktes finden wir dann

$$e_s = \frac{1}{3}\,h\,.$$

2. Berechnung von J_{yy}.
Das Flächenelement dA in den Beziehungen zur Berechnung der Flächen-Trägheitsmomente (3.2) -
(3.4) können wir auf zwei unterschiedliche Weisen durch infinitesimale Streifen der Breite $b^*(z)$ und
der Höhe dz bzw. der Höhe $h^*(y)$ und der Breite dy einführen. Die Integration erfolgt dann jeweils
über die verbleibende Koordinate. Für J_{yy} (3.2) wählen wir

$$J_{yy} = \int\limits_A z^2\,dA = \int\limits_{-\frac{2}{3}h}^{\frac{h}{3}} z^2 b^*(z)\,dz\,.$$

Die Breite $b^*(z)$ können wir durch eine Geradengleichung festlegen

$$b^*(z) = 2\left(\frac{b}{3} + \frac{b}{2h}\,z\right) = \frac{2}{3}b + \frac{b}{h}\,z\,.$$

Dann wird

$$J_{yy} = \int\limits_{-\frac{2}{3}h}^{\frac{h}{3}} \left(\frac{2}{3}bz^2 + \frac{b}{h}z^3\right)\,dz = \left(\frac{2}{3}b\frac{1}{3}z^3 + \frac{b}{h}\frac{1}{4}z^4\right)\Bigg|_{-\frac{2}{3}h}^{\frac{h}{3}} = \frac{1}{36}bh^3\,.$$

3. Berechnung von J_{zz}.
Entsprechend setzen wir an (3.3)

$$J_{zz} = \int\limits_A y^2\,\mathrm{d}A = 2\int\limits_0^{\frac{b}{2}} y^2 h^*(y)\,\mathrm{d}y$$

mit der Höhe des infinitesimalen Streifens

$$h^*(y) = h - \frac{2h}{b}\,y\,.$$

$$J_{zz} = 2\int\limits_0^{\frac{b}{2}} \left(hy^2 - \frac{2h}{b}\,y^3\right)\,\mathrm{d}y = \left.\left(h\,\frac{1}{3}\,y^3 - \frac{2h}{4b}\,y^4\right)\right|_0^{\frac{b}{2}} = \frac{1}{48}\,b^3 h\,.$$

4. Berechnung von J_{yz}.

Analog zum Vorgehen bei der Berechnung der Flächen-Trägheitsmomente J_{yy} und J_{zz} können wir auch das Flächen-Deviationsmoment J_{yz} ermitteln. Liegt aber mindestens eine Symmetrieachse vor, so ist diese Achse zugleich Hauptachse (Band I, Satz 7.14) und damit verschwindet dann das Flächen-Deviationsmoment

$$J_{yz} = -\int\limits_A yz\,\mathrm{d}A = 0\,.$$

Aufgabe 3.2:

Bestimmen Sie J_{yy}, J_{zz} und J_{yz} für den dargestellten Querschnitt.

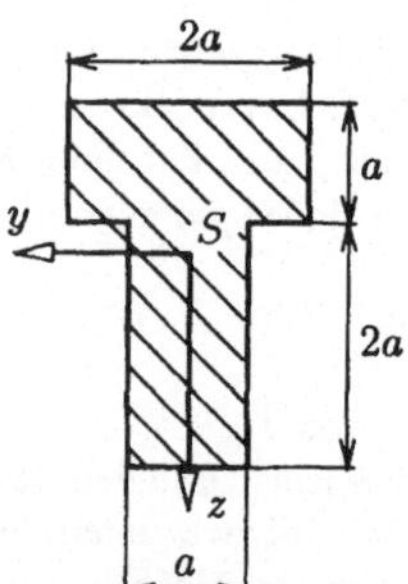

Lösung:

1. Berechnung des Schwerpunktes.

Entsprechend dem Vorgehen in der vorigen Aufgabe bestimmen wir zunächst den Schwerpunkt der zu untersuchenden Fläche. Dazu wird hier die Fläche in einfache Teilbereiche mit bekannten Schwerpunkten eingeteilt und daraus der Gesamtschwerpunkt errechnet (siehe Aufgaben 1, Kapitel 4)

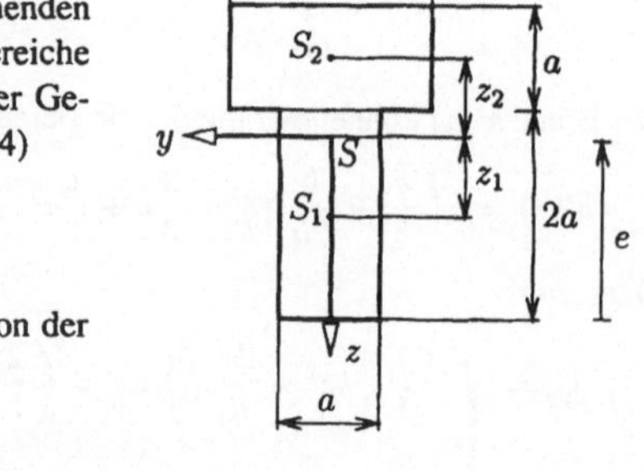

$$e = \frac{2a^2(2a + a/2) + 2a^2 a}{4a^2} = \frac{7}{4}\,a\,.$$

e bezeichnet hier den Abstand des Schwerpunktes S von der unteren Kante des Querschnitts. Es folgt

$$z_1 = \frac{3}{4}\,a, \quad z_2 = \frac{3}{4}\,a\,.$$

Aufgrund der Symmetrie des Querschnitts liegt der Schwerpunkt auf der z-Achse.

2. Berechnung von J_{yy}.

Zur Berechnung der Flächen-Trägheitsmomente wird die gewählte Aufteilung des Querschnitts bei-
behalten. Zunächst werden die Eigen-Trägheitsmomente der einzelnen Teil-Flächen berechnet. Diese
Eigen-Trägheitsmomente beziehen sich auf die jeweiligen Schwerpunkte der Teil-Flächen. Für einen
Rechteckquerschnitt der Breite b und der Höhe h finden wir (Band I, Abschnitt 7.4):

$$J_{\text{eigen},yy} = \frac{b\,h^3}{12}\,.$$

Damit ergeben sich folgende Werte für die Eigen-Trägheitsmomente der Flächen 1 und 2:

$$\left.\begin{array}{l} J_{1,yy} = \dfrac{a(2a)^3}{12} = \dfrac{2}{3}\,a^4 \\[3mm] J_{2,yy} = \dfrac{2a\,a^3}{12} = \dfrac{1}{6}\,a^4 \end{array}\right\} \quad \text{Eigen-Trägheitsmomente.}$$

Bei einer Parallelverschiebung des Bezugspunktes aus dem jeweiligen Teil-Schwerpunkt heraus in
den Gesamt-Schwerpunkt haben wir zusätzlich den Steinerschen Satz zu berücksichtigen. Entsprechend $(3.14)_1$ erhalten wir für die beiden Teil-Flächen

$$\left.\begin{array}{l} A_1 z_1{}^2 = 2\,a^2 \left(\dfrac{3}{4}\,a\right)^2 = \dfrac{9}{8}\,a^4 \\[4mm] A_2 z_2{}^2 = 2\,a^2 \left(\dfrac{3}{4}\,a\right)^2 = \dfrac{9}{8}\,a^4 \end{array}\right\} \quad \text{Steinersche Anteile.}$$

Das Trägheitsmoment der gesamten Fläche erhalten wir dann aus der Addition der einzelnen Anteile:

$$J_{yy} = J_{1,yy} + J_{2,yy} + A_1 z_1{}^2 + A_2 z_2{}^2$$

$$= \left(\frac{2}{3} + \frac{1}{6} + \frac{9}{8} + \frac{9}{8}\right) a^4 = \frac{37}{12}\,a^4\,.$$

3. Berechnung von J_{zz}.

Die Berechnung des Flächen-Trägheitsmomentes J_{zz} erfolgt in analoger Weise. Vereinfachend gilt
hier, dass die y-Koordinaten aller Schwerpunkte zusammenfallen und damit keine Steiner-Anteile
auftreten.

Die Eigenanteile der Flächen sind

$$J_{1,zz} = \frac{a^3 2a}{12} = \frac{1}{6}\,a^4$$

$$J_{2,zz} = \frac{(2a)^3 a}{12} = \frac{2}{3}\,a^4\,.$$

Das Flächen-Trägheitsmoment J_{zz} wird somit

$$J_{zz} = \left(\frac{1}{6} + \frac{2}{3}\right) a^4 = \frac{5}{6}\,a^4\,.$$

4. Berechnung von J_{yz}.

Aufgrund der Symmetrie des Querschnitts gilt

$$J_{yz} = 0\,.$$

Aufgabe 3.3:

Bestimmen Sie J_{yy}, J_{zz}, J_{yz}, die Haupt-Trägheitsmomente J_1 und J_2 sowie die Lage der Hauptachsen für den dargestellten Querschnitt.

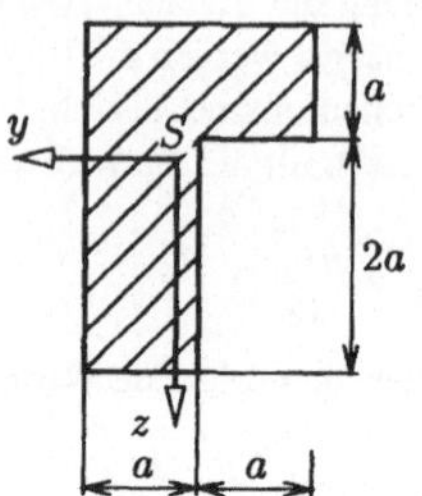

Lösung: Die Berechnung der Flächen-Trägheitsmomente J_{yy}, J_{zz} und J_{yz} erfolgt analog zum Vorgehen in Aufgabe 3.2. Wir verweisen hier auf den dort angegebenen Lösungsweg.

Berechnung des Schwerpunktes:

$$e_z = \frac{2a^2(2a + a/2) + 2a^2 a}{4a^2} = \frac{7}{4}\,a$$

$$e_y = \frac{2a^2 a + 2a^2 a/2}{4a^2} = \frac{3}{4}\,a\;.$$

Flächen-Trägheitsmomente bezogen auf das y, z-System:

$$J_{yy} = J_{1,yy} + J_{2,yy} + A_1 e_{z1}{}^2 + A_2 e_{z2}{}^2$$

$$= \frac{a\,(2a)^3}{12} + \frac{2a\,a^3}{12} + 2a^2\left(\frac{3}{4}a\right)^2 + 2a^2\left(\frac{3}{4}a\right)^2 = \frac{37}{12}\,a^4$$

$$J_{zz} = \frac{2a\,a^3}{12} + \frac{a\,(2a)^3}{12} + 2a^2\left(\frac{1}{4}a\right)^2 + 2a^2\left(\frac{1}{4}a\right)^2 = \frac{13}{12}\,a^4\;.$$

Die Eigenanteile des Flächen-Deviationsmomentes verschwinden jeweils (Symmetrie der Teilquerschnitte), d.h. gemäß (3.14)$_3$ erhalten wir

$$J_{yz} = J_{1,yz} + J_{2,yz} - A_1 e_{y1} e_{z1} - A_2 e_{y2} e_{z2}$$

$$= 0 + 0 - 2a^2\left(\frac{1}{4}a\right)\left(\frac{3}{4}a\right) - 2a^2\left(-\frac{3}{4}a\right)\left(-\frac{1}{4}a\right) = -\frac{3}{4}\,a^4\;.$$

Zur Berechnung der Haupt-Trägheitsmomente gehen wir von Gleichung (3.9) aus

$$J_{1/2} = \frac{J_{yy} + J_{zz}}{2} \pm \frac{1}{2}\sqrt{(J_{yy} - J_{zz})^2 + 4J_{yz}^2}$$

$$= \frac{25}{12}\,a^4 \pm \frac{1}{2}\sqrt{4a^8 + \frac{9}{4}\,a^8} = \frac{a^4}{12}\,(25 \pm 15)\;.$$

Da voraussetzungsgemäß $J_1 \geqslant J_2$ ist, gilt

$$J_1 = \frac{10}{3}\,a^4\,, \quad J_2 = \frac{5}{6}\,a^4\;.$$

Die Richtung des gegenüber dem Ausgangssystem gedrehten Hauptachsensystems bestimmen wir mit Hilfe (3.8) zu

$$\tan 2\varphi = \frac{2\,J_{yz}}{J_{yy} - J_{zz}} = \frac{-\dfrac{3}{4}\,a^4}{\dfrac{37}{12}\,a^4 - \dfrac{13}{12}\,a^4} = -\frac{3}{4}\,.$$

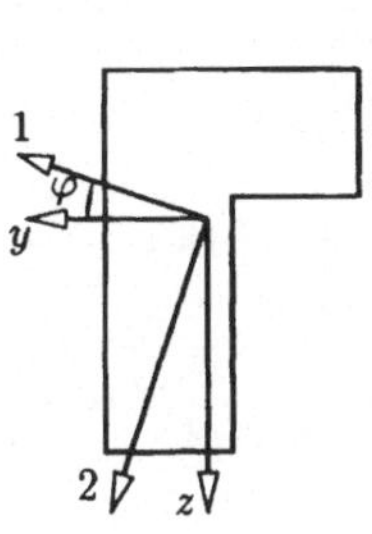

Bei der Berechnung des Winkels φ sind die Vorzeichen der Trägheitsmomente zu berücksichtigen, im übrigen gelten die gleichen Überlegungen wie bei der Berechnung der Haupt-Spannungsrichtung (Band II, Tabelle 1.1). Für

$$J_{yy} \geqslant J_{zz} \quad \text{und} \quad J_{yz} \leqslant 0 \quad \rightarrow \quad -\frac{\pi}{4} \leqslant \varphi \leqslant 0\,.$$

Daraus folgt:

$$2\varphi = -36.9° \quad \rightarrow \quad \varphi = -18.45°\,.$$

Aufgabe 3.4:

Bestimmen Sie J_{yy} des nebenstehenden dünn-wandigen Querschnitts.

Gegeben: $\delta = $ konst, l, α.

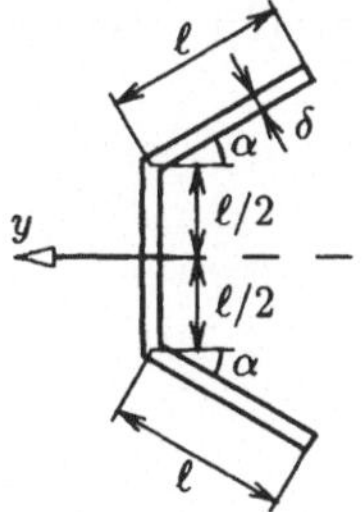

Lösung: Analog zum Vorgehen in den Aufgaben 3.2 und 3.3 wird der Querschnitt in Teilbereiche eingeteilt. Da Symmetrie bzgl. der y-Achse vorliegt, liegt der Schwerpunkt auf dieser Achse. Aufgrund der Symmetrie sind ferner auch die Anteile der in der nebenstehenden Skizze mit II bezeichneten Teilquerschnitte am Trägheitsmoment des gesamten Querschnitts gleich groß.

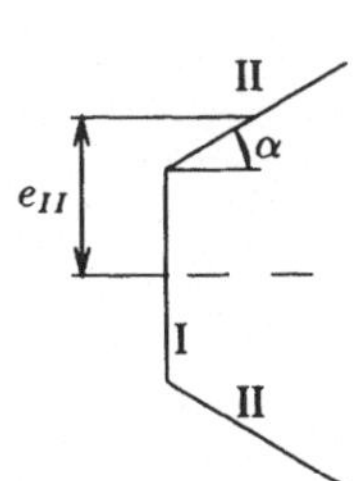

$$J_{yy} = J_I + A_I\,e_I^2 + 2\left(J_{II} + A_{II}\,e_{II}^2\right)$$

Das Eigen-Trägheitsmoment des Teilquerschnitts I erhalten wir mit Hilfe der Formel für den Rechteckquerschnitt; da der Schwerpunkt des Teilquerschnitts mit dem Schwerpunkt des Gesamtquerschnitts zusammenfällt, verschwindet der Steiner-Anteil.

$$J_I = \frac{\delta\,\ell^3}{12}\,, \quad e_I = 0\,.$$

Zur Berechnung des Eigenanteils der Teilquerschnitte II kann unter Berücksichtigung von $\delta \ll \ell$ über den Querschnitt mit konstanter Breite b und der Höhe h integriert werden. Die Breite b und die Höhe h ergeben sich aus geometrischen Überlegungen:

$$b = \frac{\delta}{\sin \alpha}\,, \quad h = \ell \sin \alpha\,, \quad \mathrm{d}A = b\,\mathrm{d}z = \frac{\delta}{\sin \alpha}\,\mathrm{d}z\,.$$

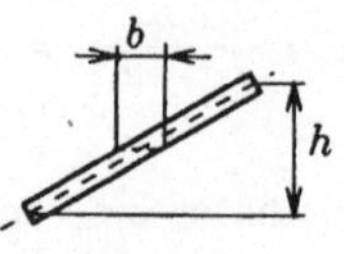

Damit erhalten wir

$$J_{II} = \int\limits_{-\frac{h}{2}}^{\frac{h}{2}} z^2\,\mathrm{d}A = \frac{\delta}{\sin \alpha} \int\limits_{-\frac{h}{2}}^{\frac{h}{2}} z^2\,\mathrm{d}z = \frac{\delta}{\sin \alpha}\,\frac{1}{3}\,z^3\Big|_{-\frac{h}{2}}^{\frac{h}{2}}$$

$$= \frac{\delta}{\sin \alpha}\,\frac{1}{12}\,h^3 = \frac{\delta}{\sin \alpha}\,\frac{1}{12}\,(\ell \sin \alpha)^3$$

bzw.

$$J_{II} = \frac{\delta\,\ell^3}{12}\,\sin^2 \alpha\,, \quad e_{II} = \frac{\ell}{2}\,(1 + \sin \alpha)$$

Für den Gesamtquerschnitt gilt damit

$$J_{yy} = \frac{\delta\,\ell^3}{12}\,\left(1 + 2\sin^2 \alpha\right) + 2\delta\ell\left\{\frac{\ell}{2}\,(1 + \sin \alpha)\right\}^2$$

$$= \frac{\delta\,\ell^3}{12}\,\left(7 + 12\sin \alpha + 8\sin^2 \alpha\right)\,.$$

3.3 Aufgaben

Aufgabe 3.5:

Die Haupt-Trägheitsmomente und die Lage der Hauptachsen des nebenstehenden zusammengesetzten Profils sind zu bestimmen.
(Maße in cm)

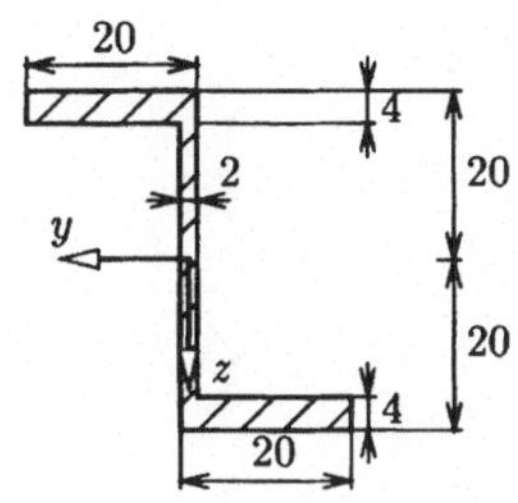

Aufgabe 3.6:

Der Abstand a der beiden Profile ist so zu bestimmen, dass die beiden Haupt-Trägheitsmomente J_{xx} und J_{yy} gleich groß werden.

Gegeben: $h = 30\,\text{cm}$, $b = 10\,\text{cm}$,
$\qquad\quad d = 1\,\text{cm}$, $t = 1.6\,\text{cm}$

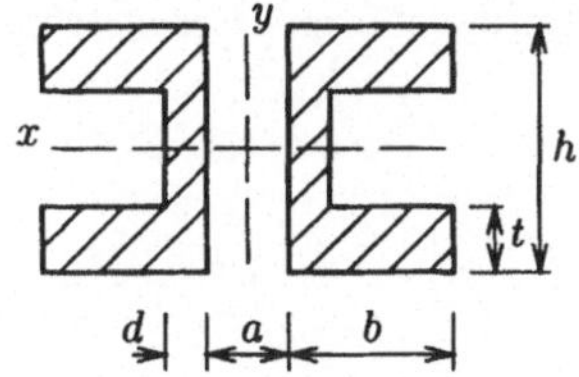

Aufgabe 3.7:

Ein Träger ist aus
— einem U-Stahl DIN 1026-U 200 (1),
— einem I-Stahl DIN 1025-HEB 200 (2) und
— einem Flachstahl DIN 1017-200 x 2 (3)
wie in der Abbildung rechts zusammengesetzt.
Die Haupt-Trägheitsmomente dieses Profils sind zu bestimmen.

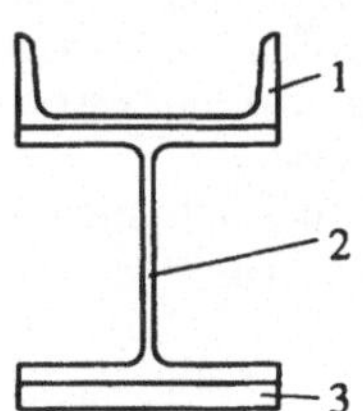

Aufgabe 3.8:

Das abgebildete Profil ist aus
— einem Z-Stahl DIN 1027-Z 100 (1) und aus
— einem T-Stahl DIN 1024-T 100 (2)
zusammengesetzt.
Berechnen Sie die Haupt-Trägheitsachsen durch den gemeinsamen Schwerpunkt und die entsprechenden Haupt-Trägheitsmomente.

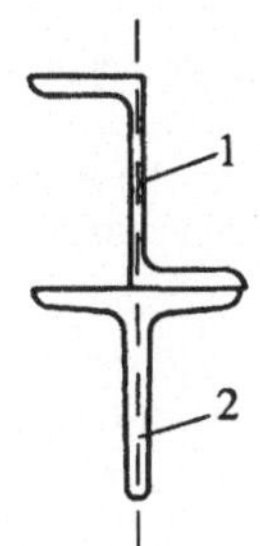

Aufgabe 3.9:

Bestimmen Sie die Haupt-Trägheitsmomente und die Lage der Hauptachsen für das angegebene Profil.
(Maße in cm)

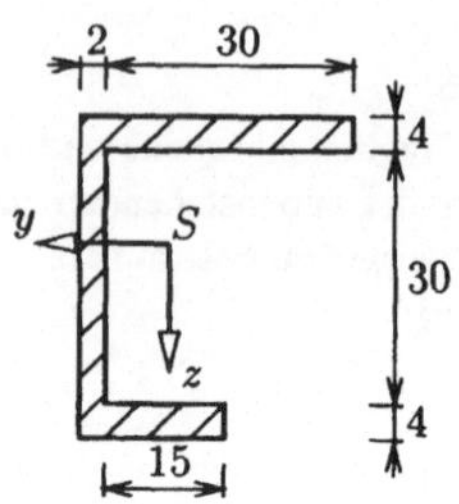

Aufgabe 3.10:

Für den aus 4 gleich großen quadratischen Flächen zusammengesetzten Querschnitt sind das maximale und das minimale Flächen-Trägheitsmoment sowie die Haupt-Trägheitsachsen zu bestimmen.

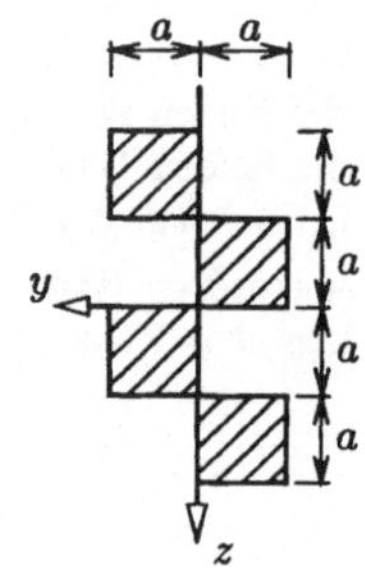

Aufgabe 3.11:

Die Durchmesser der beiden Bohrungen sind so zu bestimmen, dass die Flächen-Trägheitsmomente in bezug auf die y-Achse und die z-Achse gleich groß werden.

Gegeben: $a = 90$ mm, $b = 100$ mm,
$\qquad\quad e = 50$ mm

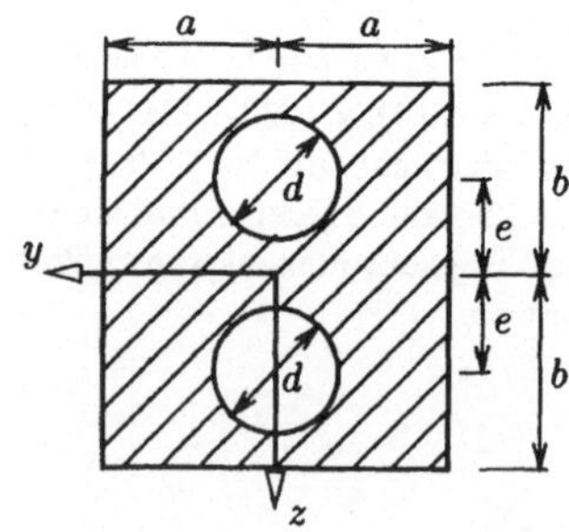

Aufgabe 3.12:

Bestimmen Sie die Abmessungen a und b der Rechteckfläche so, dass das Flächen-Trägheitsmoment in bezug auf die Achse $\bar{y}$-$\bar{y}$ durch den Punkt C vom Winkel φ unabhängig wird.

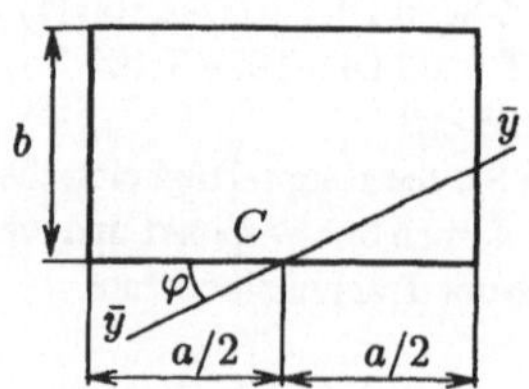

Aufgabe 3.13:

Bestimmen Sie die Haupt-Trägheitsmomente und die Haupt-Trägheitsachsen des nebenstehenden dünnwandigen Querschnitts mit Hilfe

a) der Formeln für Vollquerschnitte sowie
b) als dünnwandigen Querschnitt.

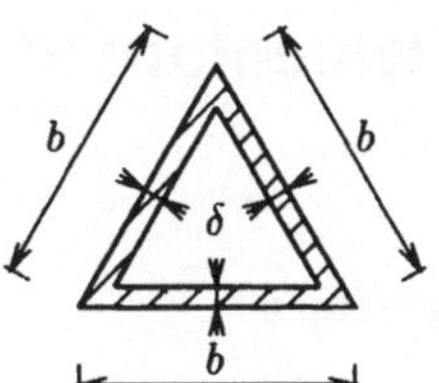

4 Elementare Stabstatik

4.1 Allgemeines

Für linienartige Strukturen (Stäbe, Balken) lassen sich die in den vorigen Kapiteln behandelten Aussagen zu Verzerrungen, Spannungen und ihrem Zusammenhang ganz wesentlich vereinfachen.

Dazu führen wir (gemäß Band I, Abschnitt 7.5.1) eine die Struktur charakterisierende Balkenachse ein, lassen die x-Achse mit der Balkenachse zusammenfallen und vernachlässigen - von wenigen Ausnahmen abgesehen - alle Spannungskomponenten mit Ausnahme der in den Schnittflächen senkrecht zur Balkenachse auftretenden Größen σ_{xx}, σ_{xy} und σ_{xz}.

Nehmen wir nun noch an, dass diese Schnittflächen bei einer Verformung des Balkens eben und senkrecht zur Balkenachse bleiben (Bernoulli-Hypothese), lassen sich die Angaben zu den Verzerrungen in Achsrichtung ϵ_{xx} – und wegen (2.2) auch zu den Spannungen σ_{xx} – auf Aussagen über die Verformungen der Balkenachse selbst reduzieren. Durch Integration der Spannungen über die Querschnittsfläche lassen sich diese schließlich noch durch die in der Balkenachse wirkenden Schnittkräfte ausdrücken.

Für den geraden Balken aus homogenem elastischen Material gilt dann für die Normalspannungen $\sigma_{xx} = \sigma$

$$\sigma(y,z) = \frac{N}{A} + \frac{M_y}{J_{yy}}\, z - \frac{M_z}{J_{zz}}\, y\,. \tag{4.1}$$

Die Gleichung der neutralen Faser finden wir daraus unter der Bedingung $\sigma = 0$. Für den Fall der Biegung mit Normalkraft, in dem sich die Schnittkräfte auf eine außermittig angreifende Normalkraft F reduzieren lassen, erhalten wir zudem

$$1 + \frac{A}{J_{yy}}\, z_F\, z + \frac{A}{J_{zz}}\, y_F\, y = 0\,. \tag{4.2}$$

Dabei sind z_F, y_F die Koordinaten des Angriffspunktes der außermittig angreifenden Kraft F.

Als Kern eines Querschnitts bezeichnen wir den Bereich, in dem eine außermittige Normalkraft F angreifen darf, ohne – in keinem Punkt des Querschnitts – einen Vorzeichenwechsel der Normalspannung zu bewirken. Für Angriffspunkte auf dem Rand des Kerns darf die neutrale Faser demnach gerade den Querschnitt tangieren. Wir können deshalb (4.2) auch benutzen, die sog. Kernweiten zu bestimmen.

Als Folge der Bernoulli-Hypothese verschwinden auch die Schubverzerrungen ϵ_{xy} und ϵ_{xz}. Die zugehörigen Schubspannungen werden deshalb nicht über das Stoffgesetz, sondern über Gleichgewichtsbetrachtungen bestimmt.

Für den symmetrischen Rechteckquerschnitt gilt

$$\sigma_{xz} = \tau(z) = \frac{QS(z)}{bJ} = \frac{3}{2}\,\frac{Q}{bh}\left\{1 - \left(\frac{2z}{h}\right)^2\right\}\,. \tag{4.3}$$

Dabei ist

$$S(z) = \int\limits_z^{\frac{h}{2}} z\,b\,\mathrm{d}z = \int\limits_z^{\frac{h}{2}} z\,\mathrm{d}A \tag{4.4}$$

das statische Moment der Restfläche.

Für allgemeine symmetrische Querschnitte erhalten wir

$$\sigma_{xz}(z) \;\; = \frac{Q\,S(z)}{b(z)\,J}$$

$$\sigma_{xy}(y,z) = \frac{Q\,S(z)}{b(z)\,J}\;\frac{\mathrm{d}b(z)}{\mathrm{d}z}\;\frac{y}{b(z)}$$

$$(4.5)$$

für Vollquerschnitte bzw.

$$\tau(\zeta) = \frac{Q\,S(\zeta)}{\delta(\zeta)\,J} \tag{4.6}$$

für dünnwandige Querschnitte. Dabei ist abermals

$$S(\zeta) = \int\limits_{\zeta}^{L} z(\zeta)\,\delta(\zeta)\,\mathrm{d}\zeta \tag{4.7}$$

das statische Moment der Restfläche.

4.2 Verbundquerschnitte

Für inhomogene Querschnitte, bei denen sich die Werkstoff-Anordnung über den Querschnitt längs der Stabachse nicht ändert, setzen wir den örtlichen E-Modul in Beziehung zum E-Modul des Grundwerkstoffes E_o

$$E(y,z) = n(y,z)\,E_0. \tag{4.8}$$

Gehen wir weiter von der Gültigkeit der Bernoulli-Hypothese aus, so führt die Integration der Spannungen über den Querschnitt hier auf Flächenmomente mit Gewichtsfunktionen $n(y,z)$. Wir erhalten auf diese Weise sog. ideelle Flächenmomente

$$\int\limits_{A} n(y,z)\,\mathrm{d}A = A_i : \qquad \text{ideelle Fläche}$$

$$\int\limits_{A} n(y,z)\,z\,\mathrm{d}A = S_{iy} : \qquad \text{ideelles statisches Moment der Fläche in bezug auf die } y\text{-Achse}$$

$$\int\limits_{A} n(y,z)\,y\,\mathrm{d}A = S_{iz} : \qquad \text{ideelles statisches Moment der Fläche in bezug auf die } z\text{-Achse}$$

$$\int\limits_{A} n(y,z)\,z^2\,\mathrm{d}A = J_{iyy} : \qquad \text{ideelles Flächen-Trägheitsmoment in bezug auf die } y\text{-Achse, usw.}$$

und dementsprechend gemäß der Beziehung

$$\mathbf{r}_A = \frac{\displaystyle\sum_k \mathbf{r}_{A_k}\,n_k A_k}{\displaystyle\sum_k n_k A_k} \tag{4.9}$$

(siehe Aufgaben 1, (4.7)) auch eine neue ideelle Stabachse als Verbindungslinie aller ideellen Mittelpunkte der Stabquerschnitte (Band II, Def. 4.2).

Für ein Koordinatensystem, das mit der neuen ideellen Stabachse zusammenfällt, lassen sich dann die Normalspannungen angeben zu

$$\sigma_{xx} = \sigma(y,z) = n(y,z)\left\{\frac{N}{A_i} + \frac{M_y}{J_{iyy}}\,z - \frac{M_z}{J_{izz}}\,y\right\}. \tag{4.10}$$

4.3 Beispiele

Aufgabe 4.1:

Die Normalspannungen an der Einspannstelle sind zu berechnen und darzustellen.

Gegeben: $l = 1{,}0$ m, $b = 12$ cm, $h = 20$ cm

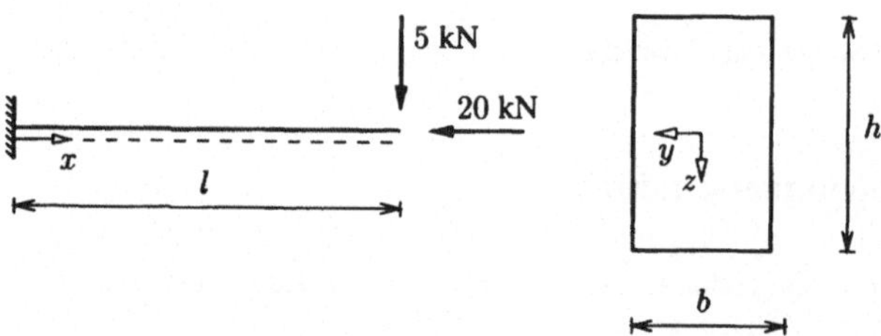

Lösung: Bei dem dargestellten System handelt es sich um einen statisch bestimmten, fest eingespannten Balken. Zur Ermittlung der Normalspannungen nach Gleichung (4.1) werden zunächst die Schnittkräfte an der Einspannstelle berechnet. Dabei wird davon ausgegangen, dass die äußeren Kräfte im Schwerpunkt des Balkens angreifen.

$$\rightarrow \sum_i F_{ix} = 0 \quad \rightarrow \quad N = -20\ \text{kN}$$

$$\uparrow \sum_i F_{iz} = 0 \quad \rightarrow \quad Q_z = 5\ \text{kN}$$

$$\curvearrowright \sum_i M_{iy} = 0 \quad \rightarrow \quad M_y = -5\ \text{kNm.}$$

Die Querschnittsfläche und das Flächen-Trägheitsmoment um die y-Achse ergeben sich für das Rechteckprofil zu

$$A = bh = 240\ \text{cm}^2, \quad J_{yy} = \frac{bh^3}{12} = 8.000\ \text{cm}^4.$$

Durch Einsetzen in Gleichung (4.1) mit $M_z = 0$ erhalten wir den Normalspannungsverlauf über den Querschnitt

$$\sigma(y,z) = \sigma(z) = \frac{N}{A} + \frac{M_y}{J_{yy}}\,z - \frac{M_z}{J_{zz}}\,y$$

$$= \left(-\frac{20.000}{240} - \frac{5.000 \cdot 10^2}{8.000}\,z\right) = -83{,}3 - 62{,}5\,z\ [\text{N/cm}^2].$$

Die maximalen Normalspannungen liegen dabei auf den Querschnittsrändern

$$\sigma_{xx}^{Rand} = \begin{cases} +542 \text{ N/cm}^2 & \text{für } z = -\dfrac{h}{2} \\ -708 \text{ N/cm}^2 & \text{für } z = +\dfrac{h}{2}. \end{cases}$$

Die Berechnung der maximalen Normalspannung vereinfacht sich, wenn wir das Widerstandsmoment

$$W_y = \frac{J_{yy}}{z_{max}} = \frac{bh^2}{6} = 800 \text{ cm}^3$$

einführen. Die für die Festigkeitsauslegung maßgebliche, betragsmäßig größte Randnormalspannung wird dann

$$|\sigma_{xx}|_{max} = \frac{|N|}{A} + \frac{|M_y|}{W_y} = 708 \text{ N/cm}^2 = 7,08 \text{ N/mm}^2.$$

In der Abbildung ist der Normalspannungsverlauf als Überlagerung aus Normalkraft- und Biegemomentenanteil qualitativ dargestellt.

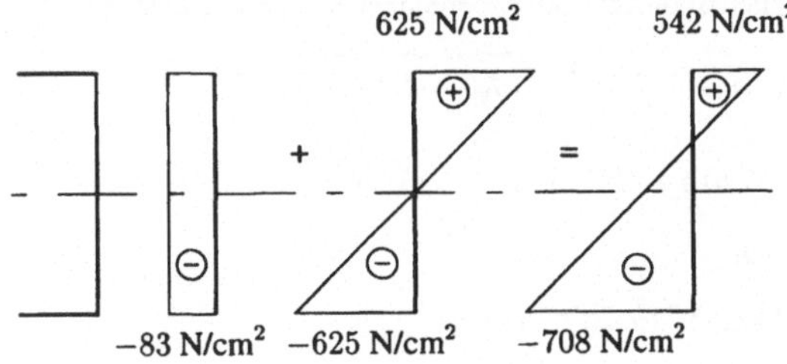

Aufgabe 4.2:

Die Normalspannungsverteilung infolge des angreifenden Momentes ist zu berechnen und darzustellen.

Gegeben: $M = 50$ kNm

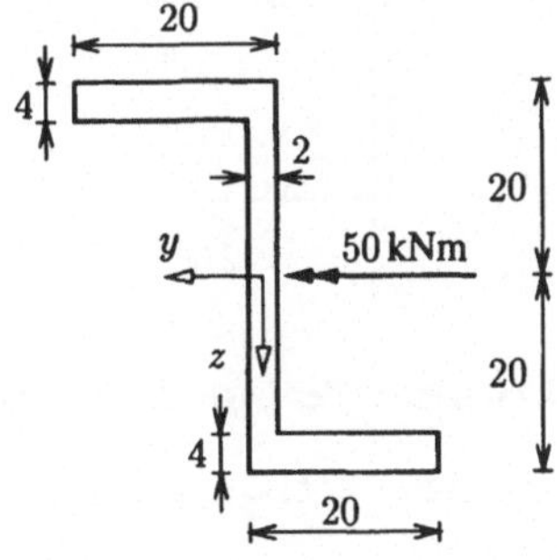

Maße in [cm]

Lösung: Der gegebene Querschnitt ist nicht symmetrisch bezüglich der eingezeichneten y- und z-Achsen. Das bedeutet, dass diese Achsen keine Haupt-Trägheitsachsen sind. Gleichung (4.1) gilt jedoch nur unter der Voraussetzung, dass y und z Hauptachsen sind. Zur Ermittlung der Haupt-Trägkeitsachsen und -momente bestimmen wir zunächst die Flächen-Trägheitsmomente im eingezeichneten (y, z)-System

$$J_{yy} = \left(\frac{2 \cdot 32^3}{12} + 2 \cdot \frac{20 \cdot 4^3}{12} + 2 \cdot 20 \cdot 4 \cdot 18^2 \right) = 57.515 \ \text{cm}^4$$

$$J_{zz} = \left(2 \cdot \frac{4 \cdot 20^3}{12} + \frac{32 \cdot 2^3}{12} + 2 \cdot 20 \cdot 4 \cdot 9^2 \right) = 18.315 \ \text{cm}^4$$

$$J_{yz} = - \left(20 \cdot 4 \cdot (-9) \cdot 18 + 20 \cdot 4 \cdot 9 \cdot (-18) \right) = 25.920 \ \text{cm}^4.$$

Das gesuchte Hauptachsensystem (1, 2) ist um den Winkel φ gegenüber (y,z) gedreht. Seine Lage bestimmen wir analog zur Hauptachsentransformation des Spannungstensors mit Hilfe von (3.8)

$$\tan 2\varphi = \frac{2\,J_{yz}}{J_{yy} - J_{zz}} = \frac{2 \cdot 25.920}{57.515 - 18.315} = 1{,}32 \quad \rightarrow \quad \varphi = 26{,}45°.$$

Für die eindeutige Festlegung der Richtung der zu J_1 ($J_1 \geqslant J_2$) gehörenden 1-Achse bedienen wir uns der Tabelle 7.1 aus Band I

$$J_{yy} \geqslant J_{zz} \quad \text{und} \quad J_{yz} \geqslant 0 \quad \rightarrow \quad 0 \leqslant \varphi \leqslant \frac{\pi}{4}.$$

Die Haupt-Trägheitsmomente selbst berechnen wir gemäß (3.9) zu

$$J_{1/2} = \frac{1}{2}\left(J_{yy} + J_{zz}\right) \pm \frac{1}{2}\sqrt{(J_{yy} - J_{zz})^2 + 4\,J_{yz}^2}$$

$$= \frac{1}{2}\left(57.515 + 18.315\right) \pm \frac{1}{2}\sqrt{(57.515 - 18.315)^2 + 4 \cdot (25920)^2} \ [\text{cm}^4].$$

Damit erhalten wir

$$J_1 = 70.411 \ \text{cm}^4, \quad J_2 = 5.419 \ \text{cm}^4.$$

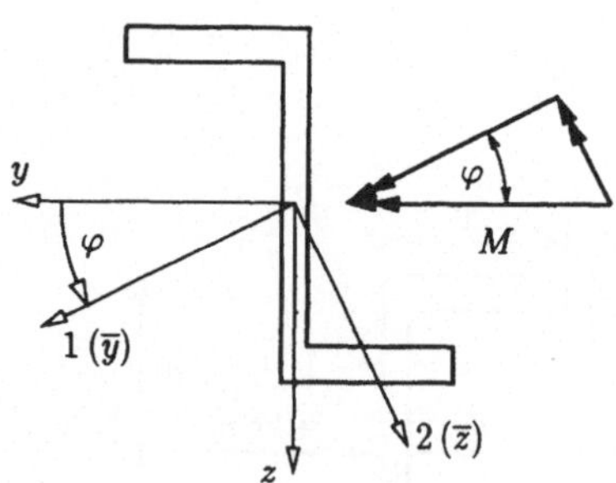

Da (4.1) für Hauptachsensysteme formuliert ist, müssen wir auch das angreifende Moment M in seine Komponenten bezüglich der Hauptachsen zerlegen (dabei entsprechen $1 \stackrel{\wedge}{=} \bar{y}$ und $2 \stackrel{\wedge}{=} \bar{z}$)

$$M_{\bar{y}} = M \cos\varphi = 44{,}77 \ \text{kNm}$$

$$M_{\bar{z}} = -M \sin\varphi = -22{,}27 \ \text{kNm}.$$

Damit sind wir dann in der Lage, den Normalspannungsverlauf über den Querschnitt anzugeben

$$\sigma(\bar{y},\bar{z}) = \frac{M_{\bar{y}}}{J_1}\,\bar{z} - \frac{M_{\bar{z}}}{J_2}\,\bar{y} = (63{,}58 \cdot \bar{z} + 410{,}96 \cdot \bar{y}) \ \text{N/cm}^2.$$

In der neutralen Faser verschwinden die Normalspannungen, d.h. wir erhalten

$$\sigma(\bar{y},\bar{z}) = 0 \quad \rightarrow \quad \bar{y} = -0{,}155\,\bar{z}.$$

In der nachfolgenden Abbildung sind die neutrale Faser (gestrichelte Linie) und der Normalspannungsverlauf in einem Schnitt senkrecht dazu dargestellt. Die maximalen Biegenormalspannungen treten an den Querschnittspunkten mit dem größten Abstand zur neutralen Faser auf. Damit erhalten wir im Punkt $(y,z) = (1\ [\text{cm}], 20\ [\text{cm}])$ mit den Koordinaten

$$\bar{y}_{\text{Rand}} = (1 \cdot \cos 26{,}45^\circ + 20 \cdot \sin 26{,}45^\circ) \quad = \quad 9{,}81\,\text{cm}$$

$$\bar{z}_{\text{Rand}} = (-1 \cdot \sin 26{,}45^\circ + 20 \cdot \cos 26{,}45^\circ) = 17{,}45\,\text{cm}$$

im Hauptachsensystem die maximale Normalspannung

$$\sigma_{\text{max}} = \sigma(\bar{y}_{\text{Rand}}, \bar{z}_{\text{Rand}}) = 5.141\,\text{N/cm}^2 = 51{,}41\,\text{N/mm}^2\,.$$

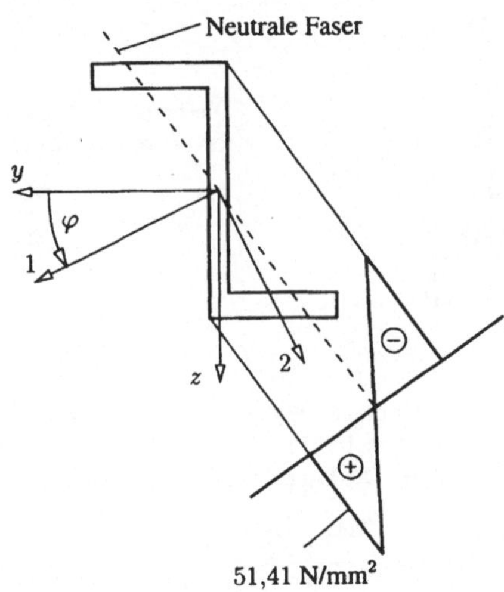

Aufgabe 4.3:

Vergleichen Sie die Normalspannungen in den beiden dargestellten Profilen. Dabei sei $a \gg \delta$.

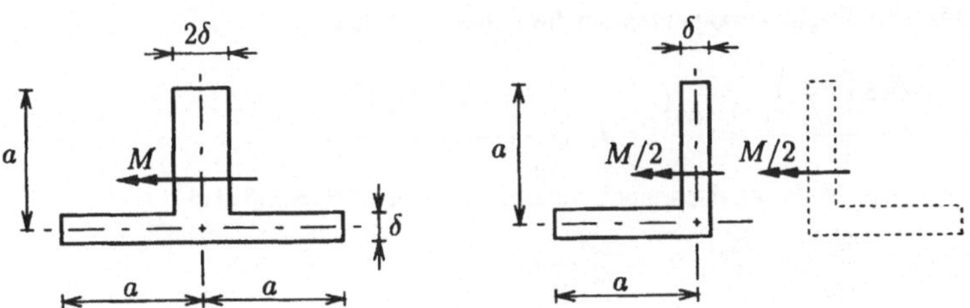

Lösung: Zunächst ermitteln wir die Normalspannungsverläufe aufgrund des angreifenden Biegemoments in beiden Querschnitten.

<u>Querschnitt I:</u>

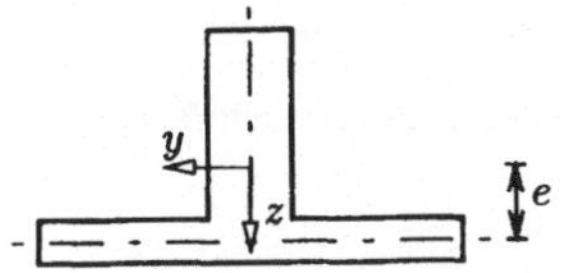

Das eingezeichnete Koordinatensystem ist ein Hauptachsensystem, da die z-Achse Symmetrieachse des Querschnitts ist. Die Lage des Schwerpunktes berechnen wir zu

$$e = \frac{2a\delta \cdot \frac{a}{2}}{2a\delta + 2a\delta} = \frac{a}{4}\,.$$

Mit dem Flächen-Trägheitsmoment um die y-Achse

$$J_{yy} = \frac{2\delta a^3}{12} + 2a\delta e^2 + 2a\delta(\frac{a}{2} - e)^2 = \frac{5}{12}\,\delta a^3$$

erhalten wir den Normalspannungsverlauf über den Querschnitt I

$$\sigma_I(z) = \frac{M}{J_{yy}}\,z = \frac{12}{5}\,\frac{M}{\delta a^3}\,z\;.$$

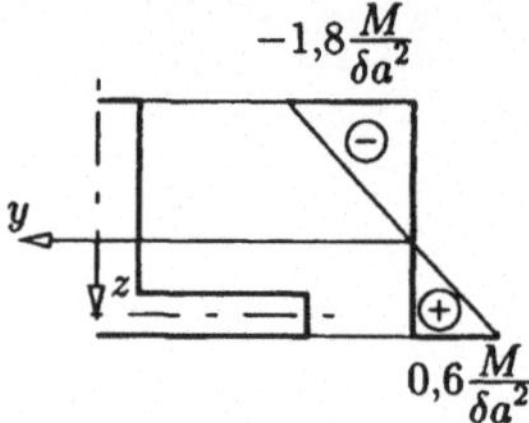

Die betragsmäßig größte Normalspannung erhalten wir am oberen Querschnittsrand mit

$$|\sigma_I|_{\max} = \left| \frac{M}{J_{yy}} \cdot \left(-\frac{3}{4}\,a\right)\right| = 1,8\,\frac{M}{\delta a^2}\;.$$

Querschnitt II:

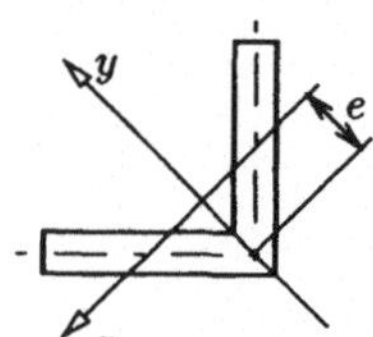

Das Hauptachsensystem kann wieder durch Ausnutzen der Querschnittssymmetrie bestimmt werden, die Symmetrieachse wird als y-Achse gewählt. Die Lage des Schwerpunktes berechnen wir zu

$$e = \frac{2a\delta \cdot \dfrac{a}{2\sqrt{2}}}{2a\delta} = \frac{a}{2\sqrt{2}}\;.$$

Analog zum Vorgehen in der vorigen Aufgabe zerlegen wir das angreifende Moment M in seine Komponenten

$$M_y = M_z = \frac{M}{2\sqrt{2}}\;.$$

Mit den Flächen-Trägheitsmomenten um die y- bzw. z-Achse

$$J_{yy} = \frac{\sqrt{2}\,\delta\left(\dfrac{2a}{\sqrt{2}}\right)^3}{12} = \frac{\delta a^3}{3}\,,\quad J_{zz} = \frac{2\sqrt{2}\,\delta\left(\dfrac{a}{\sqrt{2}}\right)^3}{12} = \frac{\delta a^3}{12}$$

erhalten wir dann den Normalspannungsverlauf über den Querschnitt II zu

$$\sigma_{II}(y,z) = \frac{M_y}{J_{yy}}\,z - \frac{M_z}{J_{zz}}\,y = \frac{3M}{2\sqrt{2}\delta a^3}\,(z - 4y)\;.$$

Die Bedingung $\sigma_{II} = 0$ führt schließlich auf die Gleichung für die neutrale Faser

$$z = 4y\;.$$

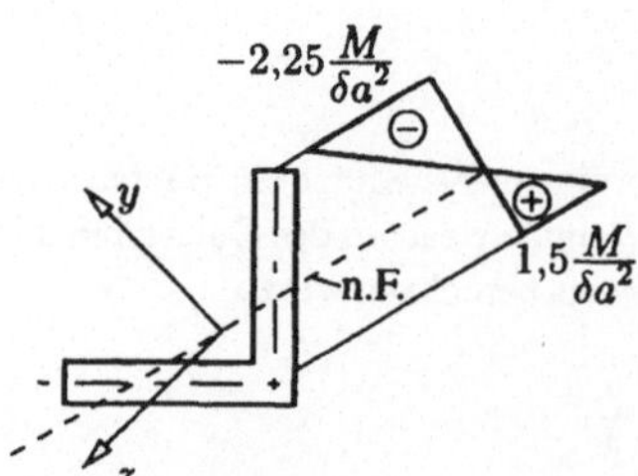

Die betragsmäßig größte Normalspannung tritt im Punkt

$$(y_a, z_a) = \left(\frac{a}{2\sqrt{2}}, -\frac{a}{\sqrt{2}}\right)$$

mit dem größten Abstand zur neutralen Faser auf

$$|\sigma_{II}|_{\max} = 2,25\,\frac{M}{\delta a^2}\;.$$

Damit wird

$$|\sigma_{II}|_{\max} > |\sigma_{I}|_{\max}.$$

Querschnitt II ist also bei gleicher Fläche und trotz gleicher Belastung deutlich weniger geeignet, das angegebene Biegemoment aufzunehmen.

Aufgabe 4.4:

Der dargestellte Querschnitt, bestehend aus zwei gleichen Parallelogrammflächen, wird durch die eingezeichnete Kraft F beansprucht.

a) Geben Sie die Lage der neutralen Faser an.

b) Wie groß ist die Normalspannung im Punkt A?

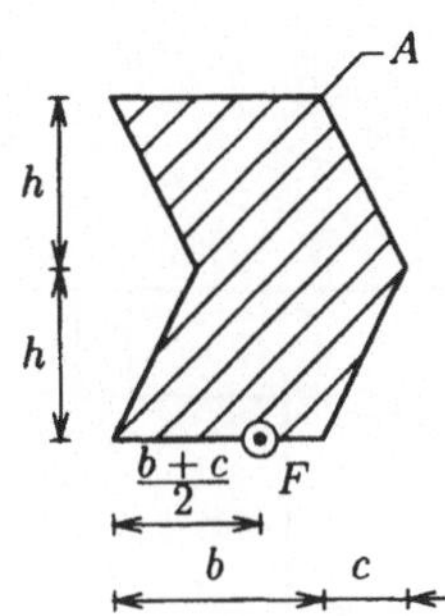

Lösung:

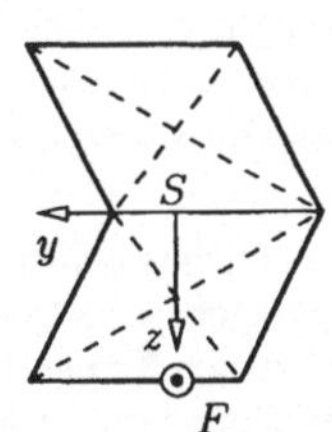

a) Zunächst ermitteln wir auf graphischem Wege die Lage des Schwerpunktes (siehe Band I, Abschnitt 7.3) und führen unter Ausnutzung der Symmetrie ein Hauptachsensystem ein. Danach kann die Lage der neutralen Faser mit Hilfe der Koordinaten des Kraftangriffspunktes

$$y_F = 0, \quad z_F = h$$

sowie der Querschnittswerte

$$A = 2bh, \quad J_{yy} = \frac{b(2h)^3}{12} = \frac{2}{3}bh^3$$

aus Gleichung (4.2) bestimmt werden

$$1 + \frac{A}{I_{yy}} z_F z = 0 \quad \rightarrow \quad z = -\frac{h}{3}.$$

b) Die Normalspannung im Punkt A $(z_A = -h)$ erhalten wir für die Schnittgrößen

$$N = F, \quad M_y = Fh, \quad M_z = 0$$

aus Gleichung (4.1) zu

$$\sigma(z) = \frac{N}{A} + \frac{M_y}{J_{yy}} z \quad \rightarrow \quad \sigma_A = \sigma(z_A) = -\frac{F}{bh}.$$

Aufgabe 4.5:

Ein Betonträger soll durch eine Druckkraft in Längsrichtung beansprucht werden. Bestimmen Sie den Bereich, in dem die Kraft angreifen darf, so dass nur Druckspannungen auftreten.

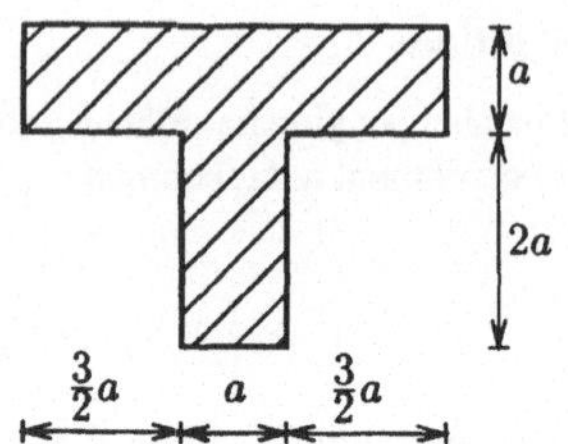

Lösung:

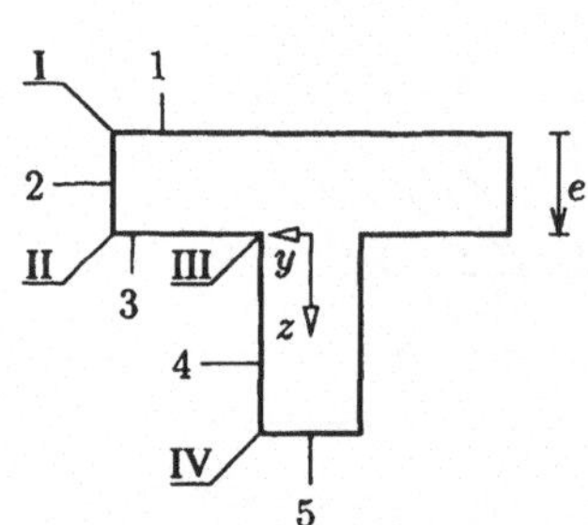

Wir ermitteln den Abstand des Schwerpunktes von der oberen Kante des Querschnitts

$$e = \frac{2a^3 + 4a^3}{6a^2} = a$$

und führen unter Ausnutzung der Symmetrie ein Hauptachsensystem ein, für das die Querschnittswerte berechnet werden

$$A = 6a^2, \quad J_{yy} = 4a^4, \quad J_{zz} = \frac{11}{2}\,a^4 .$$

Nach Band II, Satz 3.1 hat der Kern eines Querschnitts die gleichen Symmetrieeigenschaften wie der Querschnitt selbst. Daher brauchen wir wegen der Querschnittssymmetrie bezüglich der z-Achse zunächst nur eine Querschnittshälfte zu betrachten. Zur Ermittlung des Kerns bieten sich nun, ausgehend von Gleichung (4.2), zwei Vorgehensweisen zur Ermittlung der Kernfläche für solche Querschnitte an, deren Einhüllende ein Polygonzug ist.

1. Lösungsweg: Gemäß Band II, Satz 3.2 ist für solche Querschnitte, deren Einhüllende ein Polygonzug ist, auch der Kern ein Polygon. Dabei entspricht jeder Ecke des Kernpolygons eine Querschnittsseite als neutrale Faser. Den Kern können wir dann durch Ermittlung der zu den Kanten 1-5 gehörenden Eckpunkte des Polygons mit Hilfe der Gleichung (4.2) bestimmen. Dazu bringen wir (4.2) in die Form einer allgemeinen Geradengleichung

$$1 + \frac{A}{J_{yy}}\, z_F\, z + \frac{A}{J_{zz}}\, y_F\, y = 0 \quad \rightarrow \quad \frac{z}{c} + \frac{y}{b} = 1$$

mit den für jede Seite bekannten Koeffizienten

$$\frac{1}{c} = -\frac{A}{J_{yy}}\, z_F \quad \text{und} \quad \frac{1}{b} = -\frac{A}{J_{zz}}\, y_F .$$

Damit lässt sich eine Gleichung zur Ermittlung des zur Seite i, $(i = 1 \ldots 5)$ gehörigen Kern-Eckpunktes P_i angeben

$$z_{Fi} = -\frac{J_{yy}}{c_i A} = -\frac{2a^2}{3c_i}, \quad y_{Fi} = -\frac{J_{zz}}{b_i A} = -\frac{11a^2}{12b_i} .$$

Die Koeffizienten b_i und c_i sowie die sich daraus ergebenden Koordinaten der Eckpunkte P_i sind für die Seiten 1-5 in der nachfolgenden Tabelle zusammengestellt.

Seite	b	c	y_F	z_F
1	∞	$-a$	0	$\frac{2}{3}a$
2	$2a$	∞	$-\frac{11}{24}a$	0
3	∞	0	0	∞
4	$\frac{a}{2}$	∞	$-\frac{11}{6}a$	0
5	∞	$2a$	0	$-\frac{1}{3}a$

Um aus den ermittelten Punkten das Kernpolygon zu bestimmen, können wir die Eckpunkte benachbarter Seiten durch Geraden verbinden. Dabei ist zu beachten, dass in dem Falle, wenn von einem der Punkte eines betrachteten Paares die z-Koordinate im Unendlichen liegt, die zugehörige Gerade als Senkrechte durch den anderen Punkt verläuft. Die insgesamt ermittelten Geraden teilen die Querschnittsebene in Halbebenen. Nach Spiegelung der Eckpunkte und Verbindungsgeraden erhalten wir die Kernfläche als Schnittmenge aller so entstandenen Halbebenen. Wir sehen im übrigen, dass der Kern den Schwerpunkt mit enthalten muss.

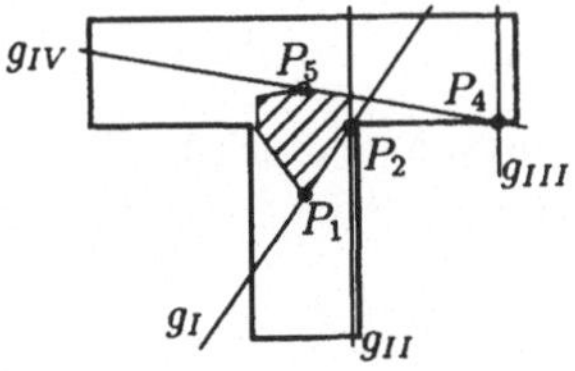

2. Lösungsweg: Die zweite Lösungsmöglichkeit besteht darin, die Verbindungsgeraden der Eckpunkte des Kernpolygons direkt zu bestimmen. Jedem Eckpunkt des Querschnitts entspricht nach Gl. (4.2) eine Gerade aller möglichen Kraftangriffspunkte, für die der Eckpunkt spannungsfrei wird. Für jeden Punkt j, $(j = I \ldots IV)$ erhalten wir dann die zugehörige Gerade g_j mit Hilfe der Gleichung

$$y_{Fj} = -\frac{J_{zz}}{J_{yy}}\frac{z_j}{y_j}z_{Fj} - \frac{J_{zz}}{Ay_j} = -\frac{11}{8}\frac{z_j}{y_j}z_{Fj} - \frac{11a^2}{12y_j} \, .$$

Die Koordinaten der Querschnittseckpunkte und die zugehörigen Geradengleichungen sind in der nachfolgenden Tabelle zusammengestellt.

Punkt	y_j	z_j	Geradengleichung
I	$2a$	$-a$	$y_F = \frac{11}{16}z_F - \frac{11}{24}a$
II	$2a$	0	$y_F = -\frac{11}{24}a$
III	$\frac{a}{2}$	0	$y_F = -\frac{11}{6}a$
IV	$\frac{a}{2}$	$2a$	$y_F = \frac{11}{2}z_F - \frac{11}{6}a$

Ein Wandern der Kraft entlang der ermittelten Geraden entspricht einem Drehen der zugehörigen neutralen Faser um den jeweiligen Eckpunkt. Diese Geraden können dann wieder in den Querschnitt eingezeichnet und an der z-Achse gespiegelt werden. Wir erhalten dasselbe Bild, wie beim ersten Lösungsweg.

Zu diesem Lösungsweg ist noch anzumerken, dass die zu konkaven (einspringenden) Ecken gehörenden Kraftangriffsgeraden nicht ermittelt zu werden brauchen. Dies deshalb, weil jede durch eine konkave Ecke verlaufende neutrale Faser den Querschnitt schneiden muss.

Aus diesem Grund kann dann auch kein Punkt dieser Geraden auf dem Rand der Kernfläche liegen.

Aufgabe 4.6:

Für das nebenstehende System sind die maximale
Biegespannung und die maximale Schubspannung
zu ermitteln und zu vergleichen.

Gegeben: $l = 4$ m, $F = 8$ kN, $b = 120$ mm,
$\qquad\quad h = 200$ mm

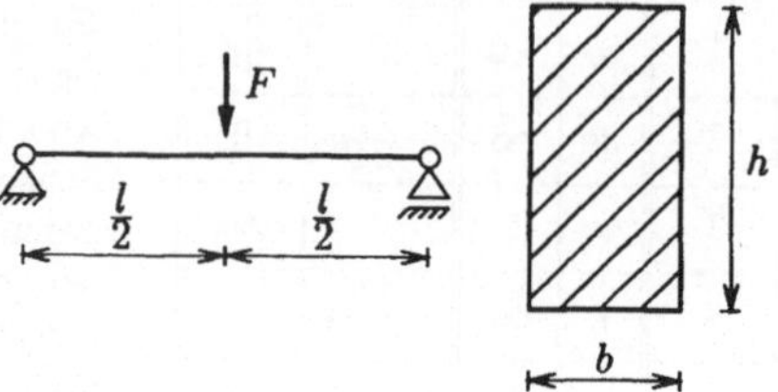

Lösung: Die maximalen Schnittkräfte im Balken erhalten wir nach Ermittlung der Lagerreaktionen
in der Balkenmitte zu

$$N = 0, \quad Q_z = \frac{F}{2} = 4\text{ kN}, \quad M_y = \frac{Fl}{4} = 8\text{ kNm}.$$

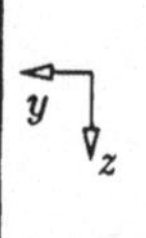

Die maximale Biegenormalspannung bestimmen wir dann mit Hilfe des Widerstandsmomentes

$$W_y = \frac{bh^2}{6}$$

am unteren Querschnittsrand zu

$$\max \sigma_{xx} = \sigma_{max} = \frac{M_y}{W_y} = \frac{3Fl}{2bh^2} = 10\text{ N/mm}^2.$$

Die Schubspannungsverteilung in einem Rechteckquerschnitt mit einer Querkraft in z-Richtung berechnen wir nach Gleichung (4.3) mit Hilfe des statischen Momentes der Restfläche

$$S(z) = \int\limits_z^{\frac{h}{2}} z\,b\,\mathrm{d}z = \frac{bh^2}{8}\left\{1 - \left(\frac{2z}{h}\right)^2\right\}$$

und des Flächen-Trägheitsmomentes

$$J_{yy} = \frac{bh^3}{12}$$

zu

$$\sigma_{xz}(z) = \tau(z) = \frac{Q_z S(z)}{b(z) J_{yy}} = \frac{3Q_z}{2bh}\left\{1 - \left(\frac{2z}{h}\right)^2\right\}.$$

Die übrigen Schubspannungskomponenten verschwinden unter der Annahme der Bernoulli-Hypothese und für Rechteckquerschnitte (Band II, Abschnitt 3.5). Der Verlauf der Schubspannungen ist in der
Abbildung dargestellt.

Der Ort der maximalen Schubspannung über die Querschnittshöhe ergibt sich
aus der Extremwertbedingung

$$\frac{\partial \tau(z)}{\partial z} = \frac{3Q_z}{2bh}\left(\frac{-8z}{h^2}\right) = 0 \quad \rightarrow \quad z = 0.$$

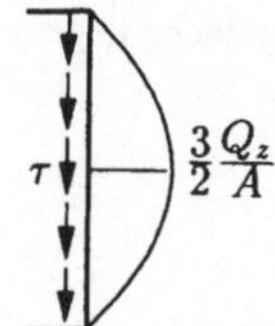

Eingesetzt erhalten wir damit für die maximal auftretende Schubspannung im
Querschnitt

$$\tau_{max} = \frac{3Q_z}{2bh} = 0{,}25\text{ N/mm}^2.$$

Der Vergleich zwischen der maximalen Biegespannung und der maximalen Schubspannung

$$\frac{\sigma_{max}}{\tau_{max}} = 40$$

zeigt, dass bei der Festigkeitsauslegung für schlanke Balken der Einfluss der Schubspannung aus Querkraft häufig vernachlässigt werden kann.

Aufgabe 4.7:

Für den nebenstehenden Querschnitt ist die Verteilung der Schubspannungen zu ermitteln und darzustellen.

Gegeben: $H = 180$ mm, $B = 100$ mm,

$\qquad Q = 9$ kN

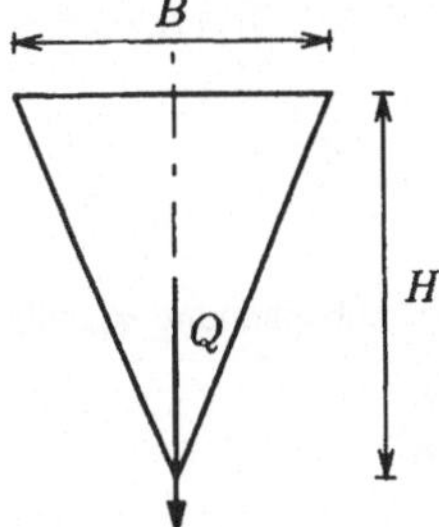

Lösung: Für allgemeine symmetrische Querschnitte können wir die Schubspannungsverteilungen mit Hilfe der Gleichungen (4.5) ermitteln

$$\sigma_{xz}(z) = \frac{Q\,S(z)}{b(z)\,J}$$

$$\sigma_{xy}(y,z) = \frac{Q\,S(z)}{b(z)\,J}\,\frac{db(z)}{dz}\,\frac{y}{b(z)}\ .$$

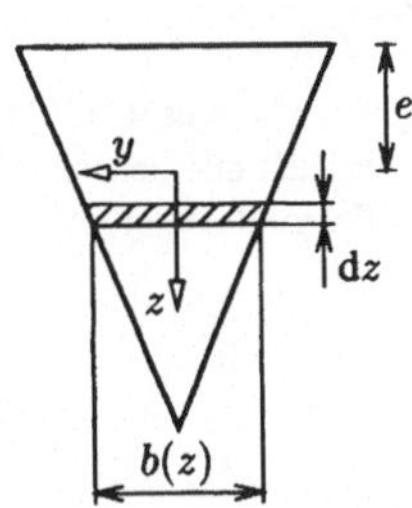

Der Schwerpunkt des Dreiecksprofils liegt bei

$$e = \frac{H}{3}$$

und das Flächen-Trägheitsmoment um die y-Achse ist

$$J = J_{yy} = \frac{BH^3}{36}\ .$$

Mit der Querschnittsbreite

$$b(z) = \frac{2}{3}B - \frac{B}{H}z$$

erhalten wir für das statische Moment der Restfläche

$$S(z) = \int\limits_{z}^{\frac{2}{3}H} b(z)z\,dz = \int\limits_{z}^{\frac{2}{3}H} \frac{2Bz}{3} - \frac{Bz^2}{H}\,dz = \left(\frac{Bz^2}{3} - \frac{Bz^3}{3H}\right)\Bigg|_{z}^{\frac{2}{3}H}$$

$$= BH^2\left\{\frac{4}{81} - \frac{1}{3}\left[\left(\frac{z}{H}\right)^2 - \left(\frac{z}{H}\right)^3\right]\right\}\ .$$

Einsetzen in obige Beziehung liefert dann die Schubspannungsverteilung über den Querschnitt

$$\sigma_{xz}(z) = \frac{36Q}{h} \cdot \frac{\frac{4}{81} - \frac{1}{3}\left[\left(\frac{z}{H}\right)^2 - \left(\frac{z}{H}\right)^3\right]}{\frac{2}{3}B - \frac{B}{H}z} = \frac{2Q}{BH}\left[\frac{4}{3} + 2\left(\frac{z}{H}\right) - 6\left(\frac{z}{H}\right)^2\right].$$

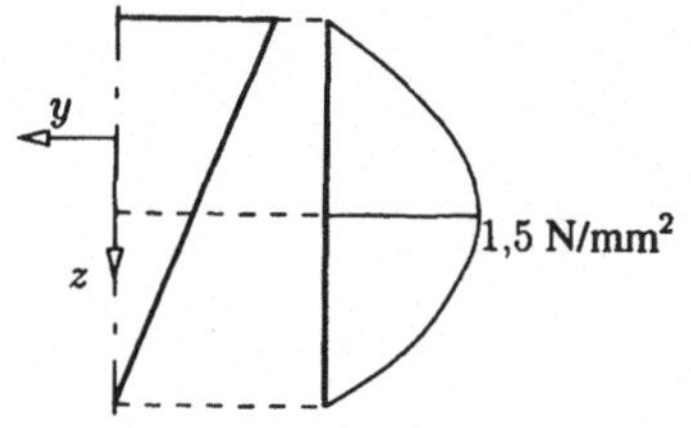

Die Schubspannungsverteilung ist in der nebenstehenden Abbildung mit den in der Aufgabenstellung gegebenen Zahlenwerten dargestellt. An der Stelle, an der die Ableitung nach z verschwindet, nimmt σ_{xz} ein Maximum an.

$$\frac{\partial \sigma_{xz}}{\partial z} = \frac{4Q}{BH^2}\left(1 - \frac{6z}{H}\right) = 0 \quad \rightarrow \quad z_m = \frac{H}{6}$$

$$\max \sigma_{xz} = \frac{3Q}{BH} = 1{,}5 \text{ N/mm}^2.$$

Der Verlauf der Schubspannung σ_{xy} wird mit Hilfe der Ableitung der Querschnittsbreite

$$\frac{db(z)}{dz} = -\frac{B}{H}$$

ermittelt

$$\sigma_{xy} = -\sigma_{xz}\frac{B}{H}\frac{y}{\frac{2}{3}B - \frac{B}{H}z}.$$

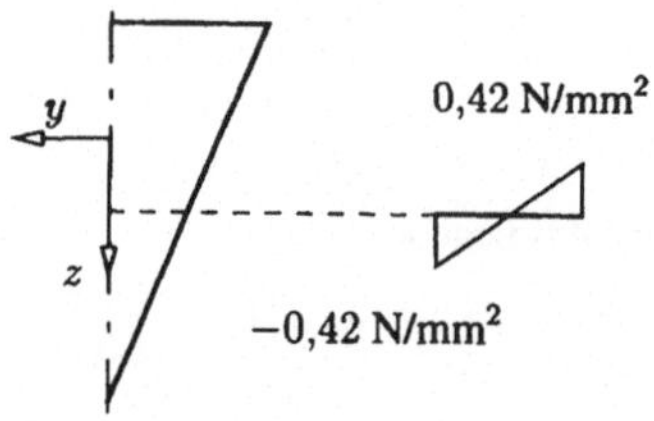

Die Schubspannung σ_{xy} verschwindet auf der Symmetrieachse ($y = 0$) und wächst zu den Querschnittsrändern hin linear an. Am rechten Querschnittsrand erhalten wir mit

$$y = -\frac{b(z)}{2} \quad \rightarrow \quad \sigma_{xy} = \sigma_{xz}\frac{B}{2H}.$$

Die resultierende Schubspannung τ geht damit auf der Symmetrieachse in σ_{xz} über und verläuft auf den beiden vertikalen Querschnittsrändern parallel zu diesen Rändern.

Aufgabe 4.8:

Der Verlauf der Schubspannungen für das angegebene dünnwandige Profil ist zu ermitteln und darzustellen.

Gegeben: $b = h = 200$ mm, $\delta = 10$ mm,
$\qquad Q = 33.33$ kN

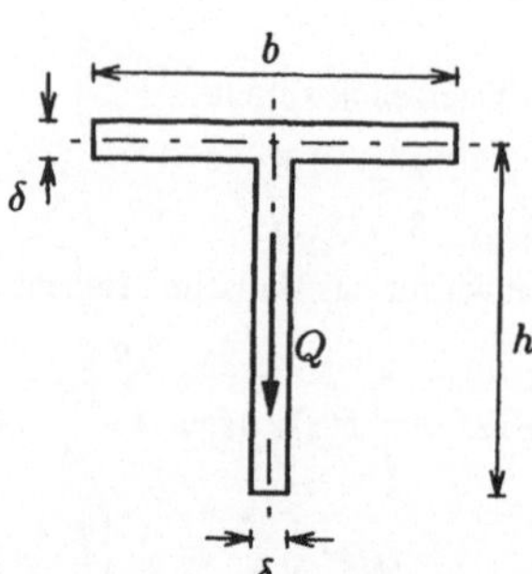

Lösung: Für dünnwandige Profile berechnen wir das statische Moment der Restfläche nach Gleichung (4.7)

$$S(\zeta) = \int\limits_{\zeta}^{L} z(\zeta)\,\delta(\zeta)\,\mathrm{d}\zeta$$

und erhalten damit nach (4.6) die Schubspannungsverteilung

$$\sigma_{x\zeta}(\zeta) = \tau(\zeta) = \frac{Q\,S(\zeta)}{\delta(\zeta)\,J}\ .$$

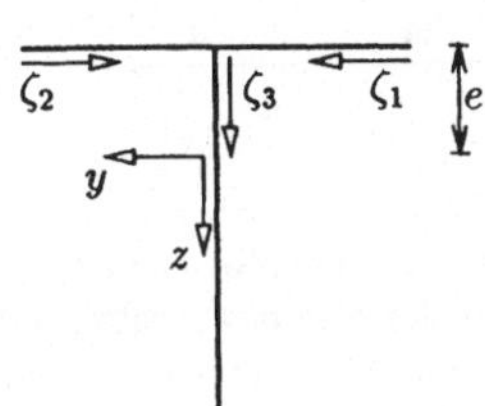

Zunächst ermitteln wir jedoch die Lage des Schwerpunktes und das Flächen-Trägheitsmoment

$$e = \frac{\delta h\,\frac{h}{2}}{2\,\delta h} = 50\,\mathrm{mm}$$

$$J = J_{yy} = \frac{\delta h^3}{12} + 2\,\delta h e^2 = 1{,}667 \cdot 10^7\,\mathrm{mm}^4$$

und teilen den Querschnitt in gerade Abschnitte ohne Unstetigkeiten in der Dicke δ ein, von denen jeder mit einer Laufkoordinate ζ_i, $(i = 1 \ldots 3)$ belegt wird.

Die oben angegebenen Gleichungen lösen wir auf graphischem Wege. Dazu zeichnen wir den Verlauf des Integranden des statischen Moments über dem Querschnitt auf; wir erhalten so die $z\delta$-Linie. Diese können wir durch Integration über die Laufkoordinaten ζ_i zum statischen Moment der Restfläche integrieren. Die Form dieser Integration sollte uns übrigens noch von der „Statik" und der entsprechenden Bestimmung der Zustandslinien in Erinnerung sein (siehe Band I, Abschnitt 9.4 bzw. Aufgaben 1, Kapitel 6). Das so gewonnene statische Moment der Restfläche tragen wir als S-Linie über dem Querschnitt auf.

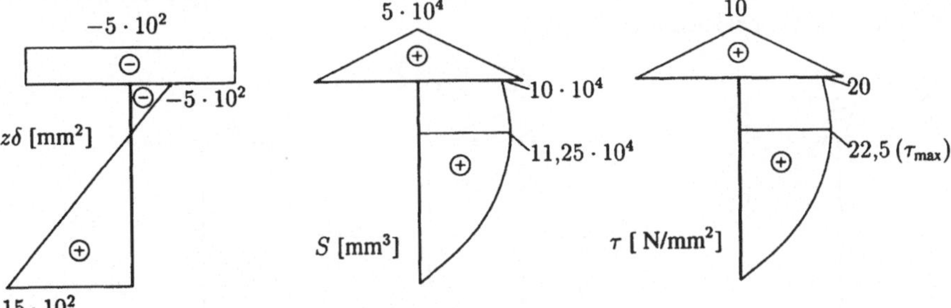

Die Multiplikation des Verlaufes der S-Linie mit dem Faktor $\frac{Q}{J\delta}$ für jeden Abschnitt liefert uns dann den Verlauf der Schubspannungen τ über dem Querschnitt.

Aufgabe 4.9:

Der Schubspannungsverlauf des dünnwandigen Profils ist zu ermitteln und darzustellen.

Gegeben: $a = 80$ cm, $\delta_1 = 10$ mm,
$\delta_2 = 20$ mm, $Q = 200$ kN

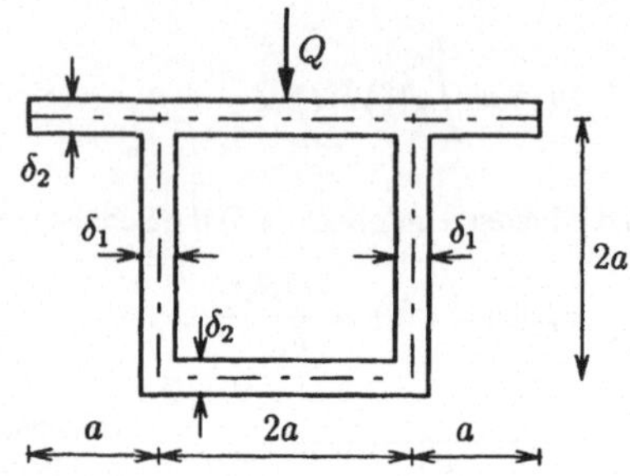

Lösung:

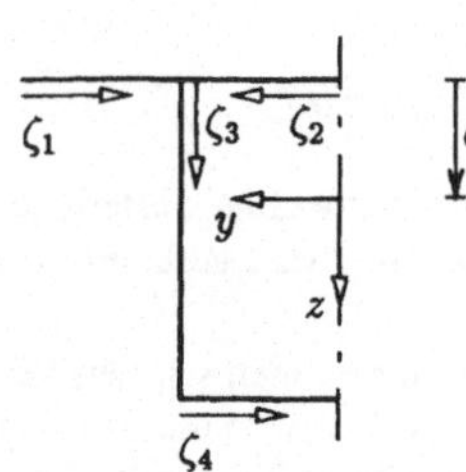

Es handelt sich um einen symmetrischen geschlossenen Querschnitt. Da die Schubspannungen auf der Symmetrieachse verschwinden müssen (Band II, Abschnitt 3.5), können wir den Querschnitt dort aufschneiden und die Querschnittshälften als dünnwandige offene Profile behandeln. Die Lage des Schwerpunktes ergibt sich zu

$$e = \frac{2\,\delta_1 a^2 + 2\,\delta_2 a^2}{2\,\delta_1 a + 3\,\delta_2 a} = 60 \text{ cm}.$$

Mit dem Flächen-Trägheitsmoment für den gesamten Querschnitt

$$J = J_{yy} = 2\left\{ \frac{\delta_1(2a)^3}{12} + 2\delta_1 a(a - e)^2 + \delta_2 a(2a - e)^2 + 2\delta_2 a e^2 \right\} = 6{,}315 \cdot 10^6 \text{ cm}^4$$

ermitteln wir die Schubspannungsverteilung entsprechend Gleichung (4.5) abermals auf graphischem Wege über die Integration der $z\delta$-Linie zur S-Linie. Die abschnittsweise Multiplikation mit dem Faktor $\frac{Q}{J\delta}$ führt dann auf die Schubspannung τ.

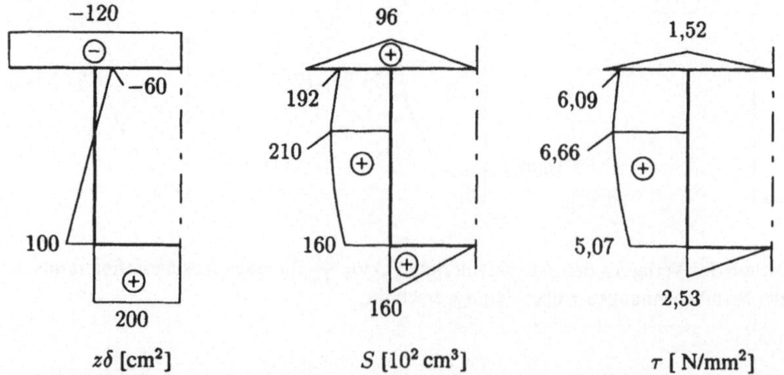

Der Schubspannungsverlauf ist symmetrisch zur eingezeichneten Achse. Die maximale Schubspannung im Querschnitt erhalten wir zu

$$\tau_{\text{max}} = 6{,}66 \text{ N/mm}^2 .$$

Aufgabe 4.10:

Ein als Verbundquerschnitt ausgebildeter Zugstab bestehe aus einer Lage Fichtenholz (1) und zwei symmetrisch angeordneten Lagen Buchenholz (2). Dieser Stab werde durch eine Normalkraft $N = 50$ kN beansprucht. Bestimmen Sie den Spannungsverlauf im Querschnitt.

Gegeben: $E_1 = 1{,}2 \cdot 10^4$ N/mm^2, $E_2 = 1{,}6 \cdot 10^4$ N/mm^2
(Alle Maße in cm).

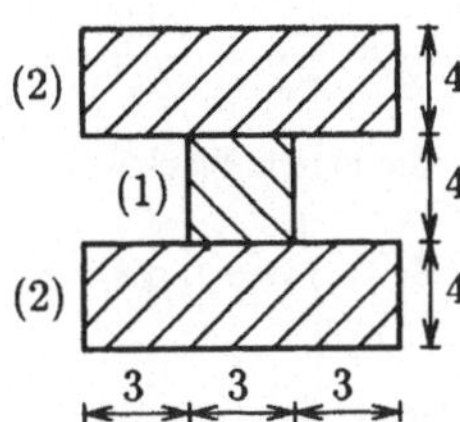

Lösung: Die Lage Fichtenholz wird als Grundwerkstoff gewählt, d.h. wir setzen

$$E_0 = E_1.$$

Damit erhalten wir als Wichtungsfaktoren

$$n_1 = \frac{E_1}{E_0} = 1 \quad \text{und} \quad n_2 = \frac{E_2}{E_0} = \frac{1{,}6 \cdot 10^4}{1{,}2 \cdot 10^4} = \frac{4}{3}\,.$$

Für die ideelle Fläche A_i gilt

$$A_i = \int_A n(y,z)\, \mathrm{d}A = \sum_k n_k A_k, \quad (i = 1,2)$$

$$A_i = n_1 A_1 + n_2 A_2 = 1 \cdot 4 \cdot 3 + 2 \cdot \frac{4}{3} \cdot 9 \cdot 4 = 108 \text{ cm}^2.$$

Damit können wir die ideelle Spannung σ_i bestimmen

$$\sigma_i = \frac{F}{A_i} = \frac{50 \cdot 10^3}{108 \cdot 10^2} = 4{,}63 \text{ N/mm}^2\,.$$

Die tatsächlich in den jeweiligen Bereichen wirkenden Spannungen lassen sich dann entsprechend (4.10) angeben

$$\sigma_1 = n_1\, \sigma_i = 4{,}63 \text{ N/mm}^2, \quad \sigma_2 = n_2\, \sigma_i = 5{,}52 \text{ N/mm}^2\,.$$

Aufgabe 4.11:

Der nebenstehende Verbundquerschnitt werde durch ein Biegemoment von $M = 10$ kNm beansprucht. Bestimmen Sie den Verlauf der Normalspannungen.

Gegeben: $E_1 = 2\,E_2$, $a = 12$ cm

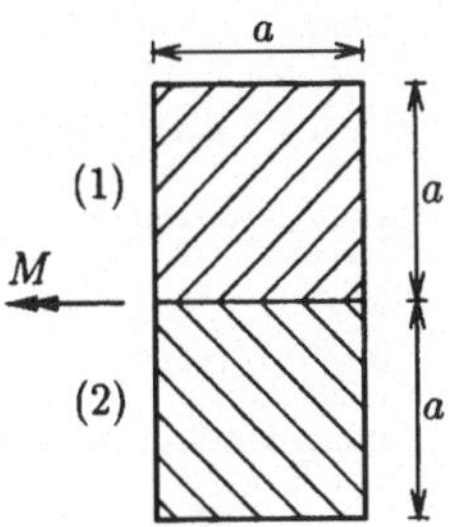

Lösung: Wir wählen das Material (2) als Grundwerkstoff

$$E_0 = E_2.$$

Damit werden die Wichtungsfaktoren

$$n_1 = \frac{E_1}{E_0} = \frac{2\,E_2}{E_2} = 2 \quad \text{und} \quad n_2 = \frac{E_2}{E_0} = 1$$

bzw. die ideelle Fläche A_i

$$A_i = \int\limits_A n(y,z)\,\mathrm{d}A = n_1 A_1 + n_2 A_2 = 432\,\mathrm{cm}^2 .$$

Zur Berechnung des ideellen Schwerpunktes gehen wir aus von (4.9)

$$\mathbf{r}_A = \frac{\sum\limits_k \mathbf{r}_{A_k} n_k A_k}{\sum\limits_k n_k A_k} .$$

Unter Ausnutzung der Symmetrie erhalten wir daraus mit $A_1 = A_2 = a^2$

$$e = \frac{n_1 e_1 A_1 + n_2 e_2 A_2}{n_1 A_1 + n_2 A_2} = 10\,\mathrm{cm} .$$

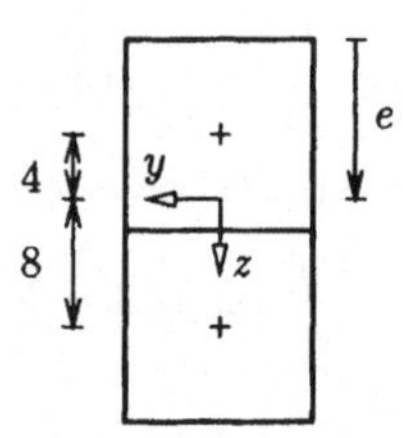

Für das ideelle Flächen-Trägheitsmoment $J_{iyy} = J_i$ in bezug auf die y-Achse gilt

$$J_i = \int\limits_A n(y,z)\,z^2\,\mathrm{d}A = \sum_k n_k J_k = n_1 J_1 + n_2 J_2 .$$

Dabei sind (Steinerscher Satz)

$$J_1 = J_{E_1} + J_{S_1} \quad \text{und} \quad J_2 = J_{E_2} + J_{S_2}$$

mit

$$J_{E_1} = J_{E_2} = \frac{bh^3}{12} = 1728\,\mathrm{cm}^4 \quad \text{Eigen-Trägheitsmomente}$$

$$\left.\begin{aligned} J_{S_1} &= A_1 \cdot 4^2 = 144 \cdot 16 = 2304\,\mathrm{cm}^4 \\ J_{S_2} &= A_2 \cdot 8^2 = 144 \cdot 64 = 9216\,\mathrm{cm}^4 \end{aligned}\right\} \text{Steinersche Anteile}$$

Damit wird dann

$$J_i = n_1(J_{E_1} + J_{S_1}) + n_2(J_{E_2} + J_{S_2}) = 3456 + 1728 + 4608 + 9216 = 19008\,\mathrm{cm}^4$$

Da hier $N = M_z = 0$ und $M_y = M$ sind, gilt für die ideelle Spannung

$$\sigma_i = \frac{M}{J_i}\,z .$$

Zur Berechnung der tatsächlich wirkenden Spannungen verwenden wir (4.10)

$$\sigma(z) = n(y,z)\,\frac{M}{J_i}\,z = n(y,z)\sigma_i(z).$$

und erhalten damit für die Randspannungen

$$\sigma_o = 2 \cdot \frac{10^7 \cdot (-10^2)}{19{,}008 \cdot 10^7} = -10{,}52 \text{ N/mm}^2$$

$$\sigma_u = 1 \cdot \frac{10^7 \cdot 1{,}4 \cdot 10^2}{19{,}008 \cdot 10^7} = 7{,}37 \text{ N/mm}^2$$

In der Fuge wirken

$$\sigma_{m1} = 2{,}10 \text{ N/mm}^2 \quad \text{bzw.} \quad \sigma_{m2} = 1{,}05 = \text{ N/mm}^2.$$

Der Verlauf der wirklichen Spannung $\sigma(z)$ ist in nebenstehendem Bild dargestellt. Im Gegensatz zum Verlauf der ideellen Spannung $\sigma_i(z)$ und der Dehnung ist diese Funktion aufgrund der Unstetigkeit der Wichtungsfunktion $n(y,z)$ in der Fuge ebenfalls unstetig.

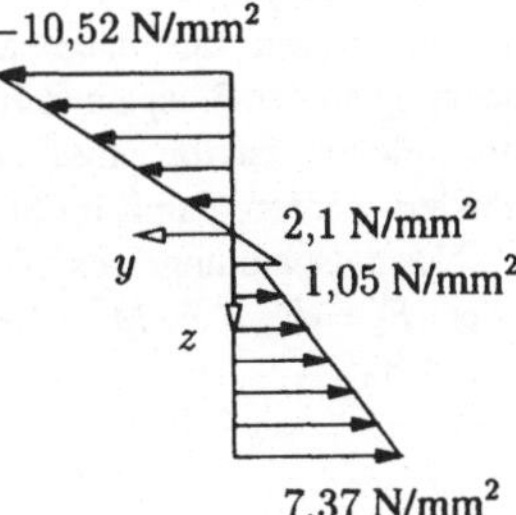

4.4 Aufgaben

Aufgabe 4.12:

Ein Stab mit rechteckigem Hohlprofil ist an einer Seite eingespannt.

a) Bestimmen Sie die maximale Normalspannung an der Einspannstelle.

b) Um welchen Faktor muss die Kraft F_2 geändert werden, damit im Stab nur positive Normalspannungen existieren?

Gegeben: $F_1 = F_2 = F$, $M = F\ell$, $\ell = 10\,a$

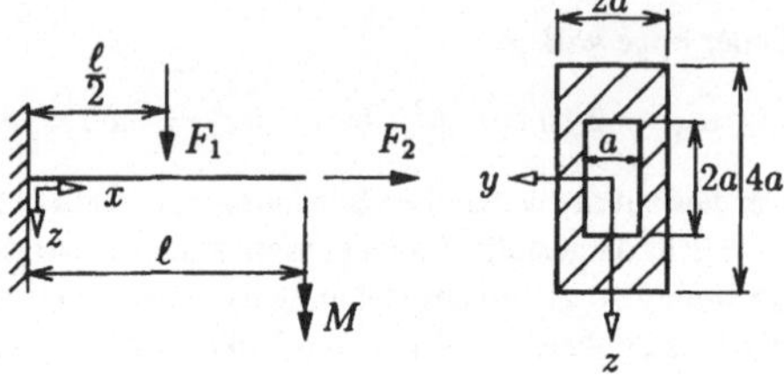

Aufgabe 4.13:

Das abgebildete gleichschenklige Dreiecksprofil wird durch die exzentrisch angreifende Längskraft F belastet.

a) Geben Sie die Lage der neutralen Faser an.

b) Wie groß wird die betragsmäßig größte Normalspannung?

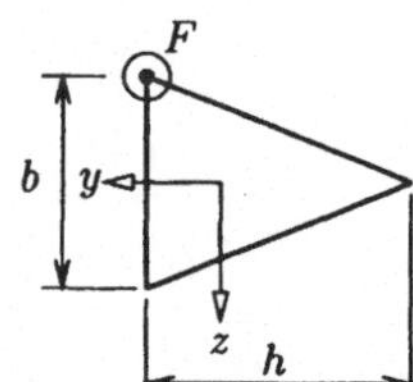

Aufgabe 4.14:

Der dargestellte Balkenquerschnitt sei durch die Schnittgrößen $N = -250\,\text{kN}$ und $M_y = 12\,\text{kNm}$ beansprucht. Bestimmen Sie die Normalspannungen.

(Maße in cm)

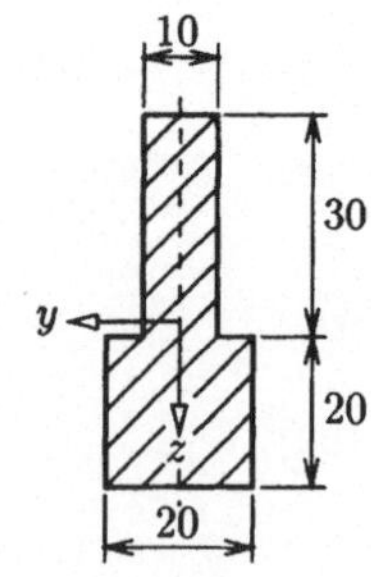

Aufgabe 4.15:

Der eingespannte Stab sei durch ein Langloch geschwächt.

a) Geben Sie die Normalspannungsverteilung im Schnitt I-I an.

b) Bestimmen Sie die Normalspannungsverteilung des ungeschwächten Stabes im Schnitt II-II.

Gegeben: $M = h/3\,F$

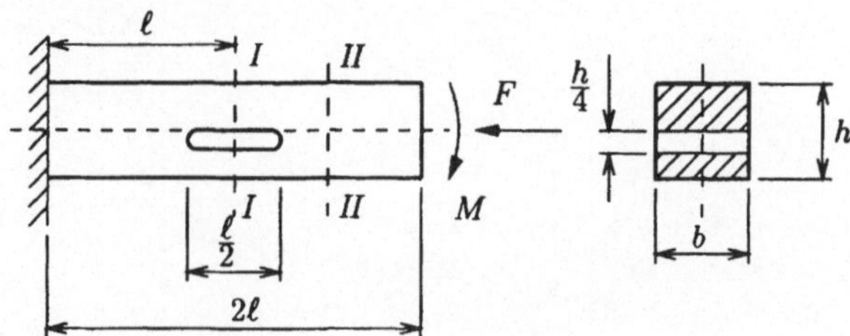

Aufgabe 4.16:

Ein Betonträger soll durch eine Druckkraft in
Längsrichtung beansprucht werden. Bestimmen
Sie den Bereich, in dem die Kraft angreifen darf,
so dass nur Druckspannungen auftreten.

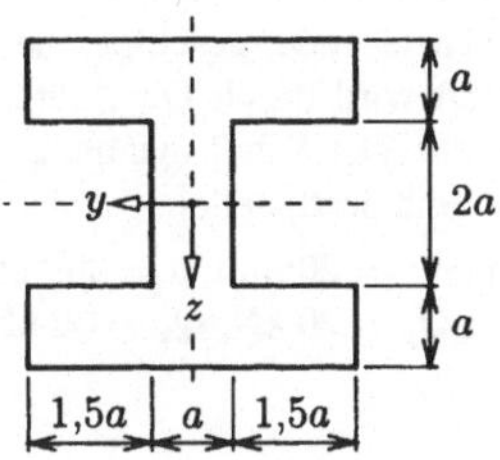

Aufgabe 4.17:

Ermitteln Sie die Schubspannungsverteilung des
nebenstehenden elliptischen Profils.

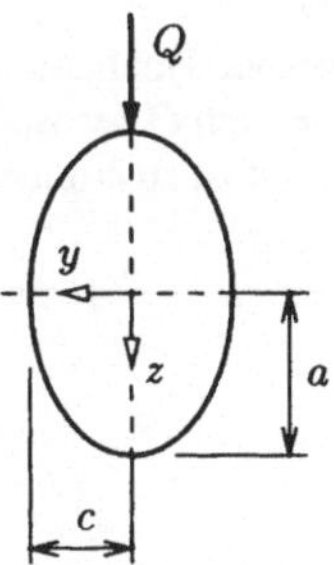

Aufgabe 4.18:

Für den dargestellten Rechteckquerschnitt ist der
Verlauf der Schubspannungstrajektorien zu ermitteln und darzustellen.

Gegeben: $Q_z = Q_y = Q$, $h = 2b$

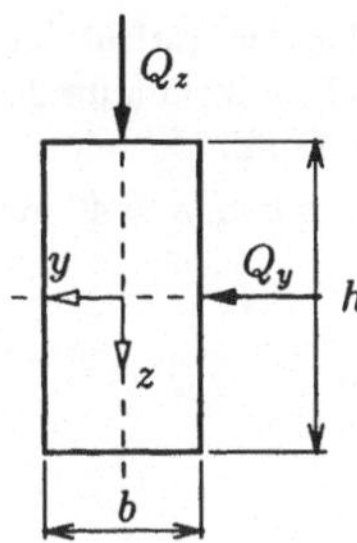

Aufgabe 4.19:

Ein Kragträger wird in der angegebenen Weise
belastet.
Ermitteln Sie die Verteilungen der
a) Normalspannungen und
b) Schubspannungen
über dem Querschnitt an der Einspannstelle.

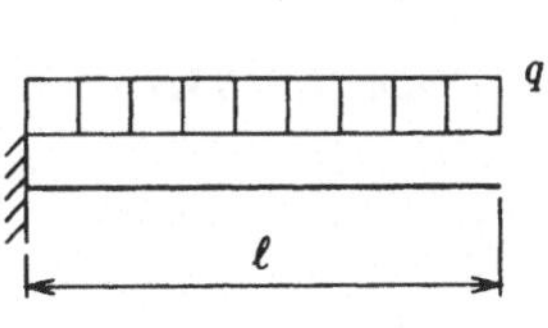

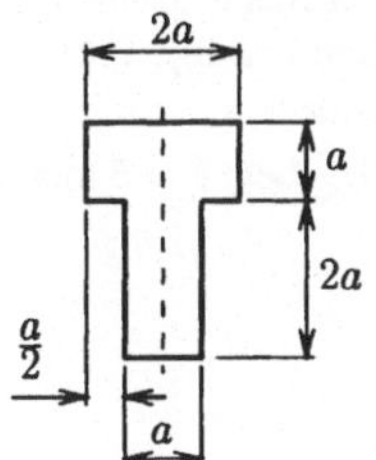

Aufgabe 4.20:

Der nebenstehende geschlossene Hohlkastenquerschnitt wird durch Querkräfte Q_y und Q_z
beansprucht. Der Schubspannungsverlauf ist zu
ermitteln und darzustellen.

Gegeben: δ = 20 mm, a = 300 mm,
$\qquad Q_y = 20$ kN, $Q_z = 30$ kN

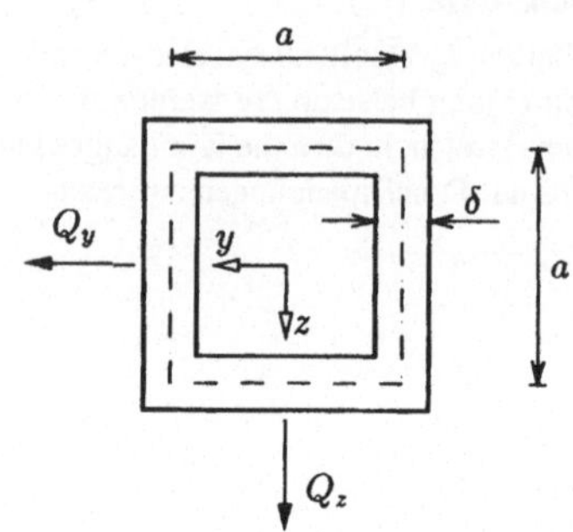

Aufgabe 4.21:

Der nebenstehende Hohlkastenquerschnitt wird
durch eine Querkraft Q beansprucht. Der Schubspannungsverlauf ist zu ermitteln und darzustellen.

Gegeben: $\delta = 1$ cm, $a = 15$ cm, $Q = 20$ kN

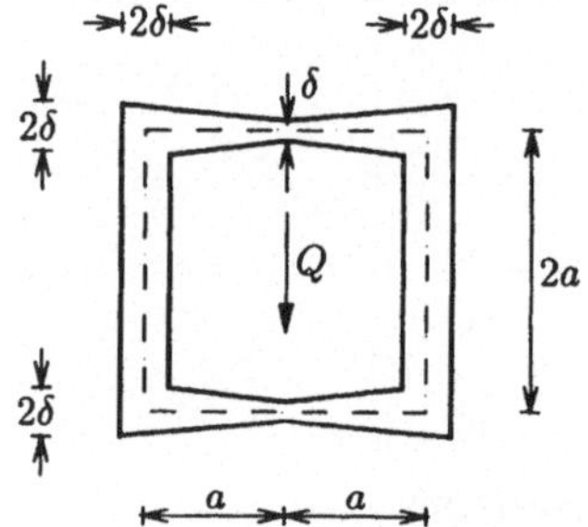

Aufgabe 4.22:

Bestimmen Sie den Verlauf der Schubspannungen längs der Profilkontur für das nebenstehende
dünnwandige Profil.

Gegeben: $\delta = 4$ mm, $a = 40$ mm, $Q = 1$ kN

Aufgabe 4.23:

Der Schubspannungsverlauf für das abgebildete
dünnwandige Profil ist zu ermitteln und darzustellen.

Gegeben: $\delta = 5$ mm, $a = 300$ mm, $Q_z = 7$ kN

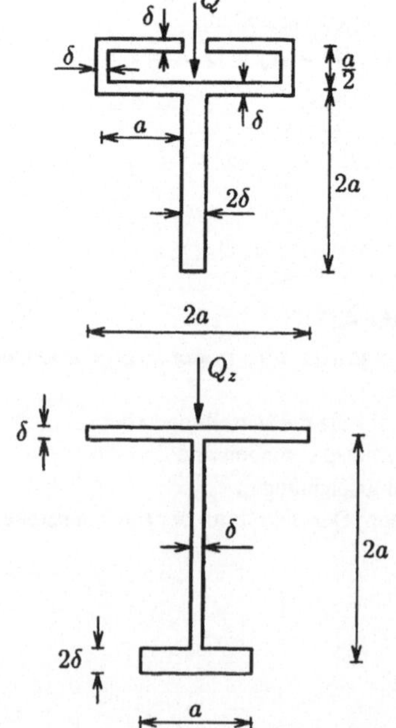

Aufgabe 4.24:

Bestimmen Sie den Spannungsverlauf im nebenstehenden Verbundquerschnitt, wenn dieser durch ein Moment M belastet wird.

Gegeben: $E_b = 2.1 \cdot 10^4$ N/mm^2,
$E_s = 2.1 \cdot 10^5$ N/mm^2,
$M = 500$ kNm

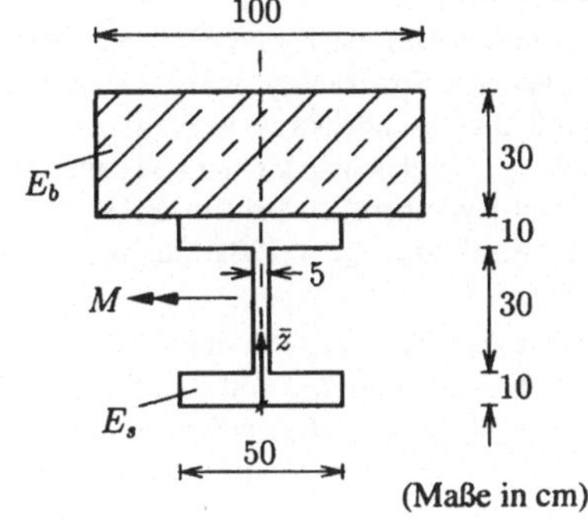

Aufgabe 4.25:

Der nebenstehende Verbundquerschnitt ist auf Normalspannung zu bemessen. Der Spannungsverlauf ist anzugeben.

Gegeben: $E_1 = 9\,E_0$, $F = 96$ kN,
$\sigma_{zul1} = 100$ MPa,
$\sigma_{zul0} = 10$ MPa,

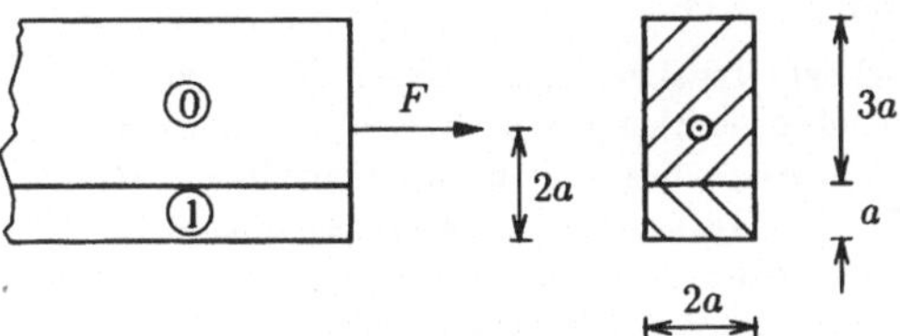

Aufgabe 4.26:

Ein gerader Stab mit Verbundquerschnitt werde durch eine Normalkraft N und ein Torsionsmoment M_T belastet. Bestimmen Sie für beide Teilkörper an der Stelle der maximalen Beanspruchung die Vergleichsspannungen nach
a) der Gestaltänderungsarbeit-Hypothese und
b) der Schubspannungs-Hypothese.

Gegeben: N, d,

$$M_T = \frac{5}{16}\,Nd, \quad \frac{E_{II}}{E_I} = \frac{G_{II}}{G_I} = 0.2$$

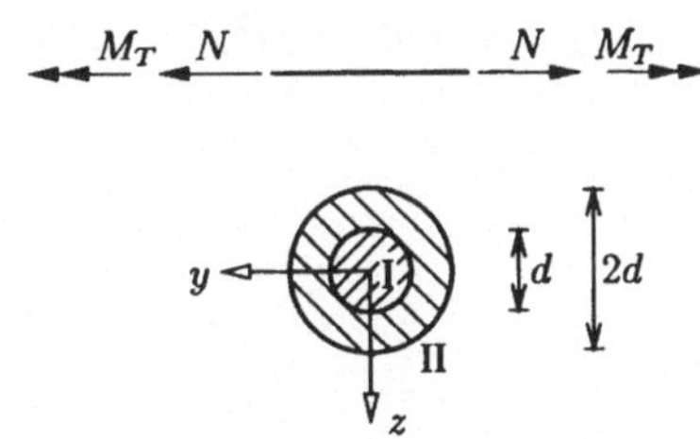

Aufgabe 4.27:

Nebenstehender Verbundquerschnitt wird durch die angegebene Kraft F belastet. Geben Sie den Verlauf der Normalspannungen an.

Gegeben: F, a, $E_2 = 7\,E_1$

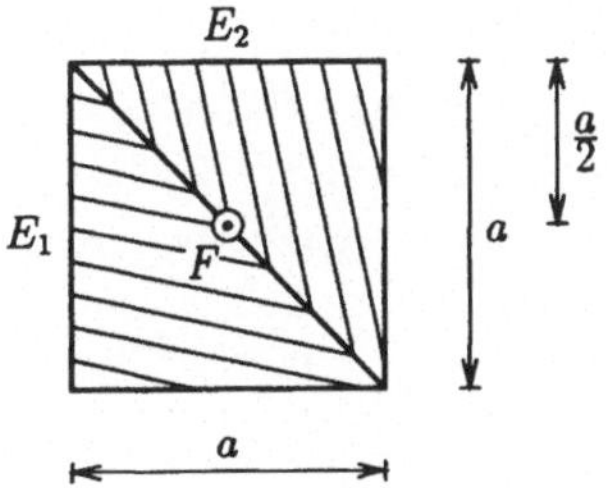

Aufgabe 4.28:

Ein kupferplattiertes Blech wird durch eine parabolisch verteilte Streckenlast $q(x)$ beansprucht. Wie groß darf q_0 höchstens werden, so dass die zulässige Vergleichsspannung (Gestaltänderungsarbeit-Hypothese) in keinem Punkt überschritten wird? ($\sigma_{\text{zul}\,Cu} = 220\,\text{MPa}$, $\sigma_{\text{zul}\,Fe} = 400\,\text{MPa}$)

Gegeben: $\ell = 1.96$ m, $t_{Fe} = 1$ mm,
$\quad\quad\quad\quad b = 200$ mm, $t_{Cu} = 0.1$ mm,
$\quad\quad\quad\quad \nu = 0.3$, $E_{Cu}/E_{Fe} = 0.5$

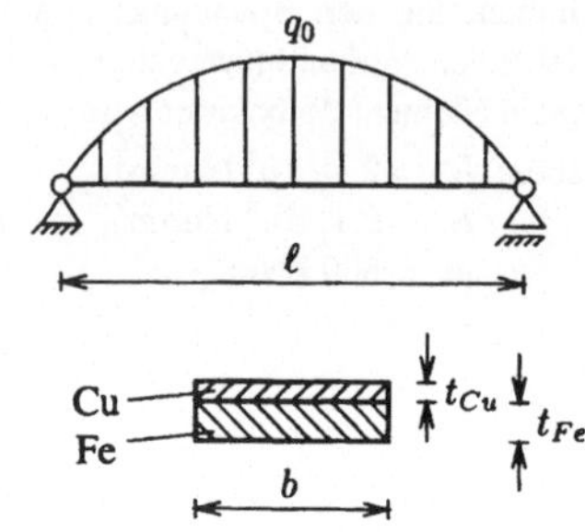

Aufgabe 4.29:

Bei der Herstellung einer Stütze in Stahlbetonverbundbauweise hat sich der Stahlquerschnitt aus der Mitte verschoben. Die Stütze werde mit der Kraft $F = 2000$ kN mittig auf Druck beansprucht. Bestimmen Sie

a) die ideellen Querschnittswerte und

b) die Spannungsverteilung in der Stütze.

c) Vergleichen Sie die Ergebnisse mit denen der geplanten Bauausführung.

Gegeben: $b = d = 10$ cm, $c = 40$ cm,
$\quad\quad\quad\quad E_b = 2.1 \cdot 10^4\,\text{N/mm}^2$, $E_s = 10 E_b$

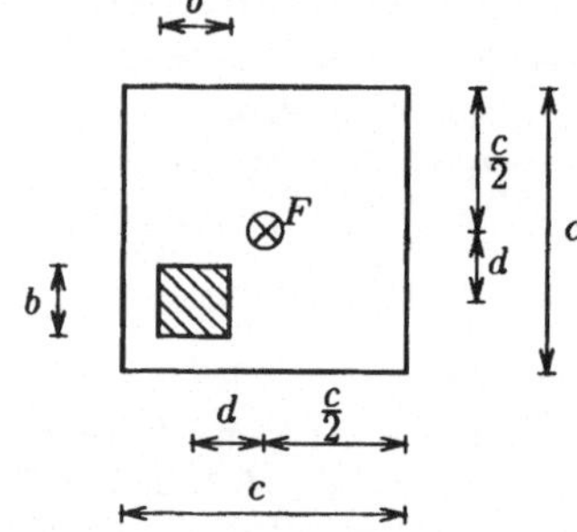

5 Biegelinie

5.1 Allgemeines

Mit Hilfe der Bernoulli-Hypothese haben wir die Verzerrungen in Achsrichtung ϵ_{xx} durch Angaben über die Verformung der Balkenachse ausgedrückt. Diese Zusammenhänge können wir nun auch benutzen, um die Verformungen der Balkenachse mit Hilfe der im Balken wirkenden Schnittkräfte darzustellen (siehe Band II, Abschnitt 4.2).

Für den Fall ebener Probleme bei geraden Balken erhalten wir die Differentialgleichungen

$$EA(x)\,u'(x) \;=\; N(x) + EA(x)\,\alpha\,(T(x) - T_0)$$
$$EJ(x)\,w''(x) = -M(x)\,. \tag{5.1}$$

Dabei sind $u(x)$ bzw. $w(x)$ die Verschiebungen eines Punktes der Balkenachse in Richtung der x- bzw. der z-Achse und der $(\cdot)'$ kennzeichnet die Ableitung nach der Koordinate x in Achsrichtung.

Durch Differentiation erhalten wir daraus mit Hilfe der Differentialbeziehungen der Stabstatik (siehe Aufgaben 1, Abschnitt 6.2)

$$EA\,u''(x) \;=\; -n(x)$$
$$EJ\,w''''(x) = q(x) - m'(x)\,, \tag{5.2}$$

wenn wir gleichzeitig unveränderliche Querschnitte ($EJ =$ konst., $EA =$ konst.) sowie ein konstantes Temperaturfeld ($T =$ konst.) annehmen. Letztere Beziehungen (5.2) eignen sich insbesondere zur Lösung von Problemen mit verteilten Belastungen sowie von statisch unbestimmten Systemen, bei denen die Schnittkräfte $N(x)$ bzw. $M(x)$ nicht unmittelbar angegeben werden können.

Als Randbedingungen haben wir je nach Lagerung des Balkens zu beachten:

System	kinematische Randbedingungen	statische Randbedingungen
	$u = 0;\quad w = 0$	$-\qquad M = 0$
	$-\qquad w = 0$	$N = 0;\quad M = 0$
	$u = 0;\quad w' = 0$	$-\qquad Q = 0$
	$u = 0;\quad w = 0, w' = 0$	$-\qquad -$
	$-\qquad w = 0, w' = 0$	$N = 0\qquad -$
	$-\qquad -$	$N = 0;\quad Q = 0, M = 0$

Tabelle 5.1: Randbedingungen

Dabei haben wir unterschieden zwischen kinematischen und statischen (oder Kräfte-) Randbedingungen, die am jeweiligen Rand zu erfüllen sind.

Zur Lösung der Differentialgleichungen (5.1) benötigen wir lediglich kinematische Randbedingungen, für (5.2) sind zusätzlich noch die angegebenen statischen Randbedingungen zu berücksichtigen. Als Merkregel halten wir fest, dass die Anzahl der benötigten Randbedingungen - pro Integrationsbereich - jeweils dem Grad der Differentialgleichung entspricht, für $(5.1)_2$ benötigen wir also zwei kinematische, für $(5.2)_2$ dagegen vier kinematische oder statische Randbedingungen.

Bei ebenen schwach gekrümmten Stäben lassen sich zwei Näherungen zur Beschreibung der Verformungen angeben (siehe Band II, Abschnitt 6.3)

Näherung I (unter Vernachlässigung der Normalkraftverformungen):

$$u'(s) + \frac{w(s)}{R(s)} = 0$$

$$w''(s) + \frac{w(s)}{R^2(s)} - u(s)\left(\frac{1}{R(s)}\right)' = -\frac{M(s)}{EJ(s)}$$

(5.3)

Näherung II:

$$u'(s) + \frac{w(s)}{R(s)} = \frac{N(s)}{EA(s)} + \alpha\Delta T(s)$$

$$w''(s) + \frac{w(s)}{R^2(s)} - u(s)\left(\frac{1}{R(s)}\right)' = -\frac{M(s)}{EJ(s)} + \alpha\frac{\Delta T(s)}{R(s)}\ .$$

(5.4)

Dabei kennzeichnet hier der $(\cdot)'$ die Ableitung nach der Koordinate s in Achsrichtung und $R(s)$ ist der jeweilige Krümmungsradius. In Verbindung mit den zugehörigen Randbedingungen lassen sich auch hieraus die Funktionen der Verschiebungen u und w integrieren.

5.2 Beispiele

Aufgabe 5.1:

Die Biegelinie des nebenstehenden Systems ist zu ermitteln.

Gegeben: $c\,\ell^3 = 6\,EJ$

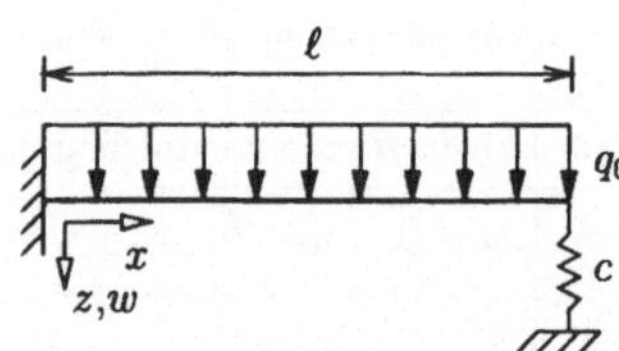

Lösung: Es handelt sich hier um ein (einfach) statisch unbestimmtes System. Bei konstanter Biegesteifigkeit EJ wird deshalb empfohlen, von der Differentialgleichung $(5.2)_2$ auszugehen

$$EJw''''(x) = q_0\ .$$

Durch schrittweise Integration erhalten wir daraus die folgenden Beziehungen

$$EJw'''(x) = q_0 x + c_1 = -Q(x)$$

$$EJw''(x) = \frac{1}{2}q_0 x^2 + c_1 x + c_2 = -M(x)$$

$$EJw'(x) = \frac{1}{6}q_0 x^3 + \frac{1}{2}c_1 x^2 + c_2 x + c_3$$

$$EJw(x) = \frac{1}{24}q_0 x^4 + \frac{1}{6}c_1 x^3 + \frac{1}{2}c_2 x^2 + c_3 x + c_4\ .$$

Zur Bestimmung der darin noch enthaltenen unbekannten Integrationskonstanten c_1 bis c_4 müssen wir die Randbedingungen des Systems berücksichtigen. Die beiden ersten Gleichungen beziehen sich dabei auf statische, die beiden letzten auf kinematische Größen. Zu berücksichtigen sind somit zwei statische Randbedingungen über die Größe der Querkraft bzw. des Momentes und zwei kinematische Randbedingungen über den Wert der Neigung bzw. der Durchbiegung.

Aus der Tabelle 5.1 lesen wir ab, dass wir für die Stelle $x = 0$ zwei kinematische Randbedingungen für die Funktion $w(x)$ vorgeben können:

$$x = 0: \qquad w(0) = 0, \quad w'(0) = 0.$$

Setzen wir dies in obige Gleichungen ein, erhalten wir unmittelbar

$$c_3 = c_4 = 0.$$

Am Rand $x = \ell$ treten keine kinematischen, sondern nur statische Randbedingungen auf. Wir veranschaulichen uns dies am freigeschnittenen Balkenende. Bei einer Durchbiegung von der Größe $w(\ell)$ haben wir eine Federkraft von

$$C = cw(\ell)$$

zu berücksichtigen. Aus dem Momenten-Gleichgewicht und der Kräftebilanz in z-Richtung erhalten wir dann

$$x = \ell: \qquad M(\ell) = 0, \quad Q(\ell) + cw(\ell) = 0.$$

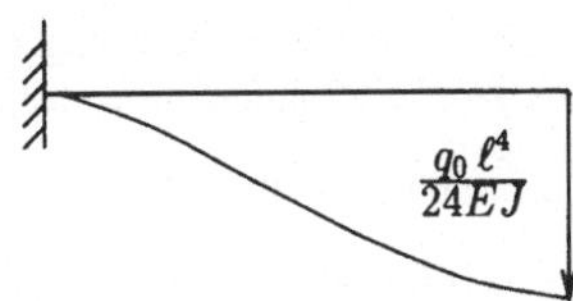

Dementsprechend gilt

$$M(\ell) = -EJw''(\ell) = -\frac{1}{2}q_0\ell^2 - c_1\ell - c_2 = 0$$

sowie

$$Q(\ell) + cw(\ell) = -EJw'''(\ell) + cw(\ell) = -q_0\ell - c_1 + \frac{c\ell^2}{EJ}\left(\frac{1}{24}q_0\ell^2 + \frac{1}{6}c_1\ell + \frac{1}{2}c_2\right) = 0.$$

Dies sind zwei Gleichungen zur Bestimmung von c_1 und c_2. Berücksichtigen wir dabei noch das gegebene Verhältnis der Federsteifigkeit c zur Biegesteifigkeit EJ, so wird

$$c_1 = -\frac{3}{4}q_0\ell = -Q(0)$$

$$c_2 = \frac{1}{4}q_0\ell^2 = -M(0).$$

Die Funktion der Biegelinie lautet somit:

$$w(x) = \frac{q_0}{8EJ}x^2\left(\frac{1}{3}x^2 - \ell x + \ell^2\right)$$

mit

$$w(\ell) = \frac{q_0\ell^4}{24EJ}.$$

Aufgabe 5.2:

Bestimmen Sie die Horizontalverschiebung des
Punktes A in Abhängigkeit der Lastangriffsstelle
η $(0 \leqslant \eta/\ell \leqslant 1)$.

Gegeben: $EJ = $ konst.

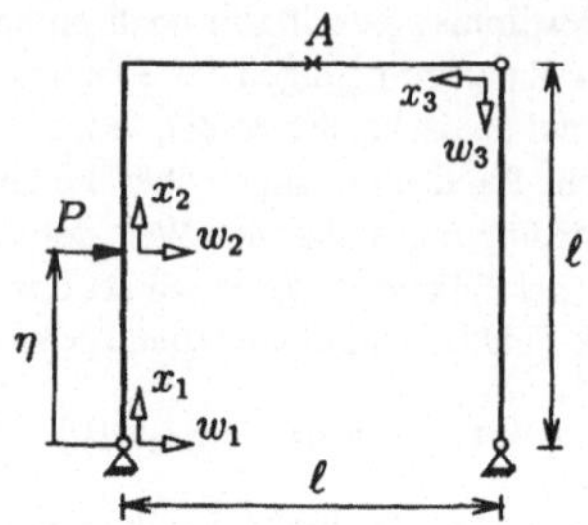

Lösung: Entsprechend den gegebenen Koordinatensystemen führen wir 3 Bereiche ein, für die wir
jeweils den Verlauf der Momentenlinie benötigen. Ausgehend von der Differentialgleichung $(5.1)_2$
erhalten wir

im Bereich I:

$$EJw_1''(x_1) = -M_1(x_1) = -Px_1$$

$$EJw_1'(x_1) = -\frac{1}{2}Px_1^2 + c_1$$

$$EJw_1(x_1) = -\frac{1}{6}Px_1^3 + c_1x_1 + c_2$$

im Bereich II:

$$EJw_2''(x_2) = -M_2(x_2) = -P\eta$$

$$EJw_2'(x_2) = -P\eta x_2 + c_3$$

$$EJw_2(x_2) = -\frac{1}{2}P\eta x_2^2 + c_3x_2 + c_4$$

im Bereich III:

$$EJw_3''(x_3) = -M_3(x_3) = -\frac{P\eta}{\ell}x_3$$

$$EJw_3'(x_3) = -\frac{P\eta}{\ell}\frac{1}{2}x_3^2 + c_5$$

$$EJw_3(x_3) = -\frac{P\eta}{\ell}\frac{1}{6}x_3^3 + c_5x_3 + c_6 \,.$$

Zur Bestimmung der insgesamt sechs unbekannten Integrationskonstanten werden sechs kinematische
Rand- bzw. Übergangsbedingungen benötigt.

Aus Tabelle 5.1 entnehmen wir für den Bereich I

$$x_1 = 0: \quad w_1(0) = 0 \quad \rightarrow \quad c_2 = 0.$$

Unter Vernachlässigung der Längsverformungen in den senkrechten Stielen werden die Eckpunkte
des Rahmens – im Rahmen einer Theorie kleiner Verschiebungen – lediglich horizontale Bewegungen
ausführen, also wie Loslager reagieren. Dafür lesen wir für den Bereich III ab

$$x_3 = 0: \quad w_3(0) = 0 \quad \rightarrow \quad c_6 = 0.$$

bzw.

$$x_3 = \ell: \quad w_3(\ell) = 0 \quad \rightarrow \quad c_5 = \frac{P\eta}{6}\ell.$$

An den Übergängen zwischen den Bereichen müssen die Funktionen w und w' schließlich stetig sein, d.h. wir erhalten als sog. Übergangsbedingungen

$$w_2'(\ell - \eta) = -w_3'(\ell) \quad \rightarrow \quad c_3 = P\eta \left(\frac{4}{3}\ell - \eta \right)$$

$$w_1'(\eta) \quad = w_2'(0) \quad \rightarrow \quad c_1 = P\eta \left(\frac{4}{3}\ell - \frac{1}{2}\eta \right)$$

$$w_1(\eta) \quad = w_2(0) \quad \rightarrow \quad c_4 = \frac{2}{3}P\eta^2 \left(2\ell - \eta \right).$$

Bei gegenläufigen Koordinaten sind die positiv gerichteten Neigungen entgegengesetzt definiert – daher rührt das negative Vorzeichen in der ersten Übergangsbedingung.

Die Horizontalverschiebung f des Punktes A bestimmen wir aus der Funktion $w_2(x_2)$ an der Stelle $x_2 = \ell - \eta$

$$f_A = w_2(\ell - \eta) = \frac{P\eta}{6EJ} \left(5\ell^2 - \eta^2 \right).$$

Aufgabe 5.3:

Die Biegelinie des nebenstehenden Systems ist zu ermitteln. Geben Sie die EJ_c-fache Verschiebung und Verdrehung des Punktes A an.

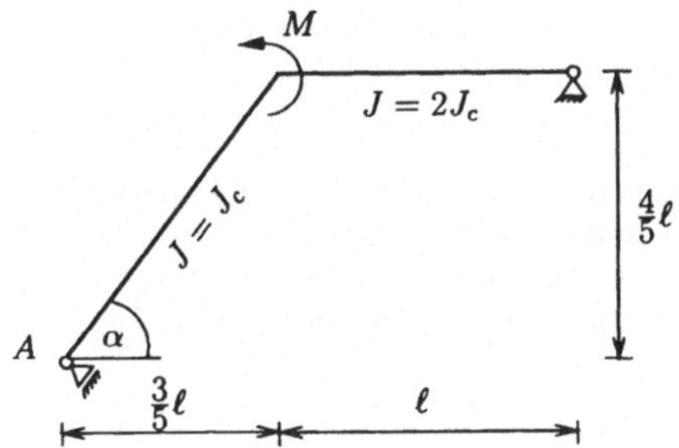

Lösung: Bedingt durch die Struktur des Systems und den Lastangriff führen wir zwei Bereiche mit – hier – gegenläufigen Koordinaten x_1 und x_2 ein. Das System ist statisch bestimmt. Wir gehen deshalb von der Differentialbeziehung $(5.1)_2$ aus. Dabei ist allerdings zu beachten, dass die beiden Bereiche unterschiedliche Trägheitsmomente und damit auch Biegesteifigkeiten aufweisen. Zur Lösung dieses Problems führen wir eine neue Bezugsgröße J_c bzw. EJ_c ein (siehe auch Band II, Abschnitt 4.2). Ausgehend von der Zustandslinie für den Biegemomentenverlauf im System erhalten wir so

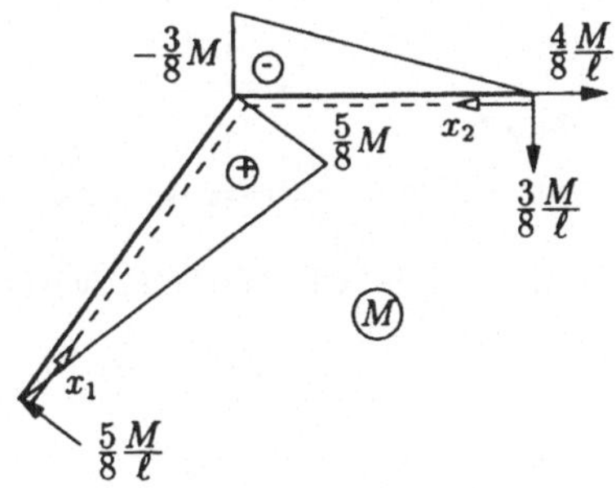

$$EJw_1''(x_1) = EJ_c w_1''(x_1) \quad \rightarrow \quad EJ_c w_1''(x_1) = -M_1(x_1) = -\frac{5}{8}\frac{M}{\ell}x_1$$

$$EJw_2''(x_2) = 2EJ_c w_2''(x_2) \quad \rightarrow \quad EJ_c w_2''(x_2) = -\frac{1}{2}M_2(x_2) = \frac{3}{16}\frac{M}{\ell}x_2.$$

Die Integration der Gleichungen liefert

$$EJ_c w_1'(x_1) = -\frac{5}{16}\frac{M}{\ell}x_1^2 + c_1 \qquad\qquad EJ_c w_2'(x_2) = \frac{3}{32}\frac{M}{\ell}x_2^2 + c_3$$

$$EJ_c w_1(x_1) = -\frac{5}{48}\frac{M}{\ell}x_1^3 + c_1 x_1 + c_2 \qquad EJ_c w_2(x_2) = \frac{3}{96}\frac{M}{\ell}x_2^3 + c_3 x_2 + c_4 \,.$$

Zur Bestimmung der vier Integrationskonstanten c_1 bis c_4 müssen die Rand- bzw. Übergangsbedingungen des Systems beachtet werden. Die Randbedingungen lesen wir aus Tabelle 5.1 ab und erhalten unmittelbar

$$x_1 = 0: \quad w_1(0) = 0 \quad \to \quad c_2 = 0$$

$$x_2 = 0: \quad w_2(0) = 0 \quad \to \quad c_4 = 0.$$

Die Übergangsbedingungen fordern hier Stetigkeit der Struktur und damit – bei gegenläufigen Koordinaten und abknickender Balkenachse –

$$w_1'(\ell) = -w_2'(\ell) \qquad\qquad \to \quad c_1 + c_3 \;=\; \frac{7}{32}M\ell$$

$$w_1(\ell) = \cos\alpha\, w_2(\ell) = \frac{3}{5}w_2(\ell) \quad \to \quad c_1 - \frac{3}{5}c_3 = \frac{59}{480}M\ell ,$$

wobei der Winkel α hier die Richtungsänderung der Balkenachse angibt. Die Lösung des auf diese Weise erhaltenen Gleichungssystems liefert

$$c_1 = \frac{61}{384}M\ell \quad \text{und} \quad c_3 = \frac{23}{384}M\ell \,.$$

Damit liegen die bereichsweise definierten Gleichungen zur Beschreibung der Biegelinie fest. Die Verdrehung und die Verschiebung des Punktes A φ_A bzw. δ_A lassen sich damit angeben. Wir erhalten

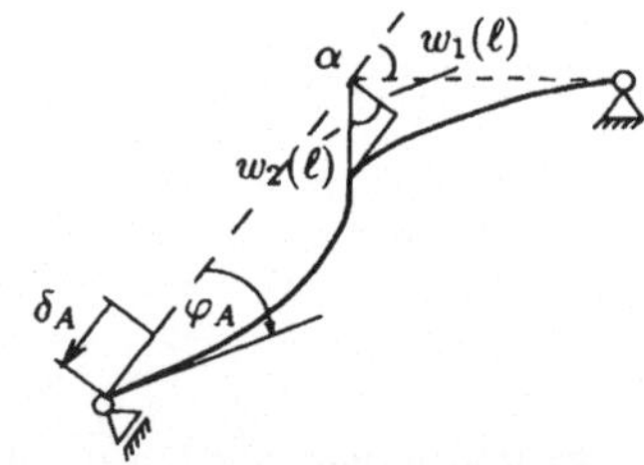

$$\varphi_A = w_1'(0) \qquad = \frac{61}{384}\frac{M\ell}{EJ_c}$$

$$\delta_A = \sin\alpha\, w_2(\ell) = \frac{7}{96}\frac{M\ell^2}{EJ_c} \,.$$

Aufgabe 5.4:

Ein Stab werde in angegebener Weise durch die Kräfte F_1 und F_2 beansprucht.

a) Wie groß ist das Verhältnis F_2/F_1 zu wählen, damit $u(\ell) = w(\ell)$ wird?

b) Wie groß wird das Verhältnis $u(\ell)/w(\ell)$ für $F_2 = F_1$?

Gegeben: $\ell = 1$ m, $d = 23.1$ mm

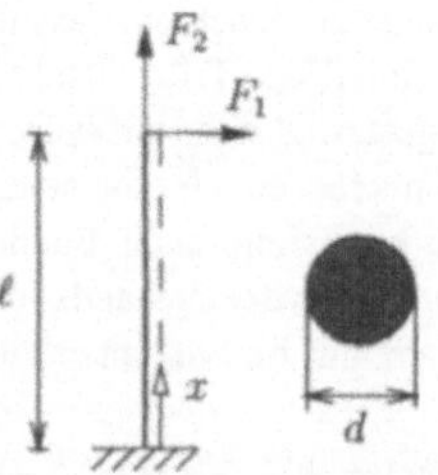

Lösung: Im vorliegenden Beispiel sind sowohl die Längsverschiebung $u(x)$ als auch die Durchbiegung $w(x)$ zu bestimmen. Wir ziehen dazu die beiden Differentialgleichungen (5.1) heran. Mit $T =$ konst. erhalten wir

$$EA\,u'(x) = N(x) \quad = F_2$$

$$EJ\,w''(x) = -M(x) = F_1(\ell - x)$$

mit den Lösungen

$$EA\,u(x) = F_2 x + c_1$$

$$EJ\,w'(x) = F_1\!\left(\ell x - \frac{1}{2}\,x^2\right) + c_2$$

$$EJ\,w(x) = F_1\!\left(\frac{1}{2}\,\ell x^2 - \frac{1}{6}\,x^3\right) + c_2 x + c_3\,.$$

Als Randbedingungen lesen wir aus Tabelle 5.1 ab

$$
\begin{aligned}
x = 0: \quad u(0) &= 0 \quad &\rightarrow \quad c_1 &= 0\\
w'(0) &= 0 \quad &\rightarrow \quad c_2 &= 0\\
w(0) &= 0 \quad &\rightarrow \quad c_3 &= 0.
\end{aligned}
$$

Damit erhalten wir

$$EA\,u(x) = F_2 x$$

$$EJ\,w(x) = \frac{1}{2}\,F_1 x^2\!\left(\ell - \frac{1}{3}\,x\right).$$

a) Aus der Bedingung $u(\ell) = w(\ell)$ folgt

$$\frac{F_2 \ell}{EA} = \frac{F_1 \ell^3}{3EJ} \quad \rightarrow \quad \frac{F_2}{F_1} = \frac{1}{3}\,\ell^2\,\frac{EA}{EJ}\,.$$

Mit den Flächenwerten für Kreisquerschnitte

$$A = \pi\,\frac{d^2}{4}\,, \quad J = \frac{\pi d^4}{64}$$

erhalten wir als Ergebnis

$$\frac{F_2}{F_1} = \frac{16}{3}\left(\frac{\ell}{d}\right)^2 = 9{,}995\cdot 10^3\,.$$

b) Für $F_1 = F_2 = F$ andererseits gilt:

$$\frac{u(\ell)}{w(\ell)} = \frac{3}{16}\left(\frac{d}{\ell}\right)^2 = 1{,}00\cdot 10^{-4}\,.$$

Bei gleicher Last F in axialer Richtung und senkrecht dazu sind bei dem vorliegenden schlanken Stab die Verschiebungen u in axialer Richtung (Normalkraftverformungen) also vernachlässigbar klein gegenüber den Durchbiegungen w.

Aufgabe 5.5:

Ein eingespannter Rahmen werde durch vertikale Lasten beansprucht.

a) Die Vertikalverschiebung des Punktes A in Abhängigkeit der Lastangriffsstelle ξ/ℓ $(0 \leqslant \xi/\ell \leqslant 1)$ ist gesucht.

b) Mit Hilfe des Ergebnisses von a) ermittle man für den dargestellten Lastfall die Vertikalverschiebung des Punktes A.

Gegeben: $EJ =$ konst.

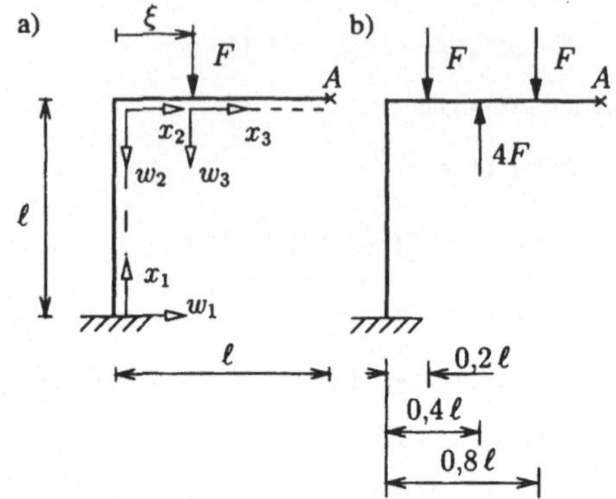

Lösung: Wir führen insgesamt drei (Integrations-)bereiche ein und gehen aus von der Momentenlinie für die angegebene Belastung durch die vertikale Last F an der Stelle $x_2 = \xi$.

Mit Hilfe der Momentenlinien für den jeweiligen Balkenabschnitt erhalten wir durch Integration von $(5.1)_2$

im Bereich I:

$$EJw_1''(x_1) = -M_1(x_1) = F\xi$$

$$EJw_1'(x_1) = F\xi x_1 + c_{11}$$

$$EJw_1(x_1) = \frac{1}{2} F\xi x_1^2 + c_{11}x_1 + c_{12}$$

im Bereich II:

$$EJw_2''(x_2) = -M_2(x_2) = -Fx_2 + F\xi$$

$$EJw_2'(x_2) = -\frac{1}{2} Fx_2^2 + F\xi x_2 + c_{21}$$

$$EJw_2(x_2) = -\frac{1}{6} Fx_2^3 + \frac{1}{2} F\xi x_2^2 + c_{21}x_2 + c_{22}$$

im Bereich III:

$$EJw_3''(x_3) = -M_3(x_3) = 0$$

$$EJw_3'(x_3) = c_{31}$$

$$EJw_3(x_3) = c_{31}x_3 + c_{32}\,.$$

Zur Bestimmung der darin noch enthaltenen 6 Integrationskonstanten ziehen wir die Rand- und Übergangsbedingungen des Systems heran und zwar

Randbedingungen:

$$x_1 = 0: \quad w_1(0) = 0 \quad \rightarrow \quad c_{12} = 0$$

$$w_1'(0) = 0 \quad \rightarrow \quad c_{11} = 0$$

$$x_2 = 0: \quad w_2(0) = 0 \quad \rightarrow \quad c_{22} = 0$$

Übergangsbedingungen:

$$w_1'(\ell) = w_2'(0) \quad \rightarrow \quad c_{21} = F\xi\ell$$

$$w_3(0) = w_2(\xi) \quad \rightarrow \quad c_{32} = \frac{1}{3}F\xi^3 + F\xi^2\ell$$

$$w_3'(0) = w_2'(\xi) \quad \rightarrow \quad c_{31} = \frac{1}{2}F\xi^2 + F\xi\ell.$$

a) Die Durchbiegung des freien Endes f_A erhalten wir aus der Durchbiegung $w_3(x_3)$ an der Stelle $x_3 = \ell - \xi$

$$f_A = \frac{1}{EJ}\left(\frac{1}{2}F\xi^2\ell + F\xi\ell^2 - \frac{1}{6}F\xi^3\right).$$

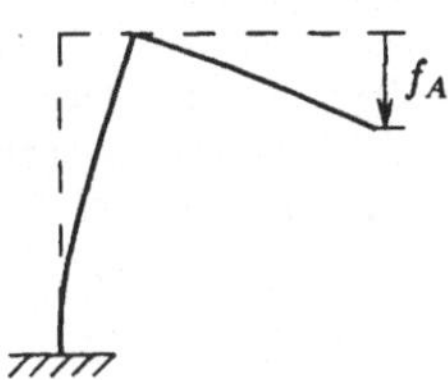

f_A ist also eine Funktion der Lastangriffsstelle ξ.

b) Unter Verwendung des Superpositionsprinzips gilt für die zusammengesetzte Belastung

$$f_A = f_{A1}(\xi = 0{,}2\,\ell) + f_{A2}(\xi = 0{,}4\,\ell) + f_{A3}(\xi = 0{,}8\,\ell) = -0{,}624\,\frac{F\ell^3}{EJ}.$$

Aufgabe 5.6:

Mit welcher Kraft F darf das dargestellte System höchstens belastet werden, wenn die Vertikalverschiebung des Lastangriffspunktes $\ell/300$ nicht überschreiten soll?

Gegeben: $\ell = 2$ m, $a = 60$ mm,
$\qquad\quad E = 2.1 \cdot 10^5$ MPa,
$\qquad\quad G = 8 \cdot 10^4$ MPa

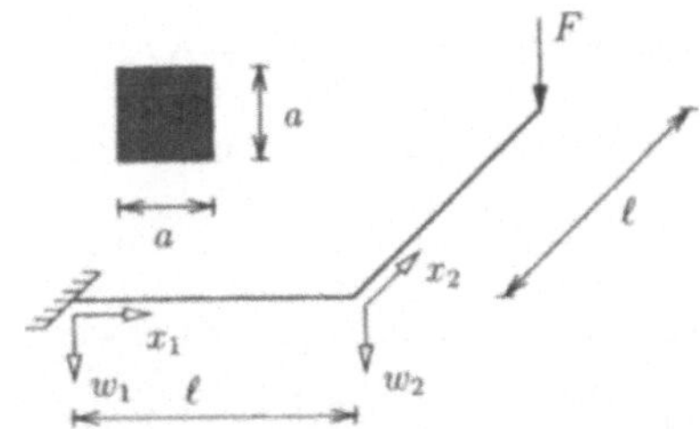

Lösung: Es handelt sich hier um ein senkrecht zu seiner Ebene belastetes System, das zusätzlich zu der Biegemomenten-Beanspruchung in beiden Bereichen im Bereich I ($0 \leqslant x_1 \leqslant \ell$) eine Beanspruchung durch ein Torsionsmoment erfährt. Die durch die Torsion hervorgerufene Verdrehung des Balkenquerschnitts an der Stelle $x_1 = \ell$ geht dann in die Übergangsbedingung an der Ecke ein

$$w_2'(0) = -\varphi(\ell).$$

Das negative Vorzeichen rührt daher, dass die positiv definierte Verdrehung φ im Bereich I und die positive Neigung der Biegelinie w' im Bereich II entgegengesetzt gerichtet sind.

Ausgehend von den Biegemomentenverläufen für M_1 und M_2 erhalten wir für die Durchbiegung in beiden Bereichen

$$EJw_1''(x_1) = -M_1(x_1) = F(\ell - x_1) \qquad\qquad EJw_2''(x_2) = -M_2(x_2) = F(\ell - x_2).$$

Die Integration liefert

$$EJw_1'(x_1) = -\frac{1}{2}Fx_1^2 + F\ell x_1 + c_1 \qquad\qquad EJw_2'(x_2) = -\frac{1}{2}Fx_2^2 + F\ell x_2 + c_3$$

$$EJw_1(x_1) = \frac{1}{2}Fx_1^2\left(-\frac{1}{3}x_1 + \ell\right) + c_1 x_1 + c_2 \qquad EJw_2(x_2) = \frac{1}{2}Fx_2^2\left(-\frac{1}{3}x_2 + \ell\right) + c_3 x_2 + c_4.$$

Die vier Integrationskonstanten werden mit Hilfe der vier kinematische Rand- bzw. Übergangsbedingungen des Systems ermittelt (siehe Tabelle 5.1)

$$w_1'(0) = 0 \quad \rightarrow \quad c_1 = 0$$

$$w_1(0) = 0 \quad \rightarrow \quad c_2 = 0$$

$$w_2'(0) = -\varphi(\ell) \quad \rightarrow \quad c_3 = -EJ\varphi(\ell)$$

$$w_2(0) = w_1(\ell) \quad \rightarrow \quad c_4 = \frac{1}{3}F\ell^3 \, .$$

Zur Bestimmung des aus der Verdrehung des Balkens im Bereich I resultierenden Anteils der Vertikalverschiebung des Lastangriffspunktes ermitteln wir zunächst die Drillung ϑ des Querschnitts (siehe Kapitel 6 bzw. Band II, Abschnitt 5.2). Für prismatische Vollquerschnitte finden wir

$$\vartheta = \frac{\mathrm{d}\varphi}{\mathrm{d}x_1} = \frac{M_T}{GJ_T}$$

und damit für die Verdrehung am Bereichsende

$$\varphi = \int\limits_0^\ell \vartheta \, \mathrm{d}x_1 = \int\limits_0^\ell \frac{M_T}{GJ_T} \, \mathrm{d}x_1 = -\frac{F\ell^2}{GJ_T} \, .$$

bei einem Torsionsmoment der Größe $M_T = -F\ell$.

Damit erhalten wir für die Vertikalverschiebung des Lastangriffspunktes

$$f = w_2(\ell) = \frac{1}{EJ}\left(\frac{2}{3}F\ell^3 - EJ\varphi(\ell)\ell\right) = \frac{2F\ell^3}{3EJ}\left(1 + \frac{3EJ}{2GJ_T}\right) \, .$$

Für einen quadratischen Querschnitt mit der Kantenlänge a gilt

$$J = \frac{1}{12}a^4, \quad J_T = \frac{1}{3}\beta a^4, \quad \beta = 0{,}42$$

(siehe Kapitel 6, Tabelle 6.1) und damit wird dann

$$f = \frac{8F\ell^3}{Ea^4}\left(1 + \frac{3E}{8G\beta}\right) \leqslant \frac{\ell}{300} \, .$$

Für die Kraft F folgt daraus schließlich

$$F \leqslant 84{,}8 \text{ N} \, .$$

Aufgabe 5.7:

Geben Sie die Gesamtverschiebung des Punktes A unter der Belastung M^* an. Der Stab soll als schwach gekrümmt angesehen werden.

Gegeben: $R =$ konst., $EJ =$ konst.

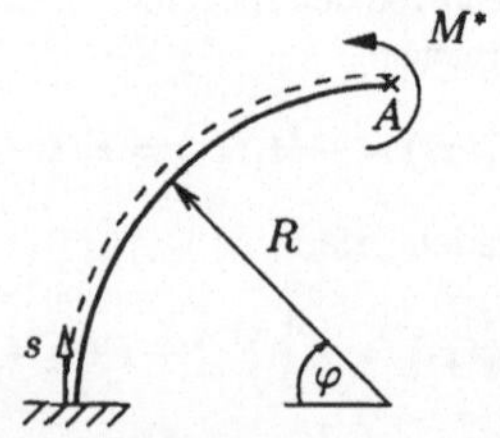

Lösung: Die Zustandslinien für das gegebene System lauten (siehe Aufgaben 1, Abschnitt 6.2)

$$M(s) = -M^*, \quad N(s) = Q(s) = 0.$$

Die beiden Näherungen zur Beschreibung der Verformungen (5.3) bzw. (5.4) stimmen hier also überein. Mit $R(s) = $ konst. sowie $\Delta T = 0$ lassen sich diese Beziehungen weiter vereinfachen

$$u'(s) + \frac{w(s)}{R} = \frac{N(s)}{EA}$$

$$w''(s) + \frac{w(s)}{R^2} = \frac{M^*}{EJ}.$$

Führen wir nun mit $s = R\varphi$ eine Koordinatentransformation durch, so wird daraus wegen

$$\mathrm{d}s = R\,\mathrm{d}\varphi \quad \rightarrow \quad (\cdot)' = \frac{1}{R}(\cdot)^{\boldsymbol{\cdot}},$$

wenn wir mit $(\cdot)^{\boldsymbol{\cdot}}$ die Ableitung nach dem Winkel φ kennzeichnen. Damit wird aus obigen Differentialbeziehungen

$$u^{\boldsymbol{\cdot}} + w = \frac{NR}{EA}$$

$$w^{\boldsymbol{\cdot\cdot}} + w = \frac{M^* R^2}{EJ}.$$

Die zweite dieser Beziehungen ist eine inhomogene lineare Differentialgleichung 2. Ordnung für die Durchbiegung w. Ihre Lösung lautet

$$w(\varphi) = c_1 \sin \varphi + c_2 \cos \varphi + \frac{M^* R^2}{EJ}.$$

Mit den Randbedingungen $w(0) = 0$ und $w^{\boldsymbol{\cdot}}(0) = 0$ erhalten wir für die beiden Integrationskonstanten

$$c_1 = 0 \quad \text{und} \quad c_2 = -\frac{M^* R^2}{EJ}.$$

Damit wird dann

$$w(\varphi) = \frac{M^* R^2}{EJ}(1 - \cos \varphi).$$

Eingesetzt in die erste Differentialgleichung erhalten wir nach deren Integration

$$u(\varphi) = -\frac{M^* R^2}{EJ}(\varphi - \sin \varphi) + c_3.$$

Die Integrationskonstante c_3 bestimmen wir aus der Randbedingung $u(0) = 0$ zu $c_3 = 0$, so dass gilt

$$u(\varphi) = -\frac{M^* R^2}{EJ}(\varphi - \sin \varphi).$$

und die Verschiebungen im Punkt A werden

$$w(\tfrac{\pi}{2}) = \frac{M^* R^2}{EJ}, \quad u(\tfrac{\pi}{2}) = -\frac{M^* R^2}{EJ}(\tfrac{\pi}{2} - 1).$$

Die Gesamtverschiebung im Punkt A erhalten wir schließlich zu

$$\Delta = \sqrt{u^2(\tfrac{\pi}{2}) + w^2(\tfrac{\pi}{2})} = 1{,}151\,\frac{M^* R^2}{EJ}.$$

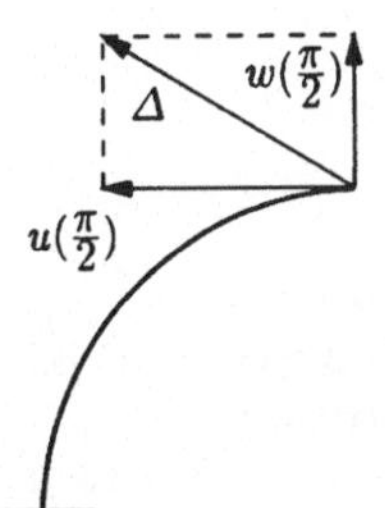

5.3   Aufgaben

Aufgabe 5.8:

Die Biegelinien der nebenstehenden Systeme
sind zu ermitteln.

Gegeben: $EJ =$ konst.

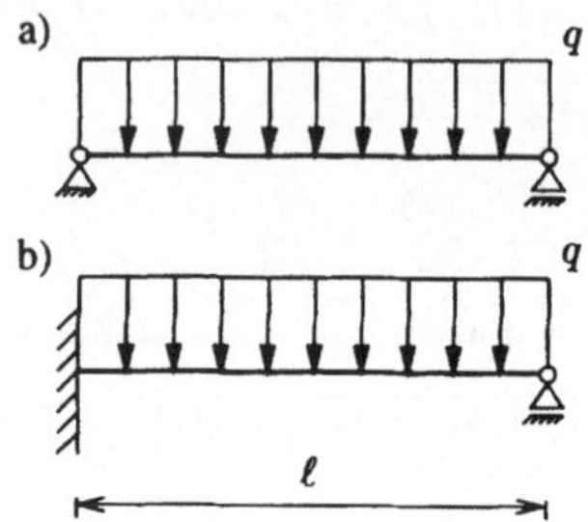

Aufgabe 5.9:

Die Biegelinie des nebenstehenden Systems ist
zu ermitteln.

Gegeben: $EJ =$ konst.

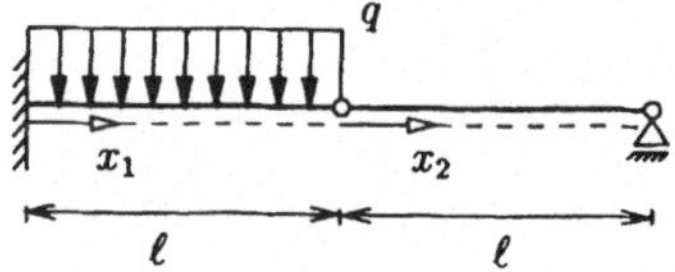

Aufgabe 5.10:

Die Biegelinie des nebenstehenden Rahmens ist
zu ermitteln.

Gegeben: $EJ =$ konst.

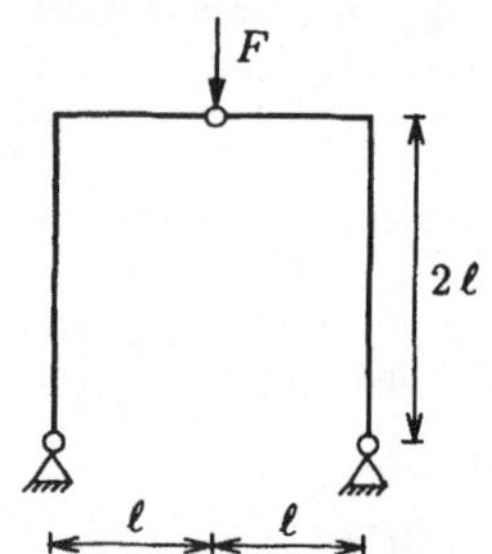

Aufgabe 5.11:

Die Biegelinie des nebenstehenden Systems ist
zu ermitteln (Normalkraftverformungen können
vernachlässigt werden).

Gegeben: $EJ =$ konst.

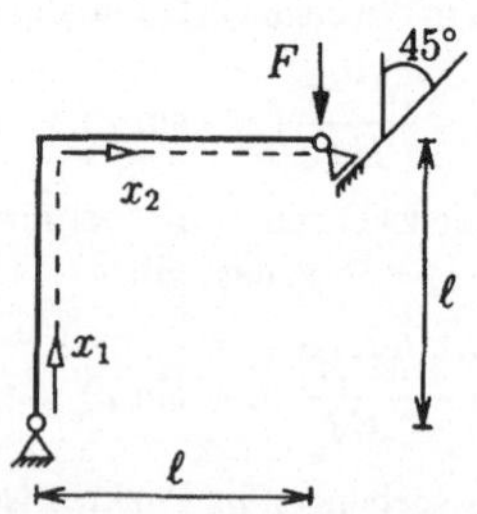

Aufgabe 5.12:

Die Biegelinie des nebenstehenden Systems ist
zu ermitteln.

Gegeben: $EJ =$ konst., c

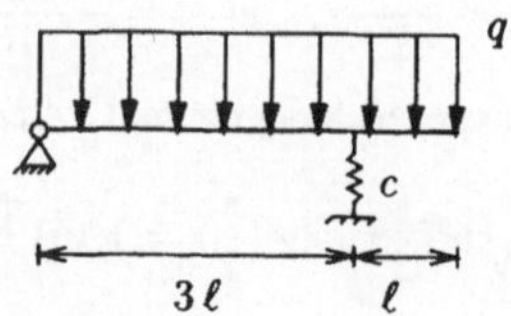

Aufgabe 5.13:

Die EJ-fache Biegelinie des nebenstehenden Systems ist zu ermitteln und darzustellen.

Gegeben: $EJ =$ konst.

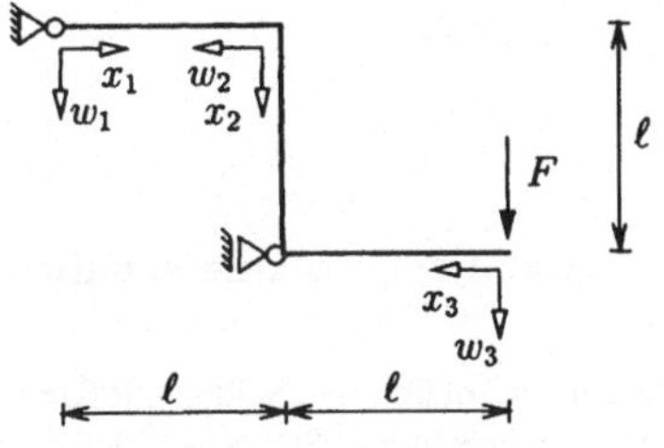

Aufgabe 5.14:

Für den schwach gekrümmten Viertelkreis-Bogenträger berechne man die Verschiebungen des Kraftangriffspunktes.

Gegeben: R, $EJ =$ konst., $EA =$ konst., F

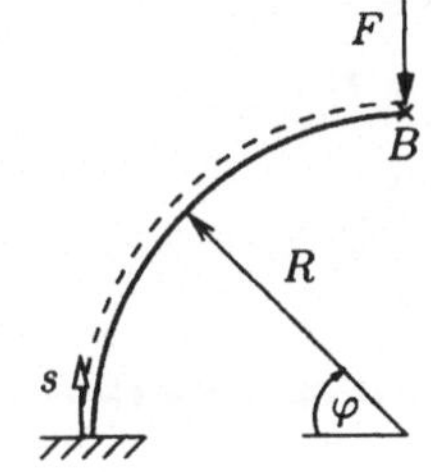

6 Torsion

6.1 Torsion von Vollquerschnitten

Bei der reinen Torsion von Stäben mit Kreisquerschnitten gehen wir davon aus, dass die Querschnitte eben und senkrecht zur Stabachse bleiben und sich lediglich unverzerrt um die Stabachse drehen. Daraus folgt dann

$$\epsilon_{x\varphi}(r) = \frac{1}{2}\,r\vartheta\,.\tag{6.1}$$

mit der Drillung

$$\vartheta = \frac{\mathrm{d}\varphi}{\mathrm{d}x}\,.\tag{6.2}$$

Mit Hilfe des Hooke'schen Gesetzes erhalten wir aus (6.1)

$$\vartheta = \frac{M_T}{G\,J_0}\quad\text{und}\quad \sigma_{x\varphi}(x) = \tau(r) = \frac{M_T}{J_0}\,r\,.\tag{6.3}$$

Dabei ist J_0 das polare Flächen-Trägheitsmoment.
Für die maximale Schubspannung gilt

$$|\tau|_{\text{max}} = \frac{|M_T|}{J_0}\,R = \frac{|M_T|}{W_T}\tag{6.4}$$

mit $W_T = \dfrac{J_0}{R}$ dem Widerstandsmoment bei Torsion.

Die vorstehenden Überlegungen lassen sich mit

$$J_0 = \frac{\pi}{2}\,(R_a^4 - R_i^4)\quad\text{und}\quad W_T = \frac{\pi}{2}\,\frac{R_a^4 - R_i^4}{R_a}\tag{6.5}$$

auch auf Kreisringquerschnitte übertragen.

Bei der Torsion prismatischer Stäbe ohne Wölbbehinderung lautet die allgemeine Lösung für den Verschiebungszustand

$$\left.\begin{array}{l} u_y = -\vartheta x z \\ u_z = \vartheta x y \end{array}\right\}\quad\text{bzw.}\quad u_\varphi = \vartheta x r\tag{6.6}$$

$$u_x = \vartheta\,\psi(y,z),\tag{6.7}$$

sofern die Stabachse zugleich Drillachse ist und der Querschnitt bei $x = 0$ unverdreht bleibt.

Dabei treten jedoch Verschiebungen in x-Richtung auf, die eine Verwölbung des Querschnitts hervorrufen. Die auf die Drillung ϑ bezogene Verwölbung

$$\psi(y,z) = \frac{1}{\vartheta}\,u_x(y,z)\tag{6.8}$$

wird auch als Einheits-Verwölbung oder als Wölbfunktion bezeichnet.

Für Vollquerschnitte lässt sich das Problem der Torsion ausgehend von der Definition der Spannungen

$$\sigma_{xy} = 2G\vartheta \, \frac{\partial T(y,z)}{\partial z}$$

$$\sigma_{xz} = -2G\vartheta \, \frac{\partial T(y,z)}{\partial y}$$

(6.9)

auf die inhomogene partielle Differentialgleichung

$$\Delta T(y,z) = \frac{\partial^2 T}{\partial y^2} + \frac{\partial^2 T}{\partial z^2} = -1$$

(6.10)

zurückführen. Dabei ist $T(y,z)$ die Torsionsfunktion. Als Randbedingung gilt auf dem Querschnittsrand

$$T = \text{konst.} = 0.$$

(6.11)

Setzen wir analog zur Lösung für den Kreisquerschnitt an

$$\vartheta = \frac{M_T}{G J_T} \quad \text{und} \quad |\tau|_{\max} = \frac{|M_T|}{W_T},$$

(6.12)

so folgt für das Flächen-Trägheitsmoment bei Torsion

$$J_T = 4 \int_A T(y,z) \, \mathrm{d}A$$

(6.13)

und das Widerstandsmoment bei Torsion

$$W_T = \frac{2 \int_A T(y,z) \, \mathrm{d}A}{|\mathrm{grad}\, T(y,z)|_{\max}} = \frac{1}{2} \frac{J_T}{|\mathrm{grad}\, T(y,z)|_{\max}}$$

(6.14)

Für Rechteckquerschnitte können wir schließlich näherungsweise annehmen

$$J_T = \beta \, \frac{1}{3} \, b^3 h$$

$$W_T = \alpha \, \frac{1}{3} \, b^2 h \,.$$

(6.15)

Die Korrekturfaktoren α und β hängen dabei noch vom Seitenverhältnis h/b ab (siehe Band II, Tabelle 5.1).

6.2 Torsion dünnwandiger Querschnitte

6.2.1 Dünnwandige geschlossene Querschnitte

Der Schubfluss $t(\zeta)$ in einem dünnwandigen Querschnitt ist

$$t(\zeta) = \int_{-\frac{\delta}{2}}^{+\frac{\delta}{2}} \sigma_{x\zeta} \, \mathrm{d}\eta \,,$$

(6.16)

wobei ζ die längs der Profil-Mittellinie laufende Koordinate ist. Die Koordinate senkrecht dazu bezeichnen wir mit η (siehe Band II, Abschnitt 3.5).

Bei der Torsion von prismatischen Stäben mit dünnwandigem geschlossenen (einzelligen) Querschnitt ist der Schubfluss $t = \tau(\zeta)\delta(\zeta)$ längs der Profil-Mittellinie konstant. Zwischen Torsionsmoment und Schubfluss gilt dann der Zusammenhang

$$M_T = 2A_m t \,. \tag{6.17}$$

Dabei ist A_m die von der Profil-Mittellinie umschlossene Fläche.

1. Bredtsche Formel

$$|\tau(\zeta)|_{max} = \frac{|M_T|}{W_T} \,, \quad W_T = 2A_m\, \delta(\zeta)_{min} \,. \tag{6.18}$$

2. Bredtsche Formel

$$\vartheta = \frac{M_T}{GJ_T} = \frac{M_T}{4GA_m^2} \oint \frac{\mathrm{d}\zeta}{\delta(\zeta)} \,, \quad J_T = \frac{4A_m^2}{\oint \dfrac{\mathrm{d}\zeta}{\delta(\zeta)}} \,. \tag{6.19}$$

Für die Wölbfunktion $\psi(\zeta)$ bei dünnwandigem geschlossenen Querschnitt erhalten wir

$$\psi(\zeta) = \psi(0) + 2A_m \frac{\displaystyle\int_0^\zeta \frac{\mathrm{d}\zeta}{\delta(\zeta)}}{\displaystyle\oint \frac{\mathrm{d}\zeta}{\delta(\zeta)}} - \int_0^\zeta a(\zeta)\,\mathrm{d}\zeta \,. \tag{6.20}$$

wobei $a(\zeta)$ den Hebelarm des Schubflusses t bezüglich des Schwerpunktes S angibt.

6.2.2 Dünnwandige offene Querschnitte

Mit

$$J_T = \beta \sum_i \frac{1}{3} \delta_i^3 h_i \quad \text{bzw.} \quad J_T = \beta \int_L \frac{1}{3} \delta^3(\zeta)\,\mathrm{d}\zeta \tag{6.21}$$

erhalten wir für die Drillung

$$\vartheta = \frac{M_T}{GJ_T} = \frac{M_T}{G\beta \sum_i \dfrac{1}{3} \delta_i^3 h_i} = \frac{M_T}{G\beta \displaystyle\int_L \dfrac{1}{3} \delta^3(\zeta)\,\mathrm{d}\zeta} \tag{6.22}$$

bzw. für die maximale Schubspannung

$$|\tau|_{max} = \frac{|M_T|}{W_T} \,, \quad W_T = \frac{J_T}{\delta(\zeta)_{max}} \,. \tag{6.23}$$

Dabei ist β ein weiterer von der jeweiligen Profilform abhängiger Korrekturfaktor (siehe Band II, Tabelle 5.2).

Für die Wölbfunktion bei dünnwandigem offenen Querschnitt gilt schließlich

$$\psi(\zeta) = \psi(0) - \int_0^\zeta a(\zeta)\,\mathrm{d}\zeta \,. \tag{6.24}$$

6.3   Der Schubmittelpunkt

Im allgemeinen Fall gilt für die Schubspannungen

$$\sigma_{x\zeta} = \tau(\zeta) = \frac{Q_z S_y(\zeta)}{J_{yy}\delta(\zeta)} + \frac{Q_y S_z(\zeta)}{J_{zz}\delta(\zeta)} \tag{6.25}$$

mit den statischen Momenten der Restfläche

$$S_y(\zeta) = \int\limits_\zeta^L z(\zeta)\delta(\zeta)\,\mathrm{d}\zeta \quad \text{bzw.} \quad S_z(\zeta) = \int\limits_\zeta^L y(\zeta)\delta(\zeta)\,\mathrm{d}\zeta\,. \tag{6.26}$$

Die Wirkungslinie der resultierenden Querkraft Q muss jeweils durch den Schubmittelpunkt D gehen, wenn die von der Querkraft verursachte Biegung torsionsfrei bleiben soll (Band II, Satz 5.18).

Die Lage des Schubmittelpunktes eines dünnwandigen offenen Querschnitts lässt sich damit festlegen durch die Beziehungen (Band II, Satz 5.14)

$$y_D = \frac{1}{J_{yy}} \int\limits_L a(\zeta)\, S_y(\zeta)\,\mathrm{d}\zeta$$

$$z_D = -\frac{1}{J_{zz}} \int\limits_L a(\zeta)\, S_z(\zeta)\,\mathrm{d}\zeta. \tag{6.27}$$

Greift die Querkraft nicht im Schubmittelpunkt an, so entsteht gleichzeitig eine Torsionsbeanspruchung. Das entsprechende Torsionsmoment M_T finden wir, indem wir die gegebene Querkraft Q ersetzen durch ein äquivalentes Kräftesystem, bestehend aus einer parallel verschobenen Querkraft $\hat{Q} = Q$, deren Wirkungslinie durch den Schubmittelpunkt D geht, und aus einem Torsionsmoment M_T, das dem Versetzungsmoment entspricht. Die Schubbeanspruchung setzt sich dementsprechend zusammen aus den Schubspannungen, die zur Querkraft $\hat{Q}$ gehören, und aus den Schubspannungen, die das Torsionsmoment M_T hervorruft.

Drillung: $\quad \vartheta = \dfrac{M_T}{G J_T} \qquad \rightarrow \qquad$ Verdrehung: $\quad \varphi = \displaystyle\int_0^L \vartheta(x)\,\mathrm{d}x + \varphi(0)$

Schubspannung: $\quad |\tau|_{\max} = \dfrac{|M_T|}{W_T}$

	J_T	W_T	Spannungen, Beiwerte
		Vollquerschnitte	
(Kreis, d)	$\dfrac{\pi d^4}{32}$	$\dfrac{\pi d^3}{16}$	$\sigma_{x\varphi} = \dfrac{M_T}{W_T}\,r$
(Dreieck, a)	$\dfrac{a^4}{46{,}19}$	$\dfrac{a^3}{20}$	
(Rechteck, b, h)	$\beta\,\dfrac{1}{3}\,b^3 h$	$\alpha\,\dfrac{1}{3}\,b^2 h$	$\begin{array}{c\|c\|c\|c\|c\|c} h/b & 1 & 2 & 4 & 8 & \infty \\ \hline \alpha & 0.63 & 0.74 & 0.85 & 0.92 & 1 \\ \hline \beta & 0.42 & 0.69 & 0.84 & 0.92 & 1 \end{array}$
		dünnwandige geschlossene Querschnitte	
(A_m, δ, ζ)	$\dfrac{4 A_m^2}{\displaystyle\oint \dfrac{\mathrm{d}\zeta}{\delta(\zeta)}}$	$2 A_m \delta(\zeta)_{\min}$	$\tau(\zeta) = \dfrac{M_T}{2 A_m \delta(\zeta)}$
(d_m, δ)	$\dfrac{\pi}{4}\,\delta d_m^3$	$\dfrac{\pi}{2}\,\delta d^2$	
(b, h, δ)	$\dfrac{2 b^2 h^2 \delta}{b + h}$	$2 b h \delta$	
		dünnwandige offene Querschnitte	
(d_m, δ)	$\dfrac{1}{3}\,\pi d \delta^3$	$\dfrac{J_T}{\delta} = \dfrac{1}{3}\,\pi d \delta^2$	$|\tau_{\max}|(\zeta) = \dfrac{|M_T|}{J_T}\,\delta(\zeta)_{\max}$
(ζ, δ)	$\beta \displaystyle\int_L \dfrac{1}{3}\,\delta^3(\zeta)\,\mathrm{d}\zeta$ $\beta \displaystyle\sum_i \dfrac{1}{3}\,\delta_i^3 h_i$	$W_T = \dfrac{J_T}{\delta_{\max}}$	$\begin{array}{c\|c\|c\|c\|c} \text{Profilform} & \llcorner & \perp & \sqsubset & \text{I} \\ \hline \beta & 1 & 1.12 & 1.12 & 1.3 \end{array}$

Tabelle 6.1: Torsion prismatischer Stäbe

6.4 Beispiele

Aufgabe 6.1:

Bestimmen Sie die Schubspannungen und die Verdrehung
im Punkt A für die unten stehenden Querschnitte.

Gegeben: $\ell = 4\,\text{m}$, $a = 300\,\text{mm}$, $M_T = 100\,\text{kNm}$,
$\qquad G = 8.1 \cdot 10^4\,\text{N/mm}^2$

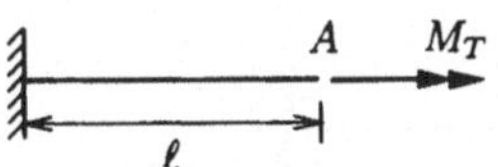

a)　　　　b)　　　　　　　c)　　　　　d)

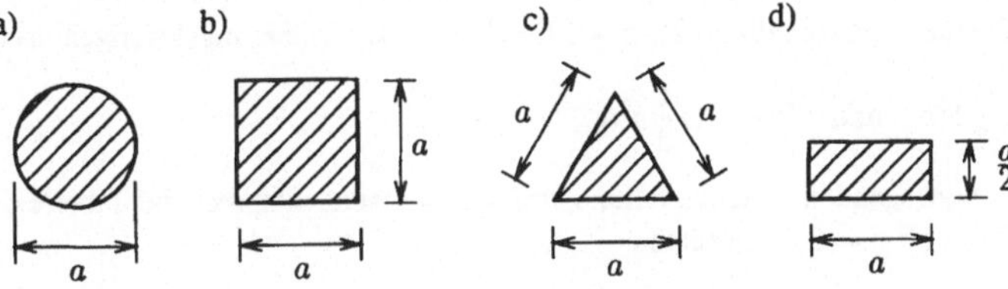

Lösung: Für Vollquerschnitte erhalten wir die Schubspannung τ und die Drillung ϑ mit Hilfe der
Gleichungen (6.12)

$$|\tau|_{\max} = \frac{|M_T|}{W_T} \quad \text{und} \quad \vartheta = \frac{M_T}{G J_T} \,.$$

Das Widerstandsmoment W_T bzw. das Flächen-Trägheitsmoment bei Torsion J_T sind dabei entsprechend der jeweiligen Querschnittsform anzusetzen.

Für den Verdrehwinkel $\varphi(x)$ gilt entsprechend (6.2) bzw. Tabelle 6.1

$$\varphi(x) = \int_0^x \vartheta(x)\,\mathrm{d}x + \varphi(0) \,.$$

Mit $\vartheta = \text{konst.}$ und $\varphi(0) = 0$ erhalten wir daraus

$$\varphi(x) = \vartheta\, x.$$

a) Für den Kreisquerschnitt ist das polare Flächen-Trägheitsmoment J_0 einzusetzen. Wir erhalten
(siehe Band I, Def. 7.5)

$$J_0 = \int_A (y^2 + z^2)\,\mathrm{d}A = \int_A r^2\,\mathrm{d}A = \int_0^R r^2\, 2\pi r\,\mathrm{d}r = \frac{\pi}{2} R^4 = \frac{\pi d^4}{32}$$

bzw.

$$J_0 = J_{yy} + J_{zz} = 2 J_{yy} = 2\,\frac{\pi d^4}{64} = \frac{\pi d^4}{32} \,.$$

Daraus folgt dann

$$|\tau|_{\max} = \frac{16|M_T|}{\pi d^3} = \frac{16 \cdot 10^8}{\pi \cdot 300^3} = 18{,}86\,\text{N/mm}^2,$$

$$\vartheta = \frac{32 M_T}{G \pi d^4} = \frac{32 \cdot 10^8}{8{,}1 \cdot 10^4 \cdot \pi \cdot 300^4} = 1{,}55 \cdot 10^{-6}\,\text{mm}^{-1}.$$

Für die Verdrehung im Punkt A gilt

$$\varphi_A = \int_0^\ell \vartheta\,dx = \vartheta\,\ell = 4000 \cdot 1{,}55 \cdot 10^{-6} = 6{,}21 \cdot 10^{-3}\,.$$

Die Größe der Verdrehung ist in der folgenden Skizze veranschaulicht.

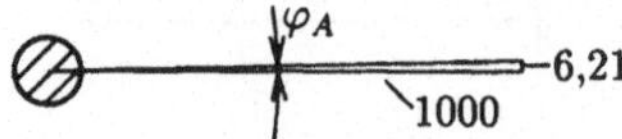

b) Für den Rechteckquerschnitt erhalten wir für J_T bzw. W_T Näherungslösungen nach (6.15)

$$J_T = \beta\,\frac{1}{3}\,b^3 h \quad \text{und} \quad W_T = \alpha\,\frac{1}{3}\,b^2 h\,.$$

Bei dem hier vorliegenden Seitenverhältnis von $h/b = 1$ sind entsprechend Tabelle 6.1 die Koeffizienten $\alpha = 0{,}63$ und $\beta = 0{,}42$ zu setzen

$$|\tau|_{\max} = \frac{|M_T|}{W_T} = \frac{3M_T}{\alpha\,b^2 h} = \frac{3 \cdot 10^8}{0{,}63 \cdot 300^3} = 17{,}64\ \text{N/mm}^2,$$

$$\vartheta = \frac{M_T}{G J_T} = \frac{3M_T}{G\beta\,b^3 h} = \frac{3 \cdot 10^8}{8{,}1 \cdot 10^4 \cdot 0{,}42 \cdot 300^4} = 1{,}09 \cdot 10^{-6}\ \text{mm}^{-1},$$

$$\varphi_A = \int_0^\ell \vartheta\,dx = \vartheta\ell = 4000 \cdot 1{,}09 \cdot 10^{-6} = 4{,}35 \cdot 10^{-3}\,.$$

c) Für den Dreieckquerschnitt finden wir J_T und W_T nach Tabelle 6.1 zu

$$J_T = \frac{b^4}{46{,}19} \quad \text{und} \quad W_T = \frac{b^3}{20}\,.$$

Damit wird dann

$$|\tau|_{\max} = \frac{|M_T|}{W_T} = 74{,}07\ \text{N/mm}^2,$$

$$\vartheta = \frac{M_T}{G J_T} = 7{,}04 \cdot 10^{-6}\ \text{mm}^{-1} \quad \rightarrow \quad \varphi_A = \vartheta\ell = 28{,}16 \cdot 10^{-3}\,.$$

d) Rechteckquerschnitt mit einem Seitenverhältnis von $h/b = 2$.

Entsprechend der Rechnung unter b) erhalten wir mit den Beiwerten $\alpha = 0{,}74$ und $\beta = 0{,}69$

$$|\tau|_{\max} = 60{,}06\ \text{N/mm}^2, \quad \vartheta = 5{,}30 \cdot 10^{-6}\ \text{mm}^{-1}, \quad \rightarrow \quad \varphi_A = 21{,}21 \cdot 10^{-3}\,.$$

Die Verläufe der Schubspannungen mit den jeweiligen Maximalwerten sind für die behandelten Querschnitte in der nachfolgenden Abbildung zusammengestellt.

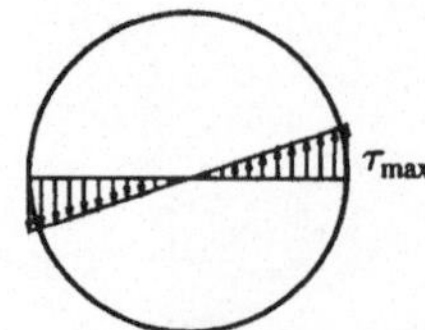

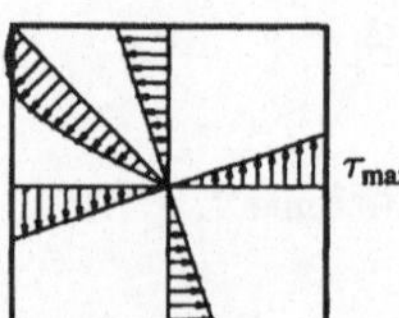

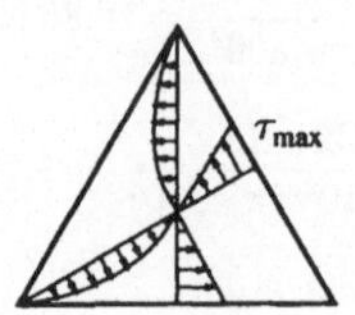

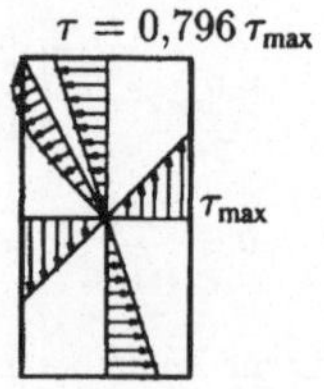

Aufgabe 6.2:

Ein dünnwandiges Stahlprofil wird durch Torsion beansprucht. Wie groß darf das Torsionsmoment bei
a) geschlossenem und
b) geschlitztem
Profil werden, wenn $\tau_{zul} = 85\ \text{N/mm}^2$ nicht überschritten werden darf? Wie groß wird jeweils die Drillung?
Gegeben: $a = 100\ \text{mm}$, $b = 150\ \text{mm}$, $\delta_1 = 10\ \text{mm}$,
$\qquad\quad \delta_2 = 12\ \text{mm}$, $G = 8.1 \cdot 10^4\ \text{N/mm}^2$

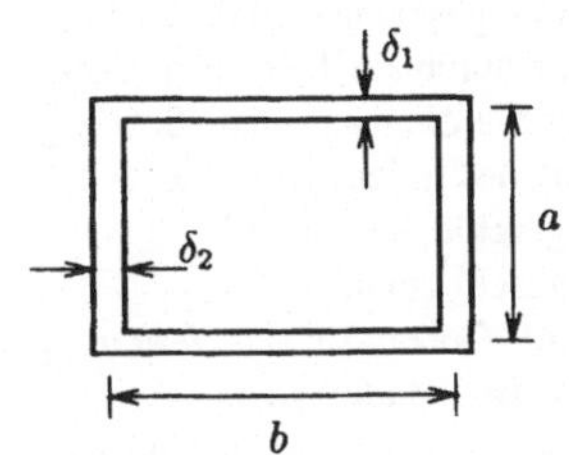

Lösung:

a) geschlossenes Profil

Mit Hilfe der 1. Bredtschen Formel (6.18) erhalten wir das maximal zulässige Torsionsmoment

$$M_{T\max} = \tau_{zul}\, 2A_m\, \delta_{\min}\ .$$

Die von der Mittellinie umschlossene Fläche A_m ist

$$A_m = a\,b = 100 \cdot 150 = 15000\ \text{mm}^2$$

und damit wird dann

$$M_{T\max} = \tau_{zul}\, 2A_m\, \delta_{\min} = 85 \cdot 30000 \cdot 10 = 2{,}55 \cdot 10^7\ \text{Nmm} = 25{,}5\ \text{kNm}.$$

Die Drillung berechnet sich nach der 2. Bredtschen Formel (6.19)

$$\vartheta = \frac{M_T}{G\,J_T} = \frac{M_T}{4G\,A_m^2} \oint \frac{\mathrm{d}\zeta}{\delta(\zeta)} = \frac{\tau_{zul}\,\delta_{\min}}{G\,2A_m} \oint \frac{\mathrm{d}\zeta}{\delta(\zeta)}\ ,$$

$$\vartheta = \frac{85 \cdot 10 \cdot 46{,}67}{8{,}1 \cdot 10^4 \cdot 30000} = 1{,}632 \cdot 10^{-5}\ \text{mm}^{-1}\ .$$

b) geschlitztes Profil

Aus (6.23) erhalten wir entsprechend

$$|M_T|_{\max} = |\tau_{zul}|\, W_T\ .$$

Mit dem Widerstandsmoment bei Torsion für dünnwandige offene Querschnitte (6.23) bzw. (6.21)
(siehe auch Tabelle 6.1)

$$W_T = \frac{1}{\delta_{\max}} \sum_i \frac{1}{3}\,\delta_i^3\, h_i = \frac{1}{12 \cdot 3} \cdot 2\left(100 \cdot 12^3 + 150 \cdot 10^3\right) = 1{,}793 \cdot 10^4\ \text{mm}^3$$

erhalten wir für das maximale Torsionsmoment

$$M_{T\max} = \tau_{zul}\, W_T = 85 \cdot 1{,}793 \cdot 10^4 = 1{,}524 \cdot 10^6\ \text{Nmm} = 1{,}524\ \text{kNm}.$$

Die Drillung berechnen wir entsprechend Gleichung (6.22) zu

$$\vartheta = \frac{M_T}{G\,J_T} = \frac{\tau_{zul}}{G\,\delta_{\max}} = \frac{85}{8{,}1 \cdot 10^4 \cdot 12} = 8{,}74 \cdot 10^{-5}\ \text{mm}^{-1}.$$

Aufgabe 6.3:

Ein eingespannter Stab der Länge ℓ wird an seinem freien
Ende durch ein Torsionsmoment M_T beansprucht. Bestimmen Sie die maximalen Schubspannungen und die Verdrehung des freien Endes bei

a) geschlossenem und

b) geschlitztem

Profil. Geben Sie die Verteilungen der Schubspannungen
über die Wanddicke an.

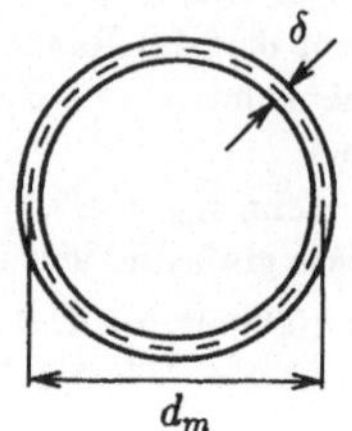

Gegeben: $\ell = 4$ m, $\delta = 20$ mm, $d_m = 200$ mm,
$\qquad G = 8.1 \cdot 10^4$ N/mm^2, $M_T = 50$ kNm,

Lösung:

a) geschlossen

Die 1. Bredtsche Formel (6.18) liefert uns

$$|\tau|_{max} = \frac{|M_T|}{W_T} \, .$$

Mit dem Widerstandsmoment

$$W_T = 2 A_m \, \delta = \frac{\pi}{2} \, \delta \, d_m^2$$

(siehe Tabelle 6.1) erhalten wir daraus

$$|\tau|_{max} = \frac{5 \cdot 10^7}{2\pi \cdot 100^2 \cdot 20} = 39{,}8 \text{ N/mm}^2 \, .$$

Die Schubspannung ist konstant über die Wanddicke verteilt.

Die Drillung des Querschnitts können wir mit Hilfe der 2. Bredtschen Formel (6.19) angeben

$$\vartheta = \frac{M_T}{G \, J_T} \, .$$

Dabei ist J_T das Flächen-Trägheitsmoment bei Torsion

$$J_T = \frac{4 \, A_m^2}{\oint \dfrac{d\zeta}{\delta(\zeta)}} = \frac{\pi}{4} \, \delta \, d_m^3$$

$$\vartheta = \frac{5 \cdot 10^7}{8{,}1 \cdot 10^4 \cdot 2\pi \cdot 100^3 \cdot 20} = 4{,}91 \cdot 10^{-6} \text{ mm}^{-1} \, .$$

Die Verdrehung des freien Endes erhalten wir schließlich aus (6.2)

$$\varphi(\ell) = \int_0^\ell \vartheta \, dx = \vartheta \ell = 4{,}91 \cdot 10^{-6} \cdot 4000 = 0{,}0196 = 1° \, 8' \, .$$

b) geschlitzt

Nach (6.23) erhalten wir die maximale Schubspannung aus

$$|\tau|_{max} = \frac{|M_T|}{W_T} \quad \text{mit} \quad W_T = \frac{J_T}{\delta_{max}} \, .$$

Das benötigte Flächen-Trägheitsmoment J_T erhalten wir entsprechend (6.21) und mit dem Beiwert $\beta = 1$ zu

$$J_T = \beta \int_L \frac{1}{3} \delta^3(\zeta)\, d\zeta = \frac{1}{3} \delta^3 \pi d_m \,.$$

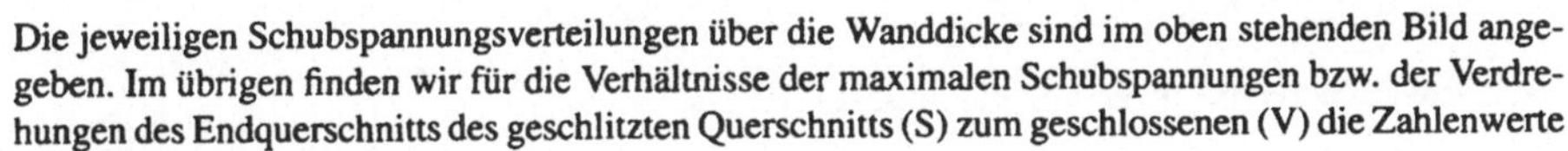

Dann wird

$$|\tau|_{max} = \frac{3\,M_T}{\pi d_m \delta^3} = \frac{5 \cdot 10^7 \cdot 3}{2\pi \cdot 100 \cdot 20^2} = 596{,}8 \text{ N/mm}^2 \,.$$

Aus (6.22) erhalten wir die Drillung

$$\vartheta = \frac{M_T}{G\,J_T} = \frac{5 \cdot 10^7 \cdot 3}{8{,}1 \cdot 10^4 \cdot 2\pi \cdot 100 \cdot 20^3} = 3{,}68 \cdot 10^{-4} \text{ mm}^{-1}$$

und damit die Verdrehung des Stabendes

$$\varphi(\ell) = \vartheta \ell = 3{,}68 \cdot 10^{-4} \cdot 4000 = 1{,}474 = 84^\circ\, 26' \,.$$

Die jeweiligen Schubspannungsverteilungen über die Wanddicke sind im oben stehenden Bild angegeben. Im übrigen finden wir für die Verhältnisse der maximalen Schubspannungen bzw. der Verdrehungen des Endquerschnitts des geschlitzten Querschnitts (S) zum geschlossenen (V) die Zahlenwerte

$$\frac{\tau_{max}^S}{\tau_{max}^V} = 15, \qquad \frac{\varphi_L^S}{\varphi_L^V} = 75$$

(siehe auch Band II, Abschnitt 5.2).

Aufgabe 6.4:

Ein Rohr mit der Wanddicke δ, Mitteldurchmesser d_m und Länge ℓ wird durch ein Torsionsmoment M_T belastet.

a) Bestimmen Sie die maximale Schubspannung und die Verdrehung $\varphi(x)$ des Rohres mit Hilfe der Formeln für Vollquerschnitte sowie für dünnwandige geschlossene Profile.

b) Bis zu welchem Verhältnis δ/d_m können die Formeln für dünnwandige Profile angewendet werden, wenn der relative Fehler maximal 5 % betragen darf.

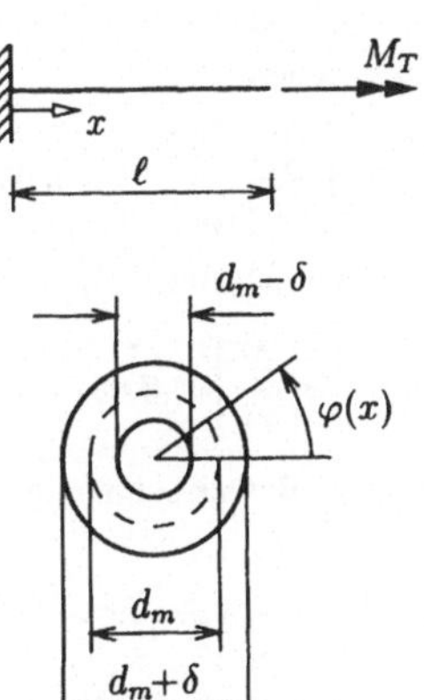

Lösung:

a) Vollquerschnitt:

Mit Hilfe der Beziehung für das Widerstandsmoment bei Torsion für Kreisringe (6.5)$_2$

$$W_T = \frac{\pi}{2} \frac{R_a^4 - R_i^4}{R_a} \quad \text{bei} \quad R_a = \frac{d_m + \delta}{2}, \quad R_i = \frac{d_m - \delta}{2}$$

erhalten wir aus (6.4) für die maximale Schubspannung

$$|\tau|_{\max}^V = \frac{|M_T|}{W_T} = \frac{16 M_T (d_m + \delta)}{\pi \left[(d_m + \delta)^4 - (d_m - \delta)^4 \right]} = \frac{2 M_T}{\pi} \, \frac{d_m + \delta}{d_m^3 \delta + d_m \delta^3} \cdot$$

Die Verdrehung des Querschnitts berechnen wir ausgehend von (6.2) bzw. $(6.3)_1$

$$\vartheta^V = \frac{\mathrm{d}\varphi^V(x)}{\mathrm{d}x} = \frac{M_T}{G J_0} = \frac{|\tau|_{\max}^V}{G R_a}$$

zu

$$\varphi^V(x) = \vartheta^V x = \frac{4 M_T}{\pi G} \, \frac{x}{\delta^3 d_m + d_m^3 \delta} \cdot$$

Dabei haben wir berücksichtigt, dass an der Einspannstelle gilt: $\varphi(0) = 0$.

Dünnwandiges Profil:

Aus der 1. Bredtschen Formel $(6.18)_1$ erhalten wir für die maximale Schubspannung

$$|\tau|_{\max}^D = \frac{|M_T|}{W_T} = \frac{M_T}{2 A_m \delta} = \frac{2 M_T}{d_m^2 \pi \delta} \quad \text{mit} \quad A_m = \frac{\pi}{4} \, d_m^2 \cdot$$

Die 2. Bredtsche Formel liefert uns eine Aussage über die Drillung

$$\vartheta = \frac{M_T}{G J_T} \quad \text{mit} \quad J_T = \frac{4 \, A_m^2}{\oint \dfrac{\mathrm{d}\zeta}{\delta(\zeta)}} = \frac{\pi}{4} \, \delta \, d_m^3 \cdot$$

Damit bestimmen wir die Verdrehung zu

$$\varphi^D(x) = \int_0^x \vartheta^D \, \mathrm{d}x = \vartheta^D x = \frac{4 M_T}{G d_m^3 \pi \delta} \, x \cdot$$

b) Wenn der relative Fehler bei der Benutzung der Formeln für dünnwandige Profile $\leqslant 5\%$ bleiben soll, muss gelten:

$$f_{\mathrm{rel}} = \left| \frac{\tau_{\max}^V - \tau_{\max}^D}{\tau_{\max}^V} \right| \leqslant 0{,}05 \quad \rightarrow \quad \left| 1 - \frac{d_m^3 \delta + d_m \delta^3}{(d_m + \delta) \delta \, d_m^2} \right| = \left| 1 - \frac{d_m^2 + \delta^2}{d_m^2 + d_m \delta} \right| \leqslant 0{,}05 \, .$$

Mit Hilfe der Substitution $\delta/d_m = \Delta$ erhalten wir daraus die Ungleichung

$$\left| 1 - \frac{1 + \Delta^2}{1 + \Delta} \right| \leqslant 0{,}05 \, ,$$

die wir unter Berücksichtigung der (physikalischen) Bedingung $0 \leqslant \Delta \leqslant 1$ noch umformen können in

$$-\Delta^2 + 0{,}95 \Delta - 0{,}05 \leqslant 0$$

$$(\Delta - 0{,}0559) \, (0{,}8941 - \Delta) \leqslant 0$$

mit den Lösungen

$$\Delta_1 \leqslant 0{,}0559, \quad \Delta_2 \geqslant 0{,}8941 \, .$$

Da die zweite Lösung zu einer physikalisch nicht sinnvollen Aussage führt (nicht dünnwandig), erhalten wir als Ergebnis: $\delta/d_m \leqslant 0{,}0559$ für einen relativen Fehler $\leqslant 5\%$ bei der Spannungsberechnung.

In analoger Weise können wir auch den relativen Fehler bei einer Berechnung des Verdrehwinkels untersuchen. Aus der Forderung

$$f_{\text{rel}} = \left| \frac{\varphi_L^V - \varphi_L^D}{\varphi_L^V} \right| \leqslant 0{,}05 \quad \rightarrow \quad \left| 1 - \frac{\delta^3 d_m + \delta\, d_m^3}{\delta\, d_m^3} \right| \leqslant 0{,}05$$

folgt unmittelbar

$$\Delta^2 \leqslant 0{,}05 \,.$$

Soll der relative Fehler des Verdrehwinkels 5% nicht überschreiten, muss $\delta/d_m \leqslant 0{,}2236$ gewährleistet sein.

Aufgabe 6.5:
Der dargestellte Kragträger ist zu bemessen. Wie groß wird die Verdrehung seines freien Endes?
Gegeben: $m_T = 2.5$ kNm/m, $\delta = 20$ mm, $\ell = 4$ m, $\tau_{\text{zul}} = 90$ N/mm^2, $G = 8.1 \cdot 10^4$ N/mm^2

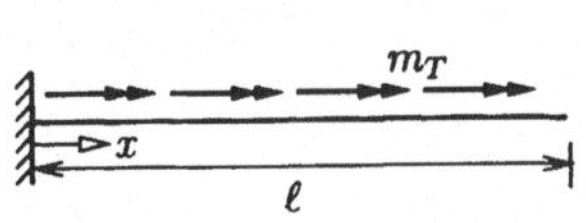
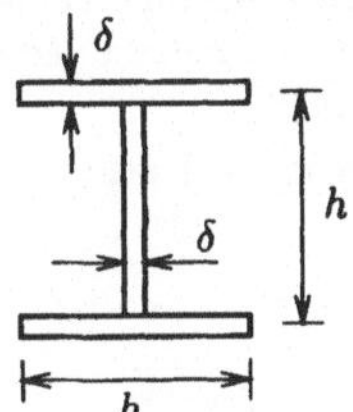

Lösung: Die Beanspruchung des Systems liefert

$$M_T(x) = m_T \ell \left(1 - \frac{x}{\ell} \right)$$

mit dem Maximalwert an der Einspannstelle

$$M_{T\text{max}} = M_T(x = 0) = m_T \ell \,.$$

Für die Bemessung des Systems können wir Gleichung (6.23)$_1$ auch umstellen

$$W_{T\text{erf}} = \frac{|M_T|_{\text{max}}}{|\tau|_{\text{zul}}} = \frac{m_T \ell}{\tau_{\text{zul}}} \,.$$

Bei zusammengesetzten Profilen lässt sich das Widerstandsmoment bei Torsion nach (6.23)$_2$ bzw. (6.21) angeben mit

$$W_T = \frac{J_T}{\delta(\zeta)_{\text{max}}} = \beta \, \frac{1}{\delta_{\text{max}}} \sum_i \frac{1}{3} \delta_i^3 \, h_i = \beta \, \delta^2 h \,.$$

Mit dem Korrekturbeiwert $\beta = 1{,}3$ für ein I-Profil (siehe Tabelle 6.1) erhalten wir

$$W_{T\text{erf}} = \beta \, \delta^2 h_{\text{erf}} = \frac{m_T \ell}{\tau_{\text{zul}}}$$

und damit die erforderliche Höhe des I-Profils

$$h_{\text{erf}} = \frac{m_T \ell}{\beta \, \delta^2 \tau_{\text{zul}}} = \frac{2{,}5 \cdot 10^3 \cdot 4000}{1{,}3 \cdot 20^2 \cdot 90} = 213{,}7 \text{ mm} \,.$$

Gewählte Höhe des Profils: $h = 220$ mm.

Für die Drillung erhalten wir damit gemäß (6.22)

$$\vartheta(x) = \frac{M_T(x)}{GJ_T} = \frac{m_T\ell\left(1 - \dfrac{x}{\ell}\right)}{G\beta\,\delta^3 h}$$

und daraus entsprechend für die Verdrehung des freien Endes

$$\varphi_A = \int\limits_0^{\varphi(\ell)} \mathrm{d}\varphi = \int\limits_0^{\ell} \vartheta(x)\,\mathrm{d}x = \int\limits_0^{\ell} \frac{m_T\ell}{G\beta\,\delta^3 h}\left(1 - \frac{x}{\ell}\right)\mathrm{d}x = \frac{m_T\ell^2}{2G\beta\,\delta^3 h}$$

$$\varphi_A = \frac{2{,}5 \cdot 10^3 \cdot 4000^2}{2 \cdot 8{,}1 \cdot 10^4 \cdot 1{,}3 \cdot 20^3 \cdot 220} = 0{,}108\,.$$

Aufgabe 6.6:

Der Schubspannungsverlauf für das dargestellte dünnwandige
Profil ist zu ermitteln und darzustellen. Wo liegt der Schubmittelpunkt?

Gegeben: r, $\delta = $ konst.

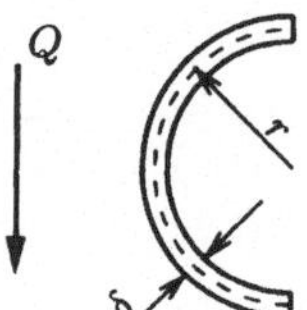

Lösung: Für den Schubspannungsverlauf bei dünnwandigen Querschnitten gelten die Beziehungen
(4.6) bzw. (6.25)

$$\tau(\zeta) = \frac{QS_y(\zeta)}{J_{yy}\delta(\zeta)}\,.$$

Darin ist

$$S_y(\zeta) = \int\limits_{\zeta}^{L} z(\zeta)\delta(\zeta)\,\mathrm{d}\zeta$$

entsprechend (4.7) bzw. (6.26) das statische Moment der Restfläche. Für Hauptachsensysteme verschwindet im übrigen das statische Moment für den gesamten Querschnitt

$$S_y = \int\limits_0^{L} z(\zeta)\delta(\zeta)\,\mathrm{d}\zeta = 0$$

und daraus folgt, dass sich wegen

$$S_y(\zeta) = \int\limits_{\zeta}^{L} z(\zeta)\delta(\zeta)\,\mathrm{d}\zeta = -\int\limits_0^{\zeta} z(\zeta)\delta(\zeta)\,\mathrm{d}\zeta$$

je nach Integrationsgrenzen zwei ähnliche Definitionen für das statische Moment angeben lassen, die
sich nur im Vorzeichen unterscheiden. Wir wollen hier die erst genannte Definition der Restfläche
beibehalten.

Mit $\delta = $ konst. und der Transformation $z = r\sin\varphi$, $\mathrm{d}\zeta = r\,\mathrm{d}\varphi$ erhalten wir für das Flächen-Trägheitsmoment

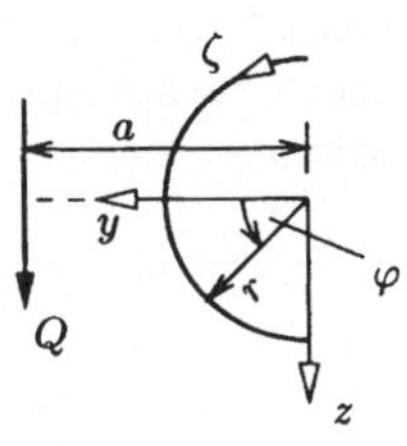

$$J_{yy} = \int\limits_L z^2\delta(\zeta)\,\mathrm{d}\zeta = \int\limits_{-\frac{\pi}{2}}^{\frac{\pi}{2}} \delta r^3 \sin^2\varphi\,\mathrm{d}\varphi$$

$$= \delta r^3 \left(\frac{1}{2}\varphi - \frac{1}{4}\sin 2\varphi\right)\Bigg|_{-\frac{\pi}{2}}^{\frac{\pi}{2}} = \frac{\pi}{2}\delta r^3$$

sowie das statische Moment $S_y(\zeta)$

$$S_y(\zeta) = \int\limits_\zeta^L z(\zeta)\delta(\zeta)\,\mathrm{d}\zeta = \delta r^2 \int\limits_\varphi^{\frac{\pi}{2}} \sin\varphi\,\mathrm{d}\varphi = \delta r^2\left(-\cos\varphi\right)\Bigg|_\varphi^{\frac{\pi}{2}} = \delta r^2\cos\varphi\,.$$

Die Schubspannungsverteilung können wir dann beschreiben durch

$$\tau(\zeta) = \frac{QS_y(\zeta)}{J_{yy}\delta} = \frac{2Q}{\pi r\delta}\cos\varphi\,.$$

Der Verlauf der Schubspannungen längs der Profilachse ist in der nebenstehenden Abbildung angegeben. Eingetragen ist auch die Richtung des entsprechenden Schubflusses $t(\zeta) = \tau(\zeta)\delta$ (siehe Band II, Abschnitt 5.4).

Die resultierende Kraft dieses Schubflusses ist nun

$$R = \int\limits_L t(\zeta)\cos\varphi\,\mathrm{d}\zeta = \frac{2Q}{\pi}\int\limits_\varphi \cos^2\varphi\,\mathrm{d}\varphi = Q\,.$$

(Diese Bedingung können wir im übrigen auch zur Kontrolle unserer Rechnung heranziehen.)

Daneben besitzt der Schubfluss offensichtlich jedoch auch ein resultierendes (Torsions-) Moment um die x-Achse, und zwar bezogen sowohl auf den gewählten Koordinatenursprung als auch auf seinen Schwerpunkt. Soll der Querschnitt torsionsfrei sein, so muss die Kraft Q also exzentrisch – im Schubmittelpunkt – angreifen.

Die Lage des Schubmittelpunktes bestimmen wir aus der Äquivalenzbedingung

$$Qa = \int\limits_L t(\zeta)\,r\,\mathrm{d}\zeta$$

der jeweiligen Momente der Kraft Q und des Schubflusses $t(\zeta)$. Daraus erhalten wir

$$a = \int\limits_\varphi \frac{2r}{\pi}\cos\varphi\,\mathrm{d}\varphi = \frac{2r}{\pi}\left(\sin\varphi\right)\Bigg|_{-\frac{\pi}{2}}^{\frac{\pi}{2}} = \frac{4r}{\pi} = 1{,}273\,r\,.$$

Wir können die Lage des Schubmittelpunktes auch direkt mittels (6.27)$_1$ bestimmen

$$y_D = a = \frac{1}{J_{yy}}\int\limits_L a(\zeta)S_y(\zeta)\,\mathrm{d}\zeta = \frac{2}{\pi\delta r^3}\int\limits_{-\frac{\pi}{2}}^{\frac{\pi}{2}} r\delta r^2\cos\varphi\, r\,\mathrm{d}\varphi = \frac{4r}{\pi}\,.$$

Aufgabe 6.7:

Die Lage des Schubmittelpunktes ist zu bestimmen.

Gegeben: a, $\delta = $ konst.

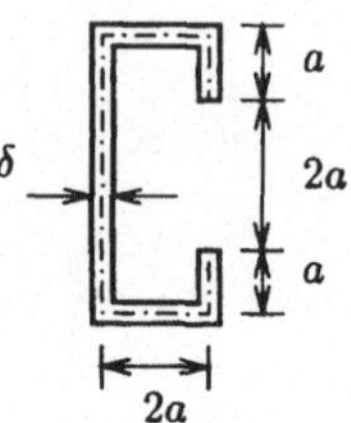

Lösung: Bei dünnwandigen offenen Querschnitten lässt sich der Schubmittelpunkt in vielen Fällen am einfachsten durch die in der vorigen Aufgabe bereits angesprochene Äquivalenzbetrachtung der äußeren und der inneren Kräfte ermitteln. Dazu bestimmen wir die Schubspannungsverteilung bzw. den Schubfluss

$$t(\zeta) = \tau(\zeta)\delta(\zeta) = \frac{Q_z S_y(\zeta)}{J_{yy}}$$

auf dem Wege einer graphischen Integration nach unten stehendem Schema. Dabei ist

$$S_y(\zeta) = \int_\zeta^L z\delta(\zeta)\,\mathrm{d}\zeta = -\int_0^\zeta z\delta(\zeta)\,\mathrm{d}\zeta$$

das statische Moment der Restfläche. Das Flächen-Trägheitsmoment ermitteln wir zu

$$J_{yy} = \delta\,\frac{(4a)^3}{12} + 2\delta\,\frac{a^3}{12} + 2a\delta(2a)^2 + 2a\delta(1{,}5a)^2 = 26\,\delta a^3 .$$

Die Integration geht aus von der rein geometrischen Verteilung $z\delta$ und führt dann auf die Verteilung des statischen Momentes S_y bzw. nach Multiplikation mit dem Faktor Q/J_{yy} auf den Schubfluss $t = \tau\delta$.

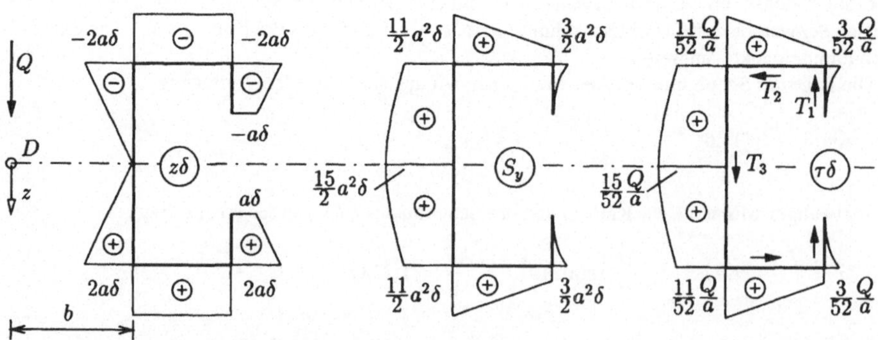

Die abermalige Integration von $\tau\delta$ längs der Profilachse (Flächen des $\tau\delta$–Diagramms) liefert uns dann die resultierenden Schubkräfte T_i der jeweiligen Profilabschnitte

$$T_1 = \frac{1}{2}\,a\,\frac{2}{52}\,\frac{Q}{a} + \frac{1}{3}\,a\,\frac{1}{52}\,\frac{Q}{a} = \frac{1}{39}\,Q$$

$$T_2 = \frac{1}{2}\,\frac{11+3}{52}\,\frac{Q}{a}\,2a = \frac{7}{26}\,Q$$

$$T_3 = \frac{11}{52}\,\frac{Q}{a}\,4a + \frac{2}{3}\,\frac{4}{52}\,\frac{Q}{a}\,4a = \frac{41}{39}\,Q\,.$$

Die Resultierende der Schubkräfte muss die Querkraft Q ergeben (Rechenprobe):

$$\sum_i T_{iH} = T_2 - T_2 = 0 \quad \text{und} \quad \sum_i T_{iv} = T_3 - 2T_1 = \left(\frac{41}{39} - \frac{2}{39}\right) Q = Q\,.$$

Den Schubmittelpunkt berechnen wir dann auf der Basis der Äquivalenzbedingung zwischen dem resultierenden Moment der Schubkräfte und dem Moment der Querkraft Q

$$Q\,b = 2T_2\,2a + 2T_1\,2a = \frac{42}{39}\,Qa + \frac{4}{39}\,Qa = \frac{46}{39}\,Qa\,.$$

Daraus folgt

$$b = \frac{46}{39}\,a = 1{,}18a\,.$$

Aufgabe 6.8:
Das nebenstehende Profil wird durch die Kraft Q belastet. Bestimmen Sie
a) die Lage des Schwerpunktes,
b) die Haupt-Trägheitsachsen,
c) die Haupt-Flächenträgheitsmomente,
d) die Verteilung der Schubspannungen aus Querkraft längs der Profilkontur und
e) die Verteilung der Schubspannungen aus Querkraft und Torsion über die Wandstärke an der Stelle I-I.
Gegeben: Q, $h = 10\,\delta$

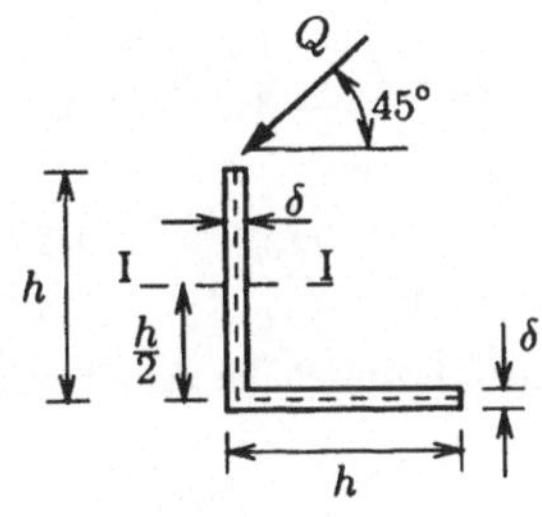

Lösung:
a)

$$x_S = y_S = \frac{\delta h \frac{h}{2}}{2\delta h} = \frac{h}{4}$$

b)

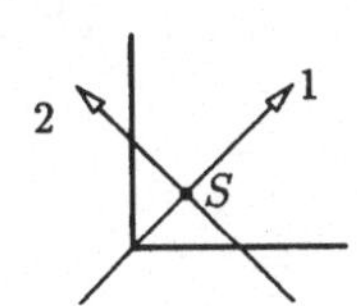

Symmetrie bzgl. 1–Achse

c) Mit $\bar{\delta} = \sqrt{2}\,\delta$ und $\bar{h} = \dfrac{h}{\sqrt{2}}$ erhalten wir

$$J_1 = 2\left\{\frac{\bar{\delta}\bar{h}^3}{12} + \delta h \left(\frac{\bar{h}}{2}\right)^2\right\} = \frac{\delta h^3}{3}$$

$$J_2 = 2\,\frac{\bar{\delta}\bar{h}^3}{12} = \frac{\delta h^3}{12}$$

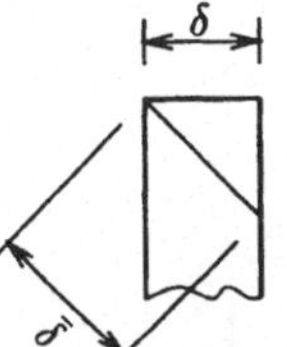

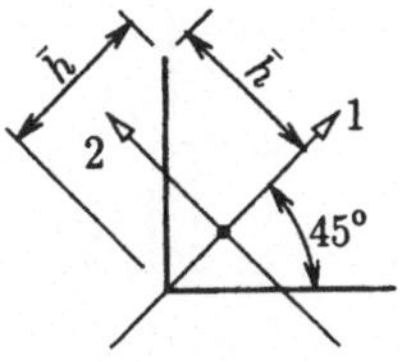

d) Die Verteilung der Schubspannungen aus Querkraft ermitteln wir entweder auf graphischem Wege

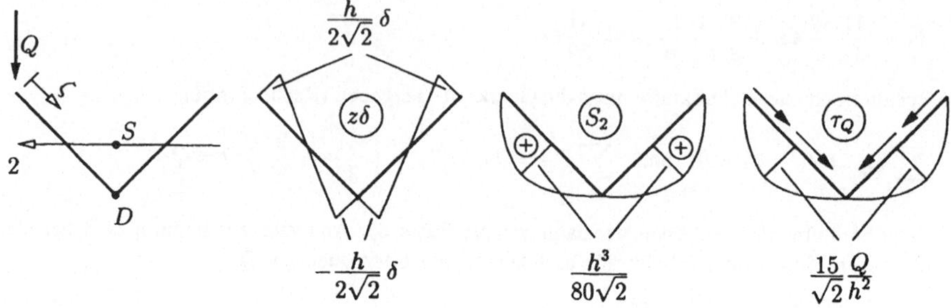

oder durch analytische Berechnung mit Hilfe der Gleichungen (6.25) und (6.26)

$$S_2(\zeta) = \delta\zeta\left(\frac{\bar{h}}{2} - \frac{\zeta/\sqrt{2}}{2}\right) = \frac{\delta\zeta}{2\sqrt{2}}\,(h - \zeta) \quad \rightarrow \quad \tau_Q(\zeta) = \frac{Q\,S_2(\zeta)}{J_2\,\delta} = \frac{6Q\zeta(h-\zeta)}{\sqrt{2}\delta h^3}\,.$$

e) Die Schubspannung aus Querkraft im Schnitt I-I lesen wir aus dem o.g. Schubspannungsverlauf (siehe d) ab

$$\tau_Q(\zeta) = \tau_Q\left(\zeta = \frac{h}{2}\right) = \frac{3Q}{2\sqrt{2}\,\delta h} = \frac{15Q}{\sqrt{2}\,h^2}\,.$$

Die Schubspannung aus Torsion errechnen wir entsprechend (6.23) mit

$$J_T = \beta \sum_i \frac{1}{3}\,\delta_i^3\,h_i = \frac{2}{3}\,h\delta^3 \quad\text{und}\quad M_T = Q\,\bar{h} = Q\frac{h}{\sqrt{2}}$$

zu

$$|\tau|_{\max}^T = \frac{|M_T|}{J_T}\,\delta = \frac{3Q}{2\sqrt{2}\delta^2} = \frac{150}{\sqrt{2}}\,\frac{Q}{h^2}\,.$$

Daraus lässt sich die Verteilung der Schubspannungen aus Torsion und Querkraft angeben

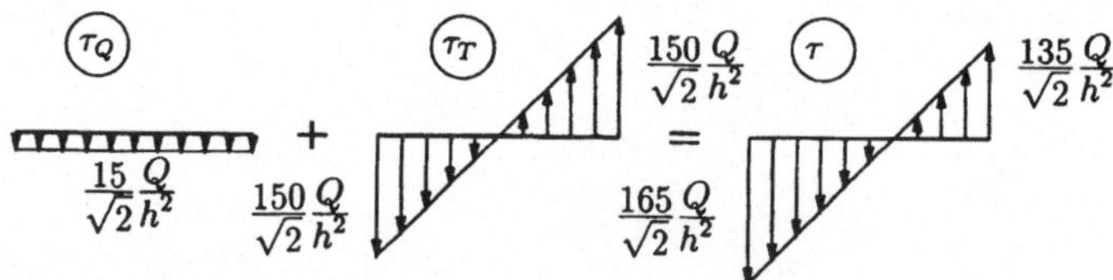

Aufgabe 6.9:

Vergleichen Sie den Spannungsverlauf in beiden dargestellten Profilen.

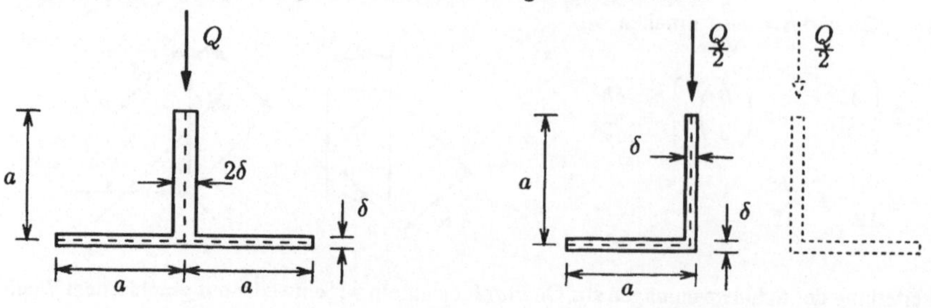

Lösung:

<u>Profilform 1</u>:

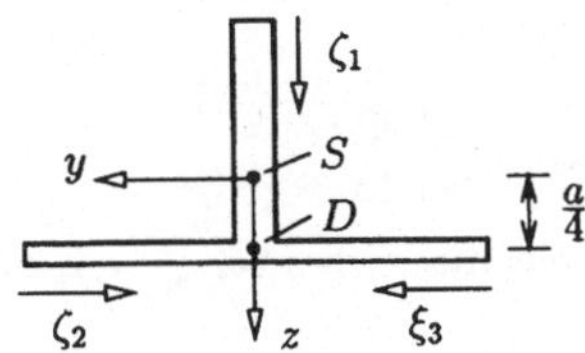

Die Belastung erfolgt in der Symmetrieebene durch den Schubmittelpunkt D. Der Querschnitt ist also torsionsfrei. Mit dem Flächen-Trägheitsmoment

$$J_{yy} = \frac{5}{12}\, a^3\delta$$

und dem statischen Moment der Restfläche (6.26)

$$S_y(\zeta_1) = -\int\limits_0^{\zeta_1}\left(-\frac{3}{4}\,a + \zeta_1\right) 2\delta\,\mathrm{d}\zeta_1 = 2\delta\zeta_1\left(\frac{3a}{4} - \frac{\zeta_1}{2}\right)$$

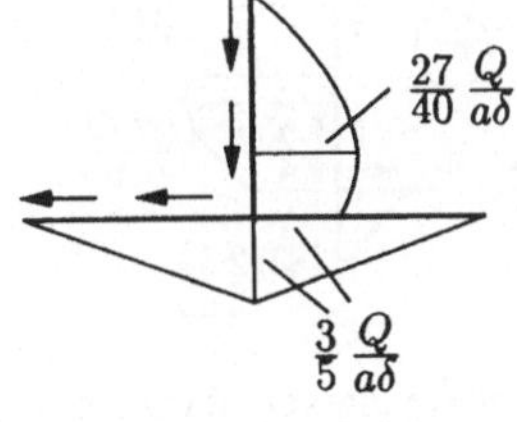

$$S_y(\zeta_2) = -\int\limits_0^{\zeta_2}\frac{a}{4}\,\delta\,\mathrm{d}\zeta_2 = -\delta\,\zeta_2\,\frac{a}{4}$$

$$S_y(\zeta_3) = -\int\limits_0^{\zeta_3}\frac{a}{4}\,\delta\,\mathrm{d}\zeta_3 = -\delta\,\zeta_3\,\frac{a}{4}$$

erhalten wir den nebenstehenden Schubspannungsverlauf aus (6.25).

<u>Profilform 2</u>:

Auch im Fall des halbierten T-Profils liegt der Schubmittelpunkt auf der Wirkungslinie der angreifenden Querkraft, so dass ebenfalls keine Torsion auftritt.
Nach Ermittlung des Schwerpunktes und der Hauptachsen (siehe Aufgabe 6.8) erhalten wir die Haupt-Trägheitsmomente

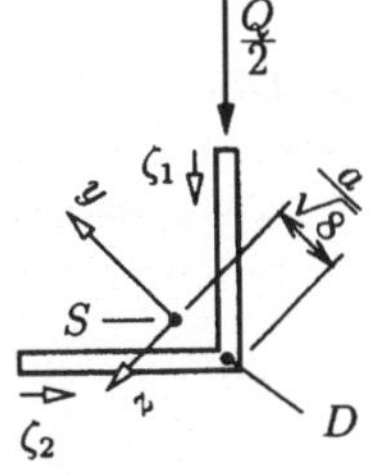

$$J_{yy} = \frac{a^3\delta}{3} \quad \text{und} \quad J_{zz} = \frac{a^3\delta}{12}$$

und die statischen Momente der Restflächen

$$S_y(\zeta_1) = -S_y(\zeta_2) = -\int\limits_0^{\zeta_i} z\delta(\zeta_i)\,\mathrm{d}\zeta_i = -\delta\int\limits_0^{\zeta_i}\left(-\frac{a}{\sqrt{2}} + \frac{\zeta_i}{\sqrt{2}}\right)\mathrm{d}\zeta_i = \frac{\delta\zeta}{2\sqrt{2}}\,(2a - \zeta)$$

$$S_z(\zeta_1) = \;\; S_z(\zeta_2) = -\int\limits_0^{\zeta_i} y\delta(\zeta_i)\,\mathrm{d}\zeta_i = -\delta\int\limits_0^{\zeta_i}\left(\frac{a}{2\sqrt{2}} - \frac{\zeta_i}{\sqrt{2}}\right)\mathrm{d}\zeta_i = \frac{\delta\zeta}{2\sqrt{2}}\,(a - \zeta).$$

Die Querkraft Q wird in Richtung der beiden Hauptachsen zerlegt

$$Q_y = -Q_z = -\frac{Q}{2\sqrt{2}}$$

und damit erhalten wir aus (6.25)

$$\tau(\zeta_i) = \tau_{Q_z}(\zeta_i) + \tau_{Q_y}(\zeta_i) = \frac{Q_z S_y(\zeta_i)}{J_{yy}\delta(\zeta_i)} + \frac{Q_y S_z(\zeta_i)}{J_{zz}\delta(\zeta_i)}$$

mit

$$\tau(\zeta_1) = \frac{3Q}{4\delta a^3}\left(3a\zeta_1 - \frac{5}{2}\zeta_1^2\right) \quad \text{und} \quad \tau(\zeta_2) = \frac{3Q}{4\delta a^3}\left(a\zeta_2 - \frac{3}{2}\zeta_2^2\right).$$

Das Extremum für $\tau(\zeta_1)$ finden wir aus

$$\frac{\partial \tau(\zeta_1)}{\partial \zeta_1} = \frac{3Q}{4\delta a^3}(3a - 5\zeta_1) = 0 \quad \rightarrow \quad \zeta_1 = 0{,}6\,a \quad \text{mit} \quad \tau_{1\text{max}} = \frac{27}{40}\frac{Q}{\delta a},$$

für $\tau(\zeta_2)$ erhalten wir ein absolutes Maximum am Rande des Definitionsbereiches bei $\zeta_2 = a$, ein lokales liegt zusätzlich bei $\zeta_2 = \frac{a}{3}$.

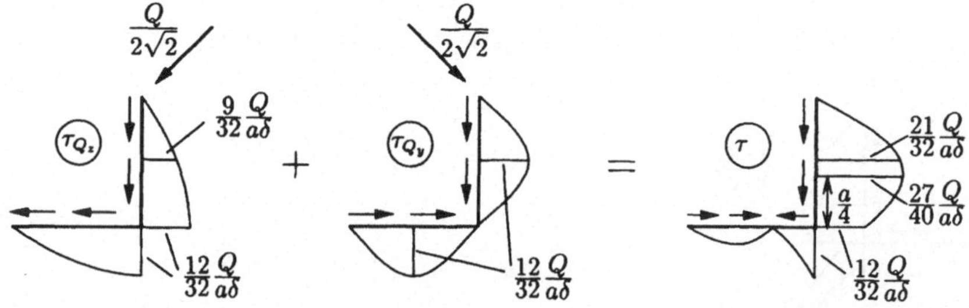

Wir können festhalten, dass Größe und Lage des Maximums der Schubspannungsverteilung bei beiden Profilen identisch sind. Abgesehen davon unterscheiden sich die Schubspannungsverläufe jedoch grundlegend.

Aufgabe 6.10:

Für das geschlossene dünnwandige Rechteckprofil ist der Verlauf der Schubspannungen unter der Belastung Q zu bestimmen.

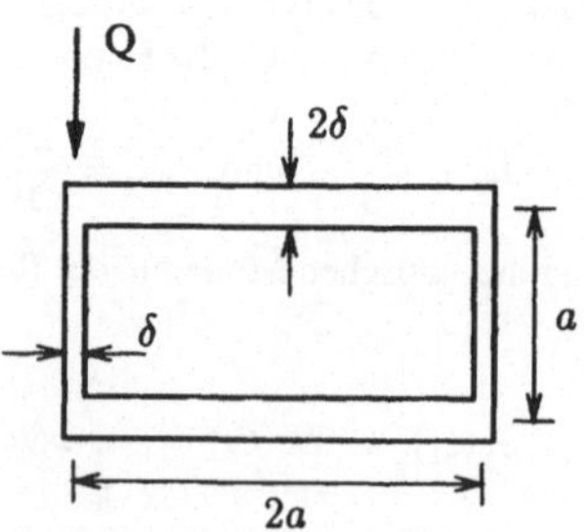

Lösung: Der Schubmittelpunkt des doppelt-symmetrischen Profils liegt im Schnittpunkt der Symmetrieachsen. Da die Querkraft exzentrisch angreift, setzt sich die Schubspannungsverteilung aus einem Anteil aus Querkraft und einem Anteil aus Torsion zusammen.

a) Schubspannung aus Querkraft

Wegen der Symmetrie des Querschnitts zur z-Achse müssen die Schubspannungen auf dieser Achse verschwinden. Aus diesem Grund reicht es aus, wenn wir lediglich die linke Hälfte als einen dünnwandigen offenen Querschnitte behandeln. Mit dem Flächen-Trägheitsmoment

$$J_{yy} = 2 \cdot 4a\delta\left(\frac{a}{2}\right)^2 + 2\frac{\delta a^3}{12} = \frac{13}{6}\delta a^3$$

erhalten wir

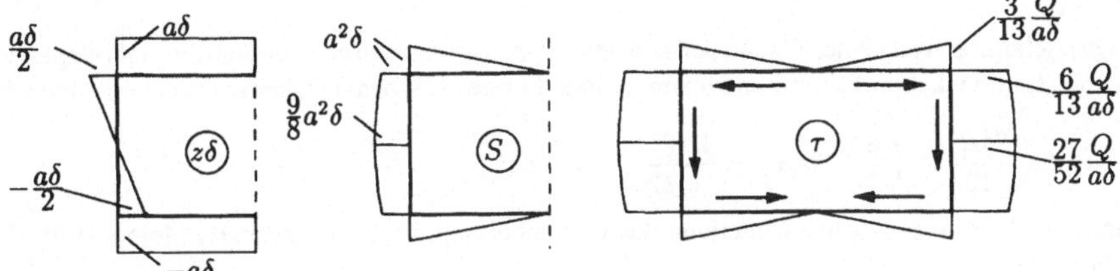

b) Schubspannungen aus Torsion

Den Anteil der Schubspannung aus Torsion bestimmen wir für den einzelligen geschlossenen Querschnitt nach (6.18) (erste Bredtsche Formel) zu

$$|\tau|_{max} = \frac{|M_T|}{W_T}$$

Mit dem Widerstandsmoment

$$W_T = 2A_m\delta_{min} = 2 \cdot 2a^2 \cdot \delta = 4a^2\delta$$

und dem Torsionsmoment $M_T = Q\,a$ erhalten wir

$$|\tau|_{max} = \frac{|M_T|}{W_T} = \frac{Qa}{4a^2\delta} = \frac{1}{4}\frac{Q}{a\delta}$$

in den vertikalen Stegen. Über das Dickenverhältnis berechnen wir die Spannung in den beiden Gurten

$$\tau = \frac{\delta}{2\delta}\,\tau_{max} = \frac{1}{8}\frac{Q}{a\delta}\,.$$

c) Addition

Den Schubspannungsverlauf erhalten wir durch Addition der beiden Anteile zu

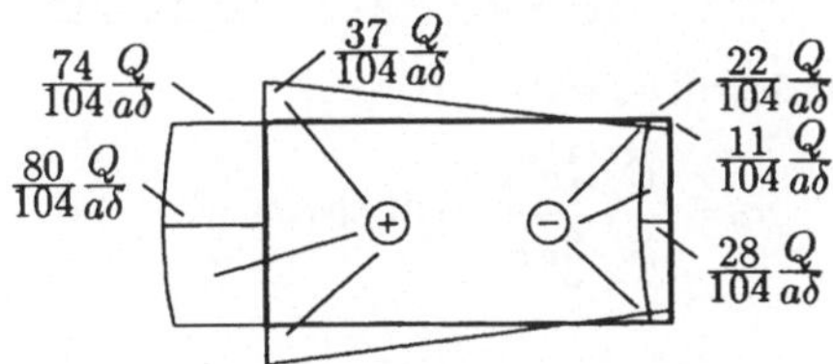

Aufgabe 6.11:

Das dargestellte dünnwandige Profil wird durch eine Querkraft Q und ein Torsionsmoment M_T beansprucht. Bestimmen Sie

a) die Verteilung der Schubspannungen aus Querkraft längs der Profilkontur und

b) die Verteilung der Schubspannungen aus Querkraft und Torsion über die Wanddicke an der Stelle b-b.

Gegeben: $a = 20\,\text{cm}$, $\delta = 1{,}5\,\text{cm}$,

$\qquad\qquad Q = 400\,\text{kN}$, $M_T = 1{,}8\,\text{kNm}$

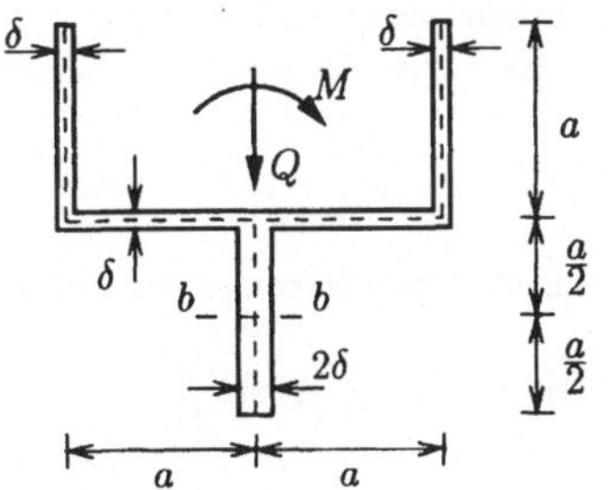

Lösung:

a) Für die Schubspannung aus Querkraft gilt (4.6)

$$\tau_Q = \tau_Q(\zeta) = \frac{Q\,S(\zeta)}{\delta(\zeta)\,J}\ .$$

Der Querschnitt ist von seiner Fläche her gesehen doppelt symmetrisch. Der Schwerpunkt liegt deshalb im Schnittpunkt von Flansch und unterem Steg. Für das Flächen-Trägheitsmoment erhalten wir

$$J = 2\left\{\frac{2\delta\,a^3}{12} + \left(\frac{a}{2}\right)^2 2\delta\,a\right\} = \frac{2\delta\,(2a)^3}{12} = \frac{4}{3}\delta a^3\ .$$

Entsprechend der angegebenen Einteilung des Querschnitts gilt für die statischen Momente für die drei Bereiche

$$S(\zeta_1) = \delta\zeta_1\left(a - \frac{\zeta_1}{2}\right),\qquad S(\zeta_2) = \frac{1}{2}\,a^2\delta,\qquad S(\zeta_3) = a^2\delta - \delta\zeta^2\ .$$

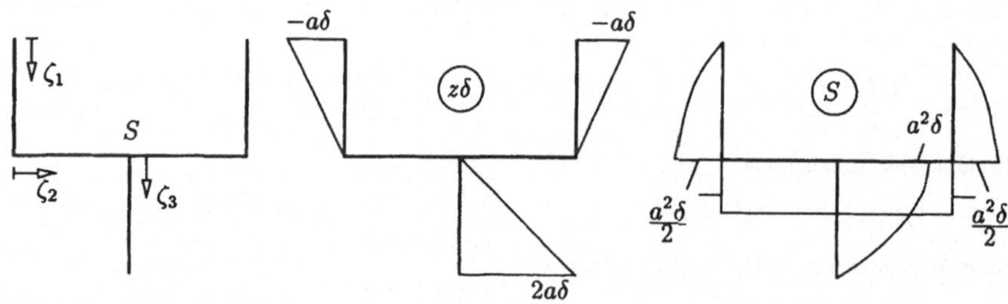

Damit erhalten wir den nebenstehenden Verlauf der Schubspannungen aus Querkraft mit den Maximalwerten

$$\tau_{\max} = \frac{Q\cdot\frac{3}{4}a^2\,\delta}{2\delta\cdot\delta\,a^3} = \frac{3Q}{8\,a\,\delta} = \frac{3\cdot 4\cdot 10^5}{8\cdot 200\cdot 15} = 50{,}0\ \text{N/mm}^2\ .$$

Im Schnitt $b\text{-}b$ wirkt

$$\tau_Q = \frac{Q\cdot\frac{3}{4}a^2\,\delta}{2\delta\cdot\frac{4}{3}\delta\,a^3} = 37{,}50\ \text{N/mm}^2\ .$$

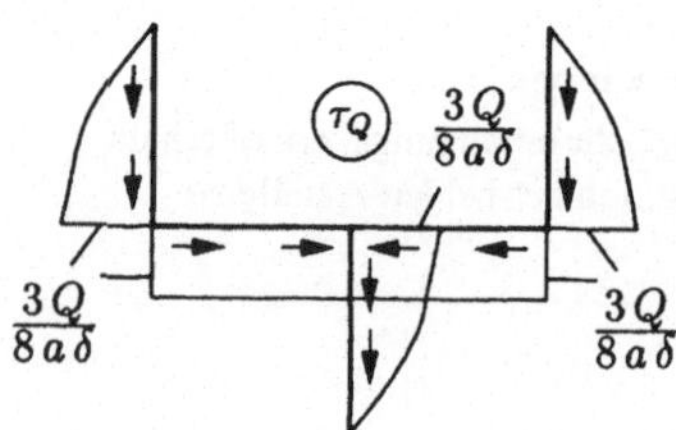

b) Schubspannung aus Torsion

Zur Bestimmung des Anteils der Schubspannung aus Torsion τ_{M_T} verwenden wir

$$|\tau|^T_{\max} = \frac{|M_T|}{W_{T(b\text{-}b)}}$$

Für das Widerstandsmoment an der Stelle $b\text{-}b$ gilt

$$W_{T(b\text{-}b)} = \frac{J_T}{\delta(b\text{-}b)} = \frac{J_T}{2\delta}\ .$$

Mit

$$J_T = \beta \sum_i \frac{1}{3} h_i \delta_i^3 = \frac{1}{3}\left(2a\delta^3 + 2a\delta^3 + a(2\delta)^2\right) = 4a\delta^3$$

erhalten wir schließlich

$$|\tau|^T_{max} = \frac{M_T}{2\,a\,\delta^2} = \frac{1{,}8 \cdot 10^6}{2 \cdot 200 \cdot 15^2} = 20\ \text{N/mm}^2\,.$$

Die Schubspannung im Schnitt b-b setzt sich aus der Schubspannung aus Querkraft und der Schubspannung aus Torsion zusammen

$$\tau(\eta) = 37{,}50 + 20 \cdot \frac{\eta}{\delta}\ [\,\text{N/mm}^2]$$

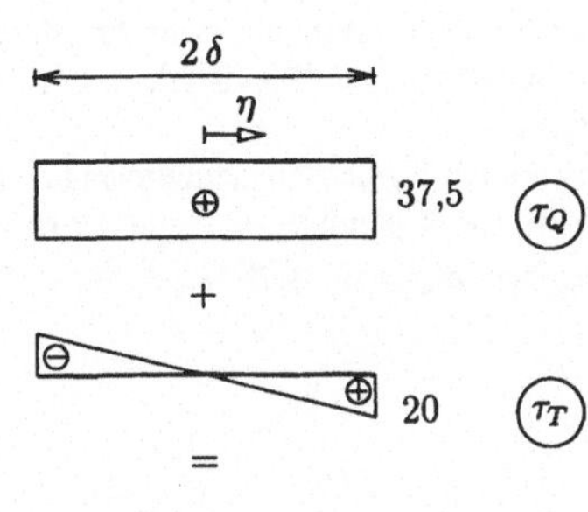

6.5 Aufgaben

Aufgabe 6.12:

Bei der Herstellung einer dünnwandigen Hohlwelle verrutschte die Bohrung um ε aus der Mitte heraus, so dass für die tatsächliche Wandstärke gilt: $\delta(\varphi) \approx R_a - R_i + \varepsilon \cos \varphi$.

Bestimmen Sie den Zusammenhang zwischen der maximalen Schubspannung τ_{max} und der Drillung ϑ.

Gegeben: $d_m = R_a + R_i$, $\delta_m = R_a - R_i$, G, ε

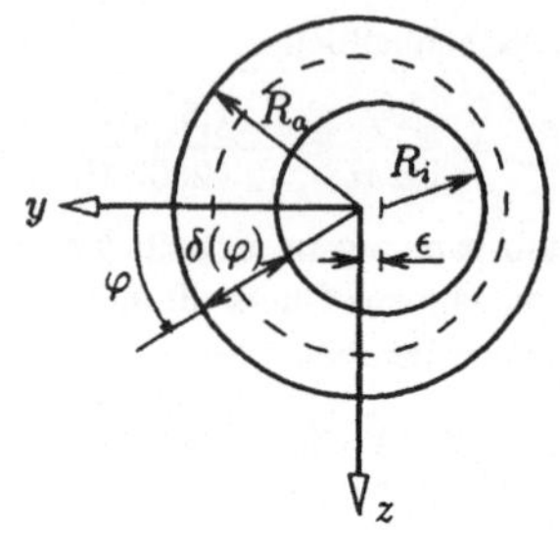

Aufgabe 6.13:

Für den angegebenen Querschnitt sind das Torsions-Trägheitsmoment und das Torsions-Widerstandsmoment anzugeben.

(Maße in cm)

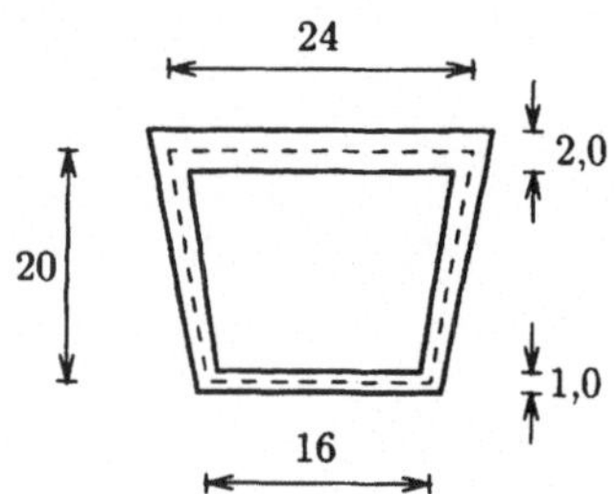

Aufgabe 6.14:

Wie groß wird – bei gleicher Beanspruchung – die relative Volumenersparnis, wenn man anstelle des geschlitzten Profils I (mit der Wandstärke δ_I = konst.) das geschlossene Profil II (mit der Wandstärke δ_{II} = konst.) wählt?

Gegeben: M_T, τ_{zul}, a, b

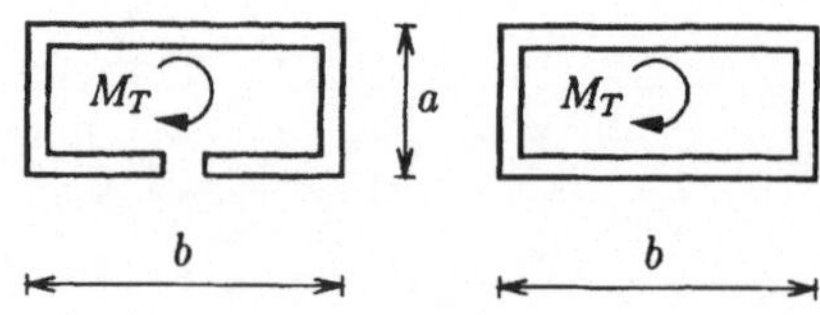

Aufgabe 6.15:

Gegeben ist die nebenstehende Anordnung bestehend aus einem Torsionsstab, welcher über eine starre Scheibe mit dem Torsionszylinder aus gleichem Material verbunden ist. Bestimmen Sie d_2 so, dass Stab und Zylinder gleichermaßen beansprucht werden.

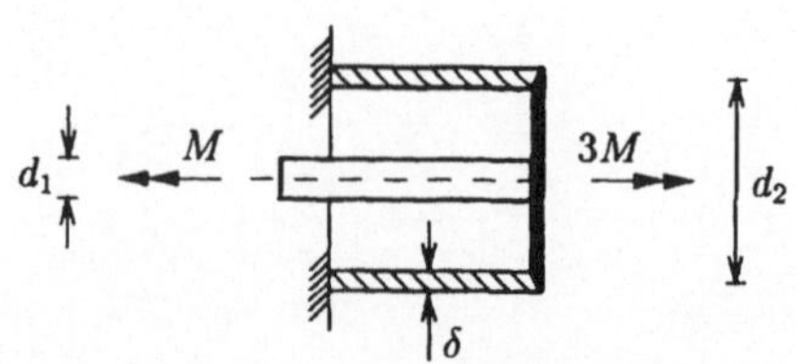

Aufgabe 6.16:

Ein Balken mit dünnwandigem geschlossenen Dreiecksprofil wird durch das Moment M_T tordiert.
Bestimmen Sie die gegenseitige Verdrehung der Bal-
kenenden. Wo tritt die größte Schubspannung auf und
wie groß ist diese?

Gegeben: M_T, ℓ, a, δ, G

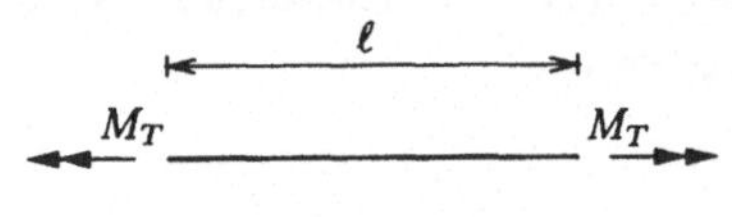

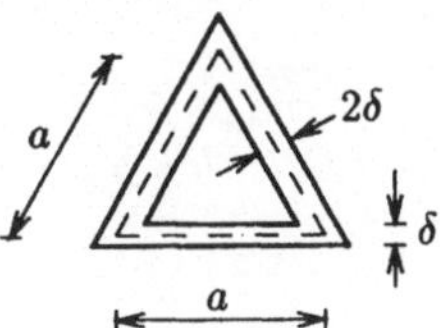

Aufgabe 6.17:

Für das nebenstehende Profil sind der Schubspannungsverlauf und die Lage des Schubmittelpunktes zu bestimmen.

Gegeben: $\delta = 10$ mm, $a = 100$ mm, $Q = 10$ kN

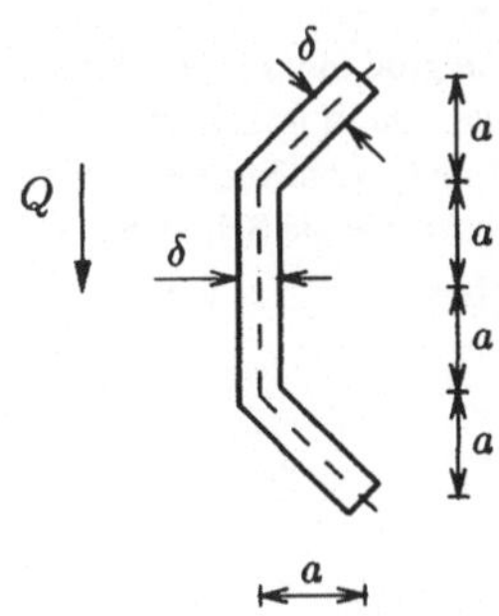

Aufgabe 6.18:

Die Lage des Schubmittelpunktes ist zu bestimmen.
(Maße in cm)

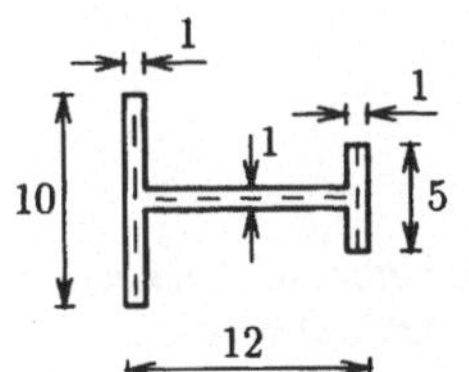

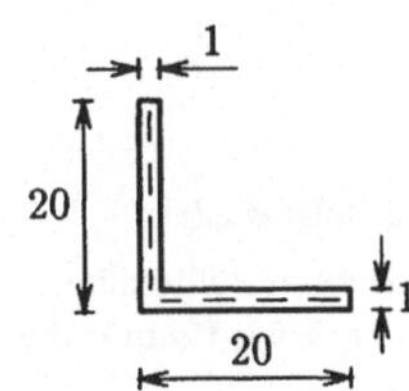

Aufgabe 6.19:

Für die nebenstehenden Querschnitte gebe man
den Schubspannungsverlauf und die Lage des
Schubmittelpunktes an

Gegeben: $\delta = 1$ cm, $r = 10$ cm, $Q = 10$ kN

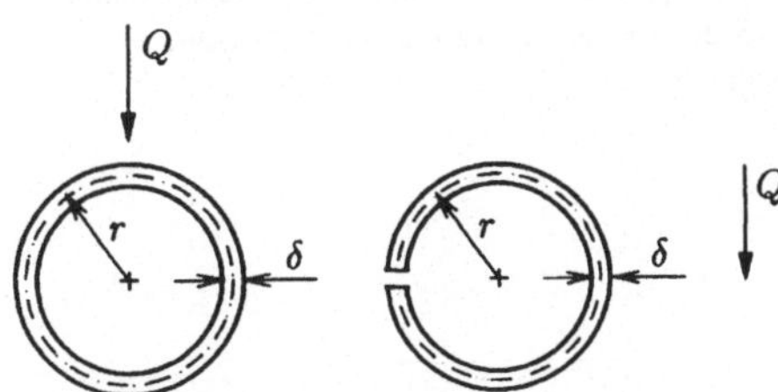

Aufgabe 6.20:

Die Lage des Schubmittelpunktes ist zu bestimmen.

Gegeben: a, δ

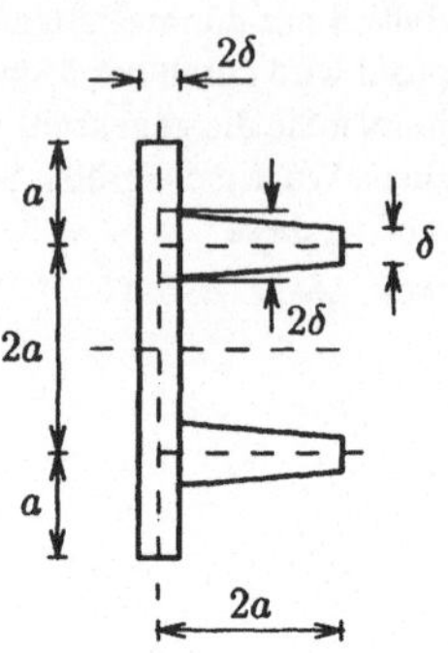

Aufgabe 6.21:

a) Wie groß muss b gewählt werden, wenn der dargestellte Querschnitt mit konstanter Wanddicke δ unter der Belastung Q nicht verdreht werden soll?

b) Geben Sie die Schubspannungsverteilung an.

Gegeben: $Q, a, \delta = $ konst.

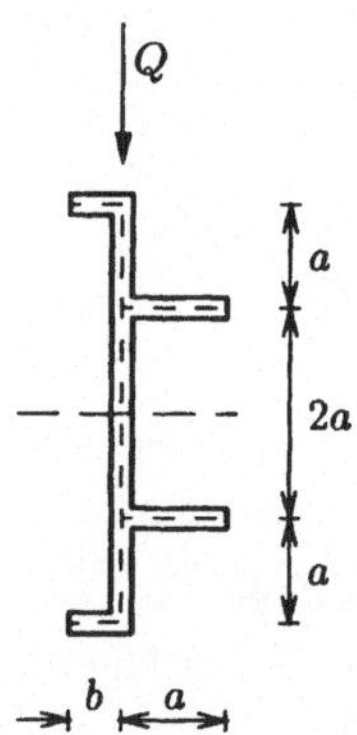

Aufgabe 6.22:

Das dargestellte dünnwandige Profil mit konstanter Wanddicke δ wird durch die Querkraft Q belastet. Bestimmen Sie

a) das Flächenträgheitsmoment bezüglich der y-Achse und

b) die Lage des Schubmittelpunktes.

c) Geben Sie ferner die Verteilung der Schubspannungen aus Querkraft und Torsion über die Wanddicke für die Stelle der größten Beanspruchung an.

Gegeben: Q, r, δ

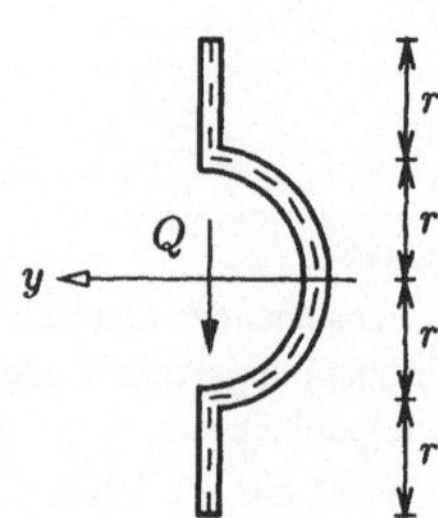

Aufgabe 6.23:

Für den dargestellten Kragträger mit dünnwandigem Profil
ermittle man

a) den Verlauf der Schubspannungen aus Querkraft längs
   der Profilkontur,
b) die maximale Schubspannung aus Torsion und
c) die Verdrillung des Stabes.

Gegeben: $a = 10$ cm, $\delta = 1$ cm,

$\qquad F = 10$ kN, $G = 6 \cdot 10^3$ kN/cm^2

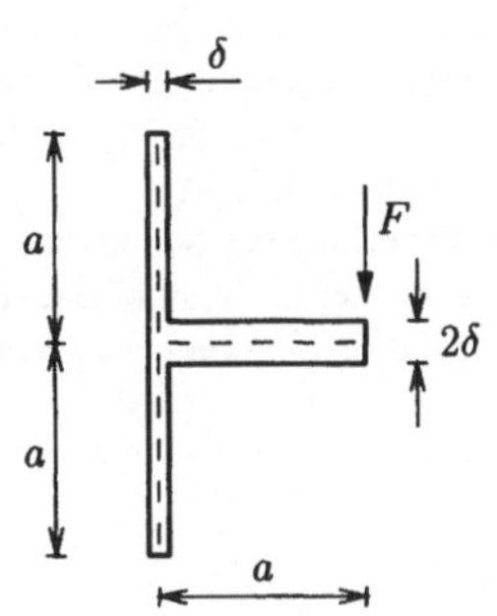

Aufgabe 6.24:

Der Stab mit dem dargestellten dünnwandigen Profil wird
in der angegebenen Weise beansprucht. Für die Einspannstelle ermittle man

a) den Verlauf der Schubspannungen aus Querkraft längs
   der Profilkontur und
b) die Verteilung der Schubspannungen aus Querkraft und
   Torsion über die Wanddicke an der Stelle der stärksten
   Schubbeanspruchung.
c) Wie groß wird die Verdrehung des Endquerschnitts.

Gegeben: $\ell = 1$ m, $H = 100$ mm, $\delta = 10$ mm,

$\qquad q_0 = 6$ kN/m, $G = 8 \cdot 10^4$ N/mm^2

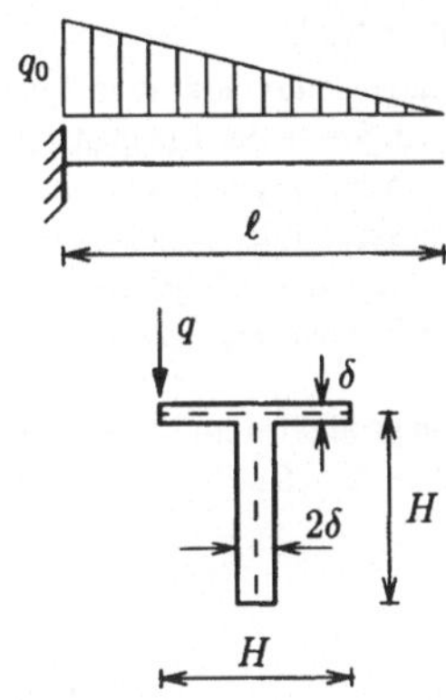

Aufgabe 6.25:

Für das dargestellte in der angegebenen Weise durch
eine Querkraft und ein Torsionsmoment beanspruchte
dünnwandige Profil ermittle man

a) die Verteilung der Schubspannungen aus Querkraft
   längs der Profilkontur,
b) die maximale Schubspannungen aus Torsion und
c) die Verdrillung des Stabes.

Gegeben: $Q = 100$ kN, $a = 70$ mm, $\delta = 10$ mm,

$\qquad M_T = 10$ kNm, $G = 8 \cdot 10^4$ N/mm^2

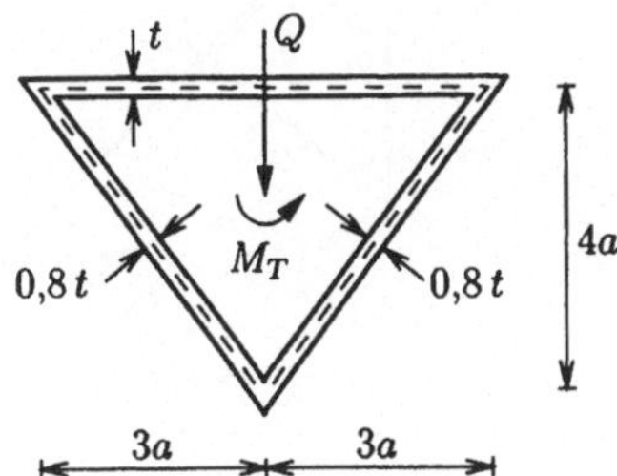

Aufgabe 6.26:

Das dargestellte dünnwandige Profil wird in der angegebenen Weise beansprucht. Bestimmen Sie

a) den Verlauf der Schubspannungen aus Querkraft längs
   der Profilkontur und

b) die Verteilung der Schubspannungen aus Querkraft und
   Torsion über die Wanddicke an der Stelle b-b.

Gegeben: $a = 200$ mm, $\delta = 15$ mm, $Q = 350$ kN

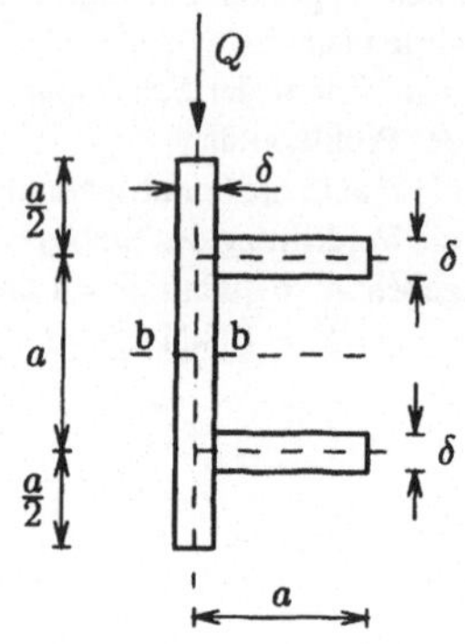

Aufgabe 6.27:

Das dargestellte räumliche System mit dünnwandigem Profil ist durch eine Einzelkraft belastet. Bestimmen Sie an der Einspannstelle

a) die Verteilung der Normalspannungen,

b) den Verlauf der Schubspannungen aus Querkraft,

c) die Lage des Schubmittelpunktes und

d) den Verlauf der Schubspannungen aus Querkraft und Torsion über die Wanddicke an der Stelle
   I-I.

e) Wie groß wird im Punkt A die Vergleichsspannung nach der Gestaltänderungsarbeit-Hypothese?

Gegeben: $\ell = 5\,a$

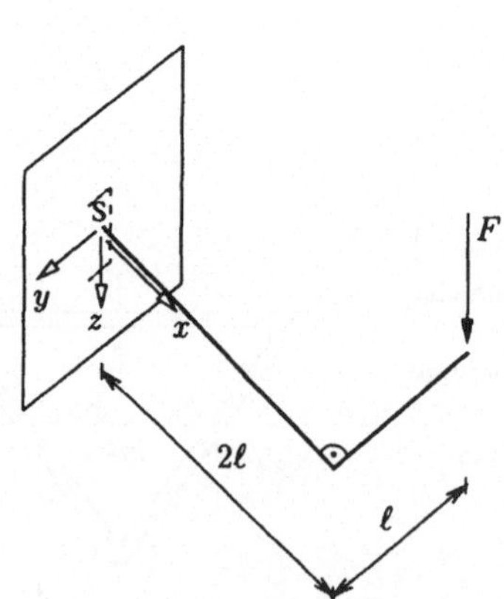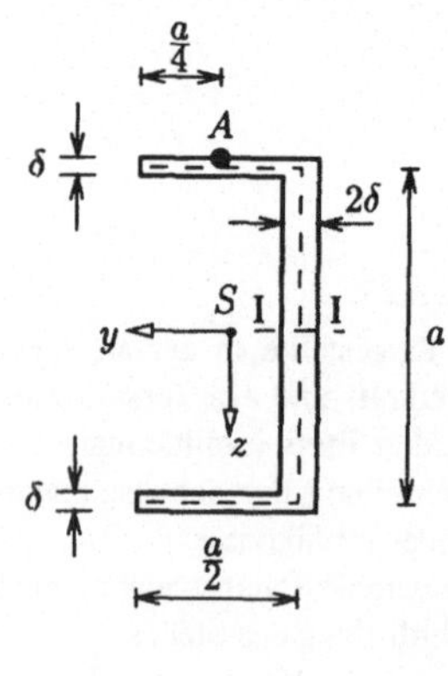

7   Energiemethoden

7.1 Allgemeines

Unter dem Einfluss äußerer Lasten treten Verformungen eines Systems auf. Die dabei geleistete Arbeit wird im Inneren des Körpers in Formänderungsarbeit gewandelt (Band II, Satz 7.1).

Für gerade Stäbe erhalten wir unter der Annahme der Bernoulli-Hypothese

$$W = \frac{1}{2} \int_L \left\{ EAu'^2 + EJ_{yy}w_y''^2 + EJ_{zz}w_z''^2 + GJ_T\varphi'^2 \right\} \, \mathrm{d}x \tag{7.1}$$

bzw. für die komplementäre Energie (siehe Band II, Abschnitt 7.3)

$$W^* = \frac{1}{2} \int_L \left\{ \frac{N^2}{EA} + \frac{M_y^2}{EJ_{yy}} + \frac{M_z^2}{EJ_{zz}} + \frac{M_T^2}{GJ_T} + \kappa_z \frac{Q_z^2}{GA} + \kappa_y \frac{Q_y^2}{GA} \right\} \, \mathrm{d}x \,. \tag{7.2}$$

Dabei sind κ_z und κ_y Formbeiwerte zur Erfassung der Schubverformungen. Bei linear elastischen Problemen ist i.a. $W = W^*$. Als Folge der – stark vereinfachenden – Bernoulli-Hypothese ist hier jedoch $W \neq W^*$.

Für ebene Probleme erhalten wir aus (7.1) bzw. (7.2)

$$W = \frac{1}{2} \int_L \left\{ EAu'^2 + EJ_{yy}w''^2 \right\} \, \mathrm{d}x \tag{7.3}$$

und

$$W^* = \frac{1}{2} \int_L \left\{ \frac{N^2}{EA} + \frac{M_y^2}{EJ_{yy}} + \kappa_z \frac{Q_z^2}{GA} \right\} \, \mathrm{d}x \tag{7.4}$$

bzw.

$$W = W^* = \frac{1}{2} \int_L \left\{ \frac{N^2}{EA} + \frac{M^2}{EJ} \right\} \, \mathrm{d}x \,, \tag{7.5}$$

wenn wir zur Vereinfachung $M_y = M$ und $J_{yy} = J$ setzen und zusätzlich den Einfluss der Schubverformungen vernachlässigen. Da nur in diesem Fall auch wieder $W = W^*$ wird, wollen wir dies in aller Regel annehmen.

Aufbauend auf den Sätzen von Betti und Maxwell (Band II, Sätze 7.3 bzw. 7.4) lassen sich damit nun Verfahren zur Bestimmung von Verschiebungen f_i

$$f_i = \frac{\partial W(F_i)}{\partial F_i} \tag{7.6}$$

der Angriffspunkte von Kräften F_i in Richtung dieser Kräfte – und umgekehrt zur Bestimmung der Kräfte F_i

$$F_i = \frac{\partial W(f_i)}{\partial f_i} \tag{7.7}$$

bei vorgegebenen Verschiebungen angeben (Sätze von Castigliano, siehe Band II, Sätze 7.6 bzw. 7.7).

Für die praktische Rechnung wollen wir vorzugsweise auf das alternative Prinzip der virtuellen Arbeiten und das daraus abgeleitete Kraftgrößen-Verfahren eingehen (siehe Band II, Abschnitt 7.4).

Es seien

$N, M, \ldots$ die zu der wirklichen Belastung durch beliebige Kräfte F_i gehörenden Schnittgrößen,

$\bar{N}, \bar{M}, \ldots$ die zu der virtuellen Belastung durch eine Kraft "1" gehörenden Schnittgrößen.

Dann ist

$$\text{"1"} f_k = \int\limits_L \left\{ \frac{N\bar{N}}{EA} + \frac{M\bar{M}}{EJ} \right\} \mathrm{d}x + \sum_m \frac{C\bar{C}}{c} \tag{7.8}$$

die virtuelle Verschiebungsarbeit, die die Kraft "1" infolge Belastung durch die Kräfte F_i leistet. Mit (7.8) lässt sich direkt die Verschiebung f_k – am Angriffspunkt der Kraft "1" in Richtung dieser Kraft – angeben. Dabei sind die C bzw. $\bar{C}$ die jeweiligen Kräfte – oder Momente – in m diskret vorhandenen Federn und c die zugehörigen Federsteifigkeiten.

Die Beziehung (7.8) können wir auch benutzen, um mit Hilfe des Kraftgrößen-Verfahrens statisch unbestimmte Systeme zu berechnen. Dazu wählen wir die folgende Vorgehensweise:

1. Wahl eines statisch bestimmten Hauptsystems (HS) und – damit in Verbindung stehend – der n statisch Unbestimmten X_i $(i = 1 \ldots n)$.
2. Berechnung des Lastspannungszustandes (LS) – Zustand am HS infolge der gegebenen äußeren Lasten.
3. Berechnung der n Eigenspannungszustände (ES$_i$) – Zustände am HS infolge der einzelnen X_i.

Bei ebenen Problemen bilden wir dementsprechend

$$f_{i0} = \int\limits_L \frac{N_i N_0}{EA} \, \mathrm{d}x + \int\limits_L \frac{M_i M_0}{EJ} \, \mathrm{d}x + \sum_m \frac{C_i C_0}{c} \tag{7.9}$$

$$\delta_{ik} = \int\limits_L \frac{N_i N_k}{EA} \, \mathrm{d}x + \int\limits_L \frac{M_i M_k}{EJ} \, \mathrm{d}x + \sum_m \frac{C_i C_k}{c} \tag{7.10}$$

und damit

$$f_i = f_{i0} + \sum_k \delta_{ik} X_k , \tag{7.11}$$

mit den Bezeichnungen

$N_0, M_0, \ldots$ – Zustandsgrößen des Lastspannungszustandes (LS),

$N_i, M_i, \ldots$ – Zustandsgrößen aus der (virtuellen) Belastung $X_i = 1$,

$N_k, M_k, \ldots$ – Zustandsgrößen aus der Belastung $X_k = 1$.

Die Zahlenwerte der einzelnen Integrale lassen sich leicht mit Hilfe der Tabelle 7.1 angeben. In aller Regel werden wir dabei die Anteile aus der Normalkraftverformung in den Bereichen vernachlässigen, in denen gleichzeitig auch Biegeverformungen auftreten.

An den Stellen i müssen nun die f_i verschwinden und wir erhalten so

$$0 = f_{i0} + \sum_k \delta_{ik} X_k \quad (i,k = 1 \ldots n) \tag{7.12}$$

ein lineares Gleichungssystem zur Bestimmung der unbekannten statisch Unbestimmten X_k.

Für die Schnittgrößen, z.B. für M, gilt schließlich

$$M = M_0 + \sum_k M_k X_k . \tag{7.13}$$

	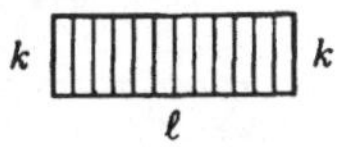 k rectangle k, ℓ	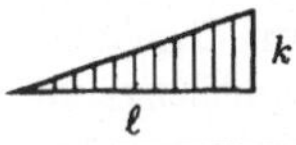 triangle k, ℓ	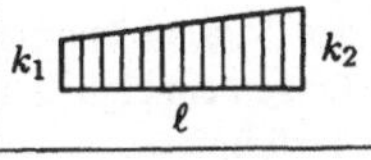 k_1 trapezoid k_2, ℓ
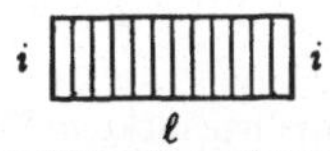 i rectangle i, ℓ	$\ell i k$	$\dfrac{1}{2}\ell i k$	$\dfrac{1}{2}\ell i(k_1+k_2)$
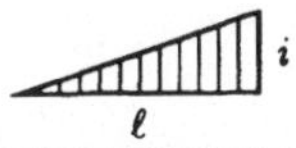 triangle i, ℓ	$\dfrac{1}{2}\ell i k$	$\dfrac{1}{3}\ell i k$	$\dfrac{1}{6}\ell i(k_1+2k_2)$
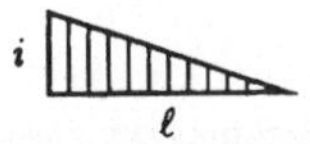 i triangle ℓ	$\dfrac{1}{2}\ell i k$	$\dfrac{1}{6}\ell i k$	$\dfrac{1}{6}\ell i(2k_1+k_2)$
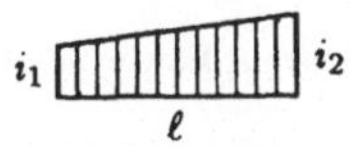 i_1 trapezoid i_2, ℓ	$\dfrac{1}{2}\ell(i_1+i_2)k$	$\dfrac{1}{6}\ell(i_1+2i_2)k$	$\dfrac{1}{6}\ell(2i_1k_1+i_1k_2+i_2k_1+2i_2k_2)$
quadr. Parabel 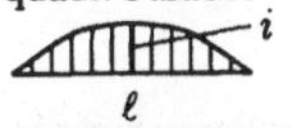 i, ℓ	$\dfrac{2}{3}\ell i k$	$\dfrac{1}{3}\ell i k$	$\dfrac{1}{3}\ell i(k_1+k_2)$
quadr. Parabel 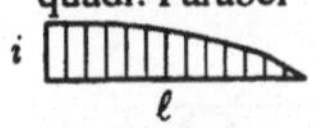 i, ℓ	$\dfrac{2}{3}\ell i k$	$\dfrac{1}{4}\ell i k$	$\dfrac{1}{12}\ell i(5k_1+3k_2)$
quadr. Parabel 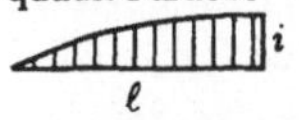 i, ℓ	$\dfrac{2}{3}\ell i k$	$\dfrac{5}{12}\ell i k$	$\dfrac{1}{12}\ell i(3k_1+5k_2)$
quadr. Parabel 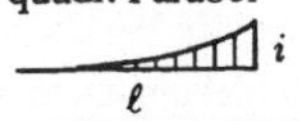 i, ℓ	$\dfrac{1}{3}\ell i k$	$\dfrac{1}{4}\ell i k$	$\dfrac{1}{12}\ell i(k_1+3k_2)$
quadr. Parabel 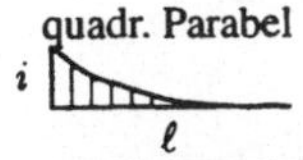 i, ℓ	$\dfrac{1}{3}\ell i k$	$\dfrac{1}{12}\ell i k$	$\dfrac{1}{12}\ell i(3k_1+k_2)$
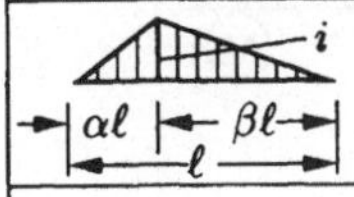 i, $\alpha\ell$, $\beta\ell$, ℓ	$\dfrac{1}{2}\ell i k$	$\dfrac{1}{6}\ell(1+\alpha)ik$	$\dfrac{1}{6}\ell i\{(1+\beta)k_1+(1+\alpha)k_2\}$
$\displaystyle\int_0^\ell [M_k(x)]^2 dx$	ℓk^2	$\dfrac{1}{3}\ell k^2$	$\dfrac{1}{3}\ell(k_1^2+k_1k_2+k_2^2)$

Tabelle 7.1: Überlagerungstabelle der Integrale $\int M_i M_k \, \mathrm{d}x$

7.2 Beispiele

Aufgabe 7.1:

Für den dargestellten Träger mit Kragarm sind mit Hilfe der Verschiebungsarbeit Durchsenkung und Tangentenneigung (Verdrehung) im Punkt E zu bestimmen.

Gegeben: $q,a,b,EJ =$ konst.

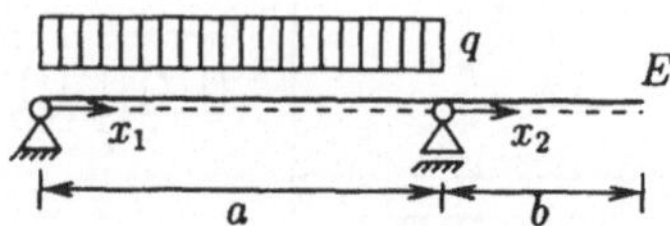

Lösung: Die gesuchten Verschiebungen können wir bei einem ebenen System ohne diskrete Federn nach (7.8) bestimmen

$$\text{``1''} f_k = \int_L \left\{ \frac{N\bar{N}}{EA} + \frac{M\bar{M}}{EJ} \right\} \, \mathrm{d}x \,.$$

Dabei sind N und M die Schnittgrößen unter der wirklichen Belastung q, $\bar{N}$ und $\bar{M}$ sind die Schnittgrößen infolge einer virtuellen Einzellast (Einzelmoment) "1" am Ort und in Richtung der gesuchten Verschiebung (Verdrehung).

Da keine Normalkräfte auftreten, verschwindet auch der erste Term des Integrals. Es verbleibt

$$f_k = \int_L \frac{M\bar{M}}{EJ} \, \mathrm{d}x = \int_0^a \frac{M_1\bar{M}_1}{EJ} \, \mathrm{d}x_1 + \int_0^b \frac{M_2\bar{M}_2}{EJ} \, \mathrm{d}x_2 \,.$$

Für beide Verformungen, d.h. zur Berechnung der Durchsenkung wie auch der Verdrehung benötigen wir die Momentenlinien für die aufgebrachte (wirkliche) Belastung

$$M(x_1) = M_1 = \frac{qa}{2}\, x_1 - \frac{q}{2}\, x_1^2$$
$$M(x_2) = M_2 = 0 \,.$$

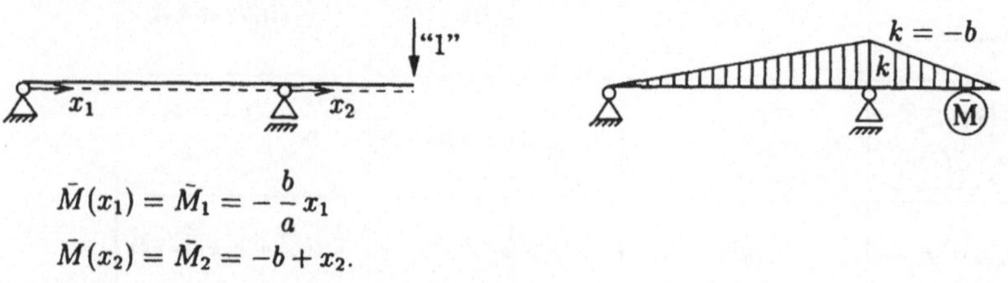

1. Ermittlung der Durchsenkung:

Wir setzen im Punkt E eine virtuelle Last "1" in Richtung der gesuchten Verschiebung an und ermitteln zunächst die Momentenlinie für diese fiktive Last

$$\bar{M}(x_1) = \bar{M}_1 = -\frac{b}{a}\, x_1$$
$$\bar{M}(x_2) = \bar{M}_2 = -b + x_2 \,.$$

Damit wird aus der virtuellen Verschiebungsarbeit

$$\text{``1''} f = \int_0^a \left(\frac{qa}{2}\, x_1 - \frac{q}{2}\, x_1^2 \right) \left(-\frac{b}{a}\, x_1 \right) \frac{1}{EJ} \, \mathrm{d}x_1 + \int_0^b 0 \cdot (-b + x_2) \frac{1}{EJ} \, \mathrm{d}x_2$$
$$= \frac{1}{EJ} \left(-\frac{qb}{2}\, \frac{1}{3}\, x_1^3 + \frac{qb}{2a}\, \frac{1}{4}\, x_1^4 \right) \Big|_0^a = -\frac{1}{EJ} \left(\frac{qb}{6}\, a^3 + \frac{qb}{8}\, a^3 \right) = -\frac{1}{24}\, \frac{q\, ba^3}{EJ} \,.$$

Das negative Vorzeichen hierin bedeutet, dass die gesuchte Verschiebung nicht in Richtung der auf-
gebrachten Last "1" erfolgt, sondern in entgegengesetzter Richtung, d.h. nach oben.

Bezeichnen wir nun mit $i = \dfrac{qa^2}{8}$ die charakteristische Ordinate der parabolischen M-Linie und mit
$k = -b$ die Ordinate des Dreiecks der $\bar{M}$-Linie, so können wir uns zur Auswertung des Integrals
auch der Überlagerungstabelle (Tabelle 7.1) bedienen. Dazu haben wir den dreieckförmigen Verlauf
der $\bar{M}$-Linie (2. Spalte) mit dem parabolischen Verlauf der M-Linie (5. Zeile) zu "überlagern" und
lesen dafür den Integralwert $\frac{1}{3}\ell ik$ ab. ℓ ist hier a und entspricht der jeweiligen Integrationslänge, i
und k sind die charakteristischen Ordinaten der zu überlagernden Flächen. Wir erhalten also

$$EJf = \int_L M\bar{M}\,\mathrm{d}x = \frac{1}{3}\,\ell ik = \frac{1}{3}\,a\,\frac{qa^2}{8}\,(-b) = -\frac{1}{24}\,qba^3 .$$

In der Tabelle 7.1 sind für häufig vorkommende Momentenverläufe die Formänderungsintegrale
$\int M\bar{M}\,\mathrm{d}x$ bereichsweise vorab ausgewertet. Die Anwendung dieser Tabelle setzt allerdings konstantes EJ voraus. Ferner ist darauf zu achten, dass die jeweils richtigen Vorzeichen für die einzelnen
Ordinaten der M- bzw. der $\bar{M}$-Linien eingehen. Schließlich müssen M und $\bar{M}$ in denselben Koordinatensystemen bestimmt sein.

2. Ermittlung der Tangentenneigung (Verdrehung):
Wie setzen nun in E ein virtuelles Einzelmoment "1" in Richtung der gesuchten Verdrehung an und
erhalten dafür eine zweite $\bar{M}$-Linie.

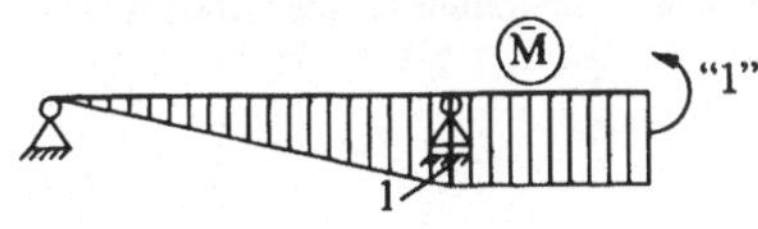

Aus der entsprechenden Überlagerung (2. Spalte und 5. Zeile der Überlagerungstabelle) erhalten
wir

$$EJ\varphi = \int_L M\bar{M}\,\mathrm{d}s = \frac{1}{3}\,\ell ik = \frac{1}{3}\,a\,\frac{qa^2}{8}\,1$$
$$= \frac{qa^3}{24} .$$

Aufgabe 7.2:

Das nebenstehende Stabwerk werde durch F belastet. In welchem Verhältnis müssen die Dehn-
steifigkeiten der Stäbe stehen, damit sich der
Lastangriffspunkt nur vertikal verschiebt? Wie
groß ist in diesem Fall die Lastabsenkung?

Gegeben: F, a, α, EA_1

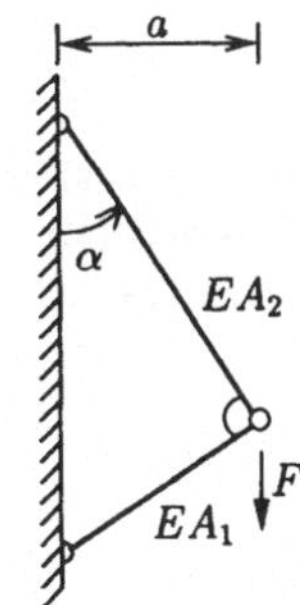

Lösung:

1. Horizontalverschiebung:

Bei einem Stabwerk (Fachwerk) treten nur Normalkräfte auf. In diesem Fall haben wir also die Normalkraftverformungen zu berücksichtigen. Wir setzen eine virtuelle Last "1" in Richtung der gesuchten Verschiebung an und erhalten

$$\delta_h = \int_L \frac{N\bar{N}}{EA}\,\mathrm{d}x = \sum_i \frac{N_i\bar{N}_i}{EA}\,\ell_i .$$

Zur Auswertung bestimmen wir die Stabkräfte unter der wirklichen und der virtuellen Last:

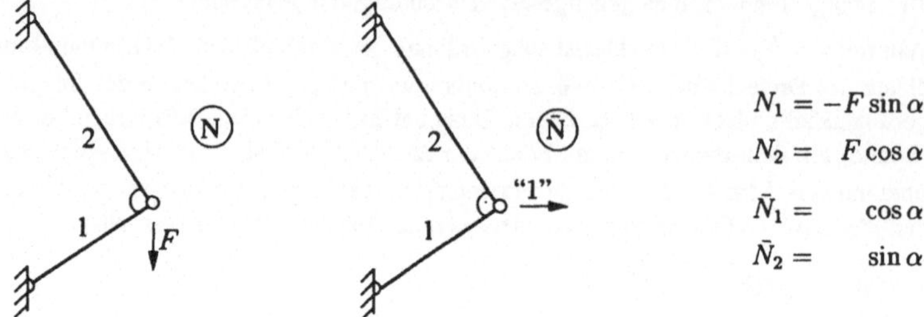

$$N_1 = -F \sin \alpha$$

$$N_2 = F \cos \alpha$$

$$\bar{N}_1 = \cos \alpha$$

$$\bar{N}_2 = \sin \alpha$$

Damit erhalten wir für die Horizontalverschiebung

$$\delta_h = \frac{-F \sin \alpha \cos \alpha}{EA_1} \frac{a}{\cos \alpha} + \frac{F \sin \alpha \cos \alpha}{EA_2} \frac{a}{\sin \alpha} = Fa \left(-\frac{\sin \alpha}{EA_1} + \frac{\cos \alpha}{EA_2} \right) = 0.$$

Da sich der Lastangriffspunkt nur vertikal verschieben soll, muss δ_h verschwinden, d.h. es muss gelten

$$\frac{EA_2}{EA_1} = \frac{\cos \alpha}{\sin \alpha} = \cot \alpha.$$

2. Vertikalverschiebung:

Die Stabkräfte für die virtuelle Vertikallast "1" lassen sich aus den Stabkräften für die wirkliche Belastung durch Division durch F herleiten, d.h.

$$\bar{N}_1 = -\sin \alpha, \quad \bar{N}_2 = \cos \alpha.$$

Damit können wir dann die Vertikalverschiebung berechnen

$$\delta_v = \frac{F \sin^2 \alpha}{EA_1} \frac{a}{\cos \alpha} + \frac{F \cos^2 \alpha}{EA_2} \frac{a}{\sin \alpha} = \frac{Fa}{EA_1} \left(\frac{\sin^2 \alpha}{\cos \alpha} + \cos \alpha \right) = \frac{Fa}{EA_1 \cos \alpha}.$$

Aufgabe 7.3:

Bestimmen Sie die Horizontal- und Vertikalverschiebung des Gelenkpunktes.

Gegeben: $F, \ell, EJ = $ konst.

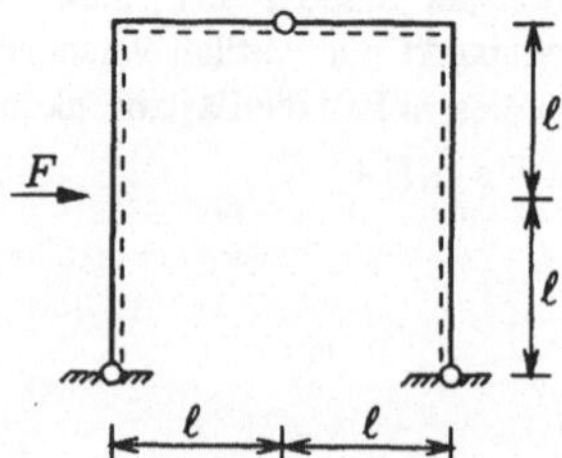

Lösung:

1. Vertikalverschiebung:

Die Normalkraft- und Querkraftverformungen sind in der Regel klein im Vergleich mit den Biegeverformungen. Voraussetzungsgemäß wollen wir sie immer dann vernachlässigen, wenn in einem Bereich auch Biegeverformungen auftreten. Wir ermitteln die Momentenlinien für die gegebene Belastung und die virtuelle Last "1" in Richtung der gesuchten Verschiebung

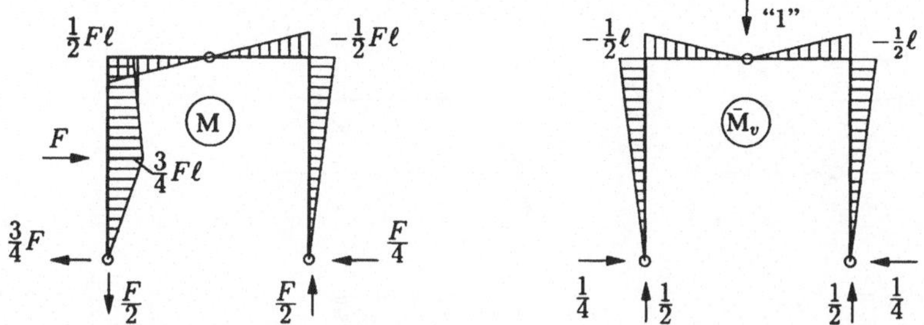

Für die Überlagerung erkennen wir zunächst, dass diese für den horizontalen Bereich des Rahmens verschwinden muss, da hier die M-Linie antimetrisch und die $\bar{M}_v$-Linie symmetrisch ist. Zu überlagern sind dann nur noch 3 Bereiche (zwei im linken und einer im rechten Stiel). Wir erhalten

$$
\begin{aligned}
EJ\delta_v &= \int_L M\,\bar{M}_v\,\mathrm{d}x \\
&= -\frac{1}{3}\ell\,\frac{3}{4}F\ell\,\frac{1}{4}\ell - \frac{1}{6}\ell\left(2\,\frac{3}{4}F\ell\,\frac{1}{4}\ell + \frac{3}{4}F\ell\,\frac{1}{2}\ell + \frac{1}{2}F\ell\,\frac{1}{4}\ell + 2\,\frac{1}{2}F\ell\,\frac{1}{2}\ell\right) \\
&\quad + \frac{1}{3}\,2\ell\,\frac{1}{2}F\ell\,\frac{1}{2}\ell \\
&= F\ell^3\left(-\frac{1}{16} - \frac{1}{12} - \frac{7}{48} + \frac{1}{6}\right) = -\frac{1}{8}F\ell^3 .
\end{aligned}
$$

Der Gelenkpunkt verschiebt sich also nach oben.

2. Horizontalverschiebung:

Entsprechend erhalten wir aus der Überlagerung der M-Linie und der $\bar{M}_h$-Linie

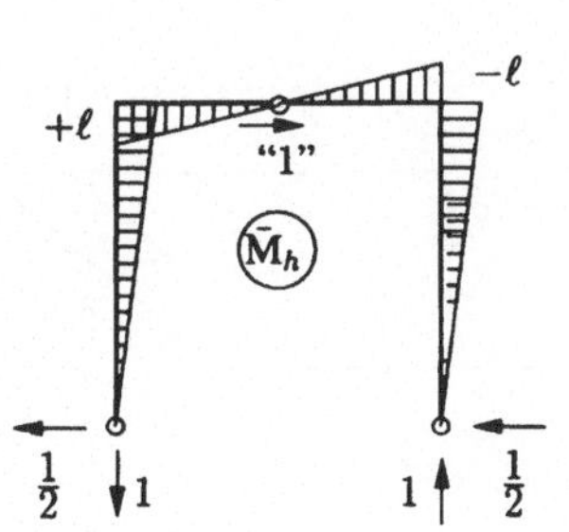

$$
\begin{aligned}
EJ\delta_h &= \int_L M\,\bar{M}_h\,\mathrm{d}x \\
&= \frac{1}{3}\ell\,\frac{3}{4}F\ell\,\frac{1}{2}\ell + \frac{1}{6}\ell\left(2\,\frac{3}{4}F\ell\,\frac{1}{2}\ell + \frac{3}{4}F\ell^2\right. \\
&\quad \left. + \frac{1}{2}F\ell\,\frac{1}{2}\ell + 2\,\frac{1}{2}F\ell^2\right) \\
&\quad + 2\,\frac{1}{3}\ell\,\frac{1}{2}F\ell^2 + \frac{1}{3}\,2\ell\,\frac{1}{2}F\ell^2 \\
&= F\ell^3\left(\frac{1}{8} + \frac{1}{6} + \frac{7}{24} + \frac{1}{3} + \frac{1}{3}\right) = \frac{5}{4}F\ell^3 .
\end{aligned}
$$

Aufgabe 7.4:

Bestimmen Sie die EA-fache Verschiebung des Punktes B. Dabei seien die Querschnittsflächen der Diagonalen mit A, die der Gurte mit $2A$ angegeben.

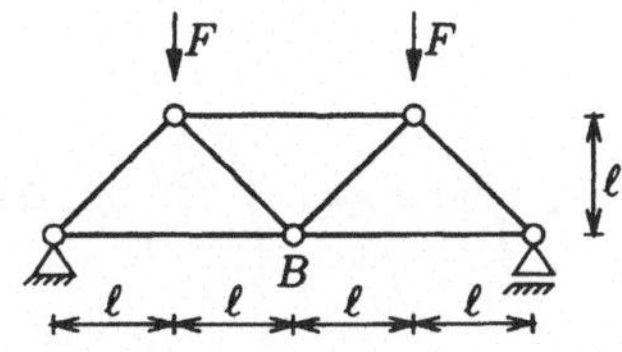

Lösung:

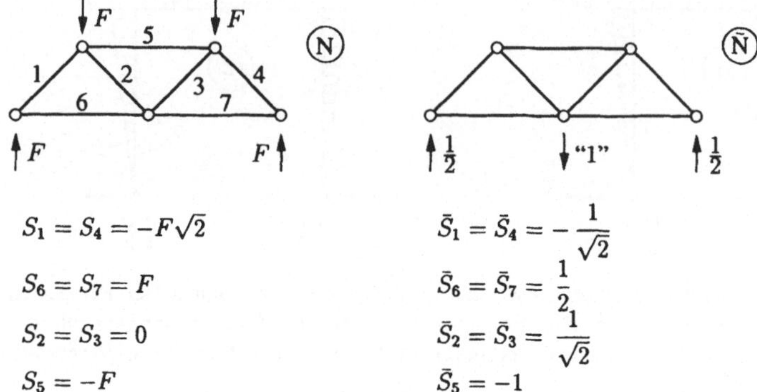

$$S_1 = S_4 = -F\sqrt{2} \qquad\qquad \bar{S}_1 = \bar{S}_4 = -\frac{1}{\sqrt{2}}$$

$$S_6 = S_7 = F \qquad\qquad\qquad \bar{S}_6 = \bar{S}_7 = \frac{1}{2}$$

$$S_2 = S_3 = 0 \qquad\qquad\qquad \bar{S}_2 = \bar{S}_3 = \frac{1}{\sqrt{2}}$$

$$S_5 = -F \qquad\qquad\qquad\quad \bar{S}_5 = -1$$

Damit erhalten wir aus der Überlagerung der einzelnen Stabkräfte

$$\delta_v = \int\limits_L \frac{N\bar{N}}{EA}\,\mathrm{d}x = \sum_i \frac{S_i\bar{S}_i}{EA_i}\,\ell_i = \frac{1}{EA}\sum_i S_i\bar{S}_i\,\frac{A}{A_i}\,\ell_i\,,$$

wobei wir gleichzeitig durch die Erweiterung mit A den unterschiedlichen Querschnittsgrößen in den einzelnen Stäben Rechnung tragen.

$$EA\delta_v = \left(S_1\bar{S}_1 \cdot 1 \cdot \ell\sqrt{2} + S_2\bar{S}_2 \cdot 1 \cdot \ell\sqrt{2} + S_6\bar{S}_6 \cdot \frac{1}{2} \cdot 2\ell\right) \cdot 2 + S_5\bar{S}_5 \cdot \frac{1}{2} \cdot 2\ell$$

$$= F\ell\left[\left(\sqrt{2} + 0 + \frac{1}{2}\right)2 + 1\right] = 2(1 + \sqrt{2})F\ell\,.$$

Aufgabe 7.5:

Für das dargestellte räumliche System bestimme man die EJ-fache Vertikalverschiebung des Lastangriffspunktes. Alle Stäbe haben Kreisquerschnitt mit dem Trägheitsmoment J.

Gegeben: $E/G = 3$, $EJ = c\ell^3$

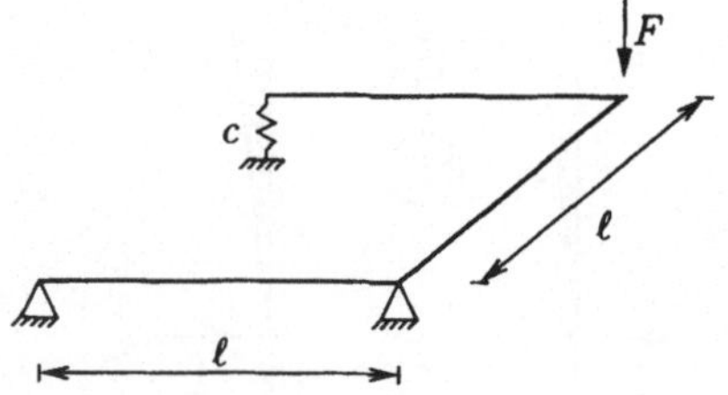

Lösung: Für senkrecht zu ihrer Ebene belastete Systeme erhalten wir, indem wir (7.8) entsprechend erweitern – Normalkräfte treten nicht auf

$$f = \int\limits_L \frac{M\bar{M}}{EJ}\,\mathrm{d}x + \int\limits_L \frac{M_T\bar{M}_T}{GJ_T}\,\mathrm{d}x + \sum_i \frac{C_i\bar{C}_i}{c}$$

bzw.

$$EJf = \int\limits_L M\bar{M}\,\mathrm{d}x + \int\limits_L \frac{EJ}{GJ_T}\,M_T\bar{M}_T\,\mathrm{d}x + EJ\sum_i \frac{C_i\bar{C}_i}{c}\,.$$

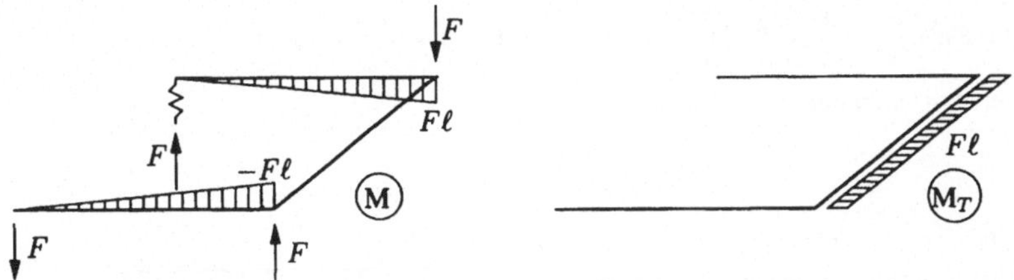

Die Zustandslinien für $\bar{M}$ und $\bar{M}_T$ erhalten wir, indem wir die Zustandslinien für die gegebene Belastung durch F dividieren

$$EJf = 2 \cdot \frac{1}{3}\,\ell \cdot F\ell \cdot \ell + \frac{EJ}{GJ_T} \cdot \ell \cdot F\ell \cdot \ell + \frac{EJ}{c} \cdot F \cdot 1 = f\ell^3\left(\frac{2}{3} + \frac{3}{2} + 1\right) = \frac{19}{6}\,F\ell^3.$$

Aufgabe 7.6:

Bestimmen Sie die Horizontal- und die Vertikalverschiebung des Lastangriffspunktes.

Gegeben: $EJ = 2 \cdot 10^{12}$ kNmm^2,

        $R = 4$ m, $F = 50$ kN

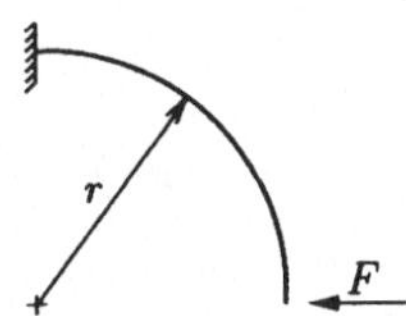

Lösung:

1. Vertikalverschiebung:

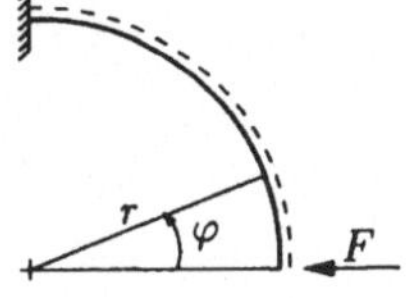

$$M = Fr\sin\varphi$$

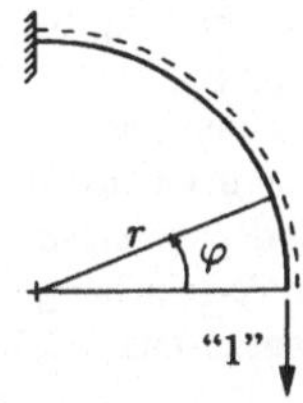

$$\bar{M} = r(1 - \cos\varphi)$$

Mit $s = r\varphi$ und dementsprechend $ds = r\,d\varphi$ führen wir eine Koordinatentransformation durch und erhalten

$$EJ\delta_v = \int_L M\bar{M}\,ds = \int_0^{\pi/2} M\bar{M}\,r\,d\varphi$$

$$= \int_0^{\pi/2} Fr\sin\varphi\,r(1 - \cos\varphi)\,r\,d\varphi$$

$$= Fr^3\left(-\cos\varphi + \frac{1}{4}\cos 2\varphi\right)\Big|_0^{\pi/2} = Fr^3\left(0 - \frac{1}{4} + 1 - \frac{1}{4}\right) = \frac{1}{2}Fr^3.$$

2. Horizontalverschiebung:

Die Momentenlinie für die horizontale Einzellast "1" erhalten wir aus M nach Division durch F. Daraus folgt

$$EJ\delta_h = \int_0^{\pi/2} Fr\sin\varphi\,r\sin\varphi\,r\,d\varphi$$

$$EJ\delta_h = Fr^3\left(\frac{\varphi}{2} - \frac{1}{4}\sin 2\varphi\right)\Big|_0^{\pi/2} = Fr^3\left(\frac{\pi}{4} - 0 - 0 + 0\right) = \frac{\pi}{4}Fr^3.$$

Zahlenwerte: $\delta_v = 0.80$ mm, $\delta_h = 1.26$ mm.

Aufgabe 7.7:

Die Zustandslinien des nebenstehenden einfach
statisch unbestimmten Systems sind zu ermitteln.

Gegeben: $q, \ell, EJ =$ konst.

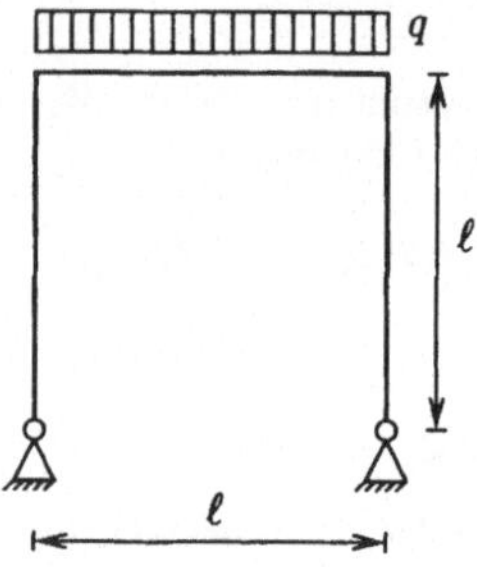

Lösung: Bei dem vorliegenden, einfach statisch unbestimmten System wählen wir ein statisch bestimmtes
Hauptsystem (HS) durch Lösen einer Bindung. Im
Beispiel wurde das rechte Festlager durch ein Loslager
ersetzt. Die dabei als Folge des Befreiungsprinzips neu
hinzugekommene (unbekannte) Kraft X_1 muss nun so
groß sein, dass die Horizontalverschiebung f_1 in Richtung
von X_1 verschwindet (festes Lager).

Die Gesamtverschiebung des rechten Lagers (am HS) in
Richtung von X_1 setzt sich zusammen aus der Verschiebung f_{10} infolge der Last q (Lastspannungszustand) und
dem X_1-fachen des Wertes der Verschiebung δ_{11} infolge
der Last $X_1 = 1$ (Eigenspannungszustand ES_1).

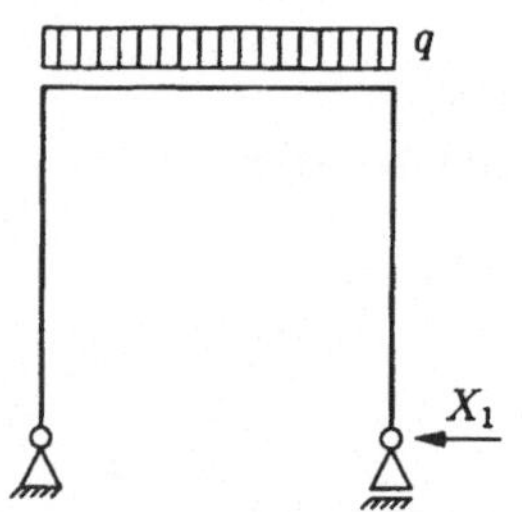

Dementsprechend gilt (7.11)

$$f_1 = f_{10} + \delta_{11}X_1 = 0.$$

Die Lösung dieser Gleichung führt auf

$$X_1 = -\frac{f_{10}}{\delta_{11}}\,.$$

Die Momentenlinien des Lastspannungszustandes M_0 und des Eigenspannungszustandes M_1 haben
die Bilder:

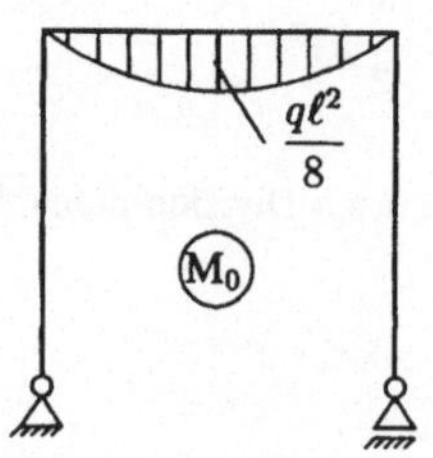

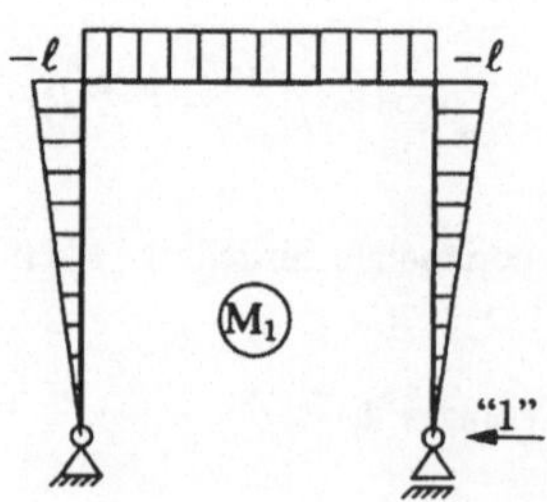

Damit erhalten wir

$$EJf_{10} = -\frac{2}{3}\,\ell\cdot\ell\cdot\frac{q\ell^2}{8} = -\frac{q\ell^4}{12}\,, \quad EJ\delta_{11} = 2\cdot\frac{1}{3}\,\ell\cdot\ell^2 + \ell\cdot\ell^2 = \frac{5}{3}\,\ell^3$$

und daraus

$$X_1 = -\frac{f_{10}}{\delta_{11}} = -\frac{EJf_{10}}{EJ\delta_{11}} = \frac{q\ell}{20}\,.$$

Den Verlauf der Biegemomentenlinie bestimmen wir schließlich mit Hilfe von (7.13) zu

$$M = M_0 + M_1 X_1.$$

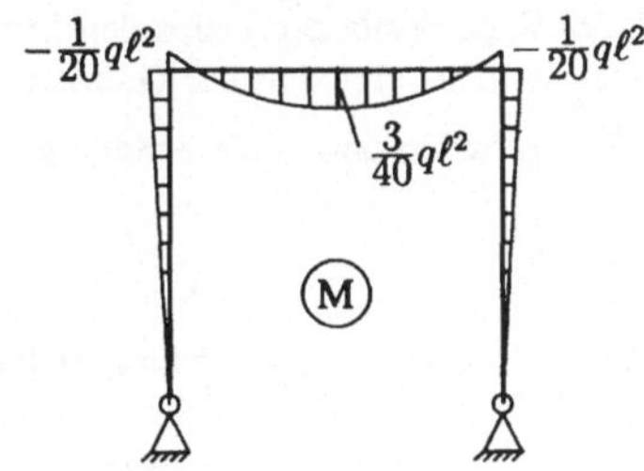

Entsprechend lassen sich dann auch die anderen Zustandslinien angeben.

Aufgabe 7.8:

Bestimmen Sie die gegenseitige Verdrehung im Gelenk G.

Gegeben: $q, \ell, EJ = 3\,GJ_T$

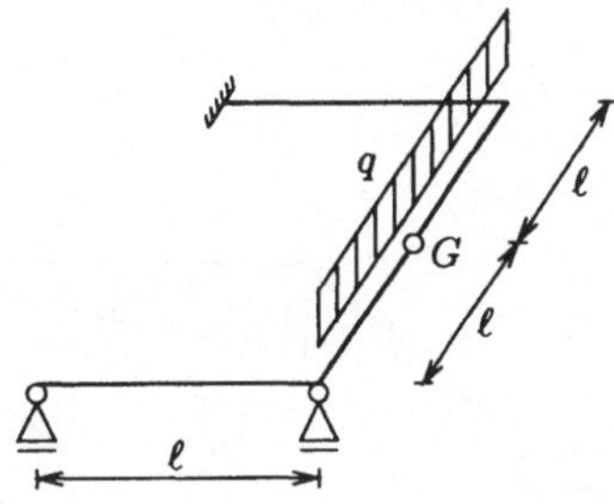

Lösung:

1. Lastspannungszustand:

A, B und C sind Auflagerkräfte senkrecht zur Systemebene. Mit Hilfe der Gleichgewichtsbedingungen erhalten wir:

$$A = 0, \quad B = \frac{q\ell}{2}, \quad C = \frac{3q\ell}{2}$$

$$M_C = -\frac{3}{2}\,q\ell^2, \quad M_T = q\ell^2$$

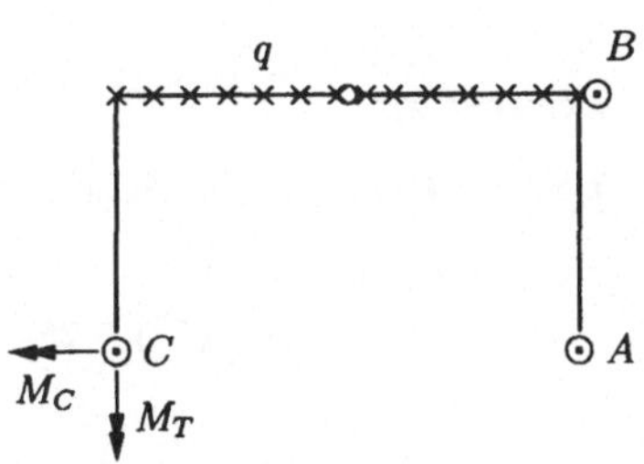

und daraus für die Zustandslinien:

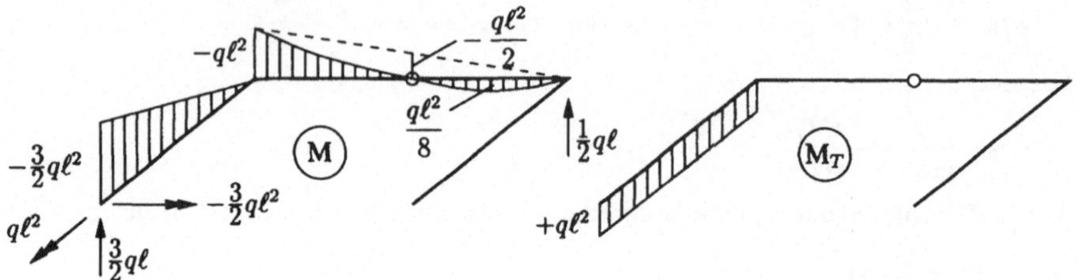

Für die Überlagerung können wir hier unter Ausnutzung des Superpositionsprinzips den Momentenverlauf im Bereich des Gelenkes G in einen linear veränderlichen Teil mit der Ordinate $-q\ell^2$ und einen parabolischen Teil mit der mittleren Ordinate $\frac{q\ell^2}{2}$ aufteilen und beide Anteile getrennt überlagern.

2. Eigenspannungszustand:

Gesucht wird die gegenseitige Verdrehung. Als virtuelle Last "1" bringen wir deshalb links und rechts des Gelenkes jeweils ein Einzelmoment an.

Wir erhalten dann die Auflagerreaktionen

$$\bar{A} = 0, \quad \bar{B} = \frac{1}{\ell}, \quad \bar{C} = -\frac{1}{\ell},$$

$$\bar{M}_C = 1, \quad \bar{M}_T = -2$$

und daraus die Momentenlinien

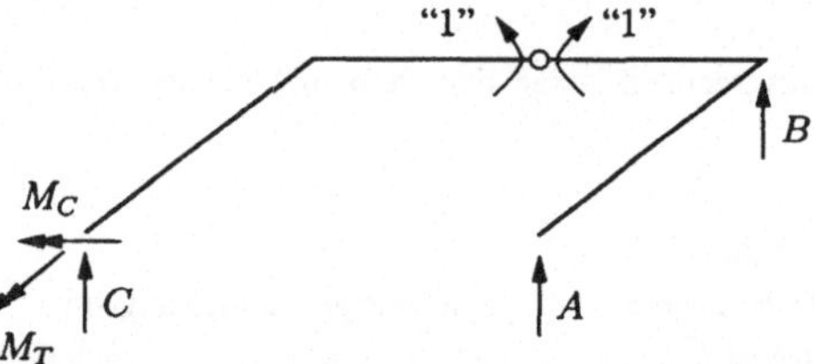

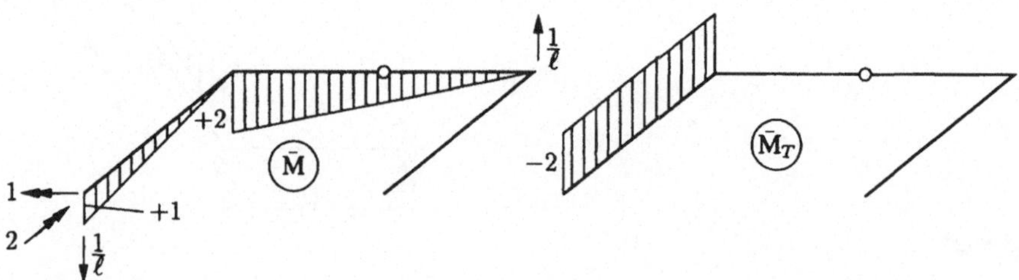

Damit erhalten wir

$$EJ\delta_v = \int\limits_L M\bar{M}\,dx + \int\limits_L M_T\bar{M}_T\,\frac{EJ}{GJ_T}\,dx$$

$$= \frac{1}{3}\ell \cdot 1 \cdot \left(-\frac{3}{2}q\ell^2\right) + 2\ell \cdot 2 \cdot \left[\frac{1}{3} \cdot (-q\ell^2) + \frac{1}{3} \cdot \frac{q\ell^2}{2}\right] + \frac{EJ}{GJ_T}\,\ell \cdot (-2) \cdot q\ell^2$$

$$= -q\ell^3\left(\frac{7}{6} + 2\,\frac{EJ}{GJ_T}\right) = -\frac{43}{6}\,q\ell^3\,.$$

Aufgabe 7.9:

Für das dargestellte, symmetrische System vergleiche man die maximale Biegespannung mit der maximalen Spannung aus Normalkraft.

Gegeben: F, α, ℓ, h

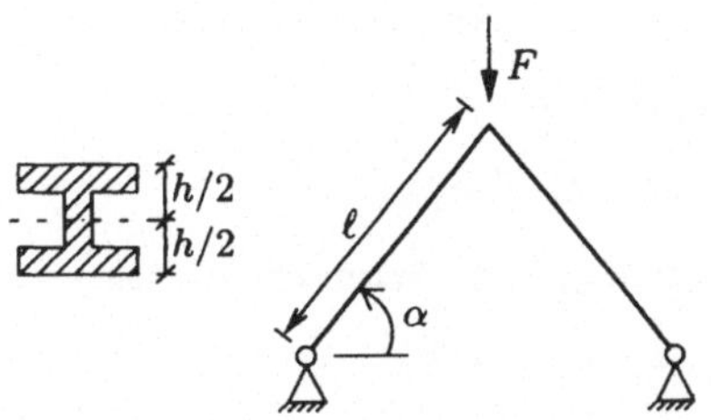

Lösung: Das System ist einfach statisch unbestimmt. Das statisch bestimmte Hauptsystem wählen wir sinnvollerweise gerade so, dass die Symmetrie erhalten bleibt, z.B. durch Einfügen eines zentralen Gelenkes.

1. Lastspannungszustand:

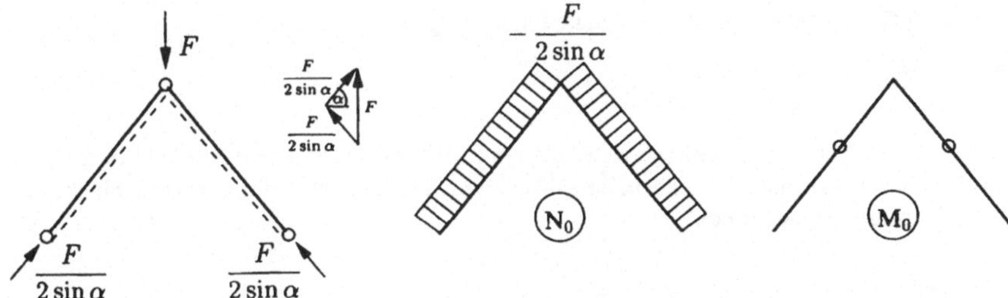

Der Lastspannungszustand enthält hier keine Momente. Bei üblicher Vernachlässigung der Normalkraftverformungen würde die statisch Unbestimmte X_1 verschwinden. Es handelt sich hier also um ein System, bei dem die Normalkraftanteile mitzunehmen sind.

2. Eigenspannungszustand:

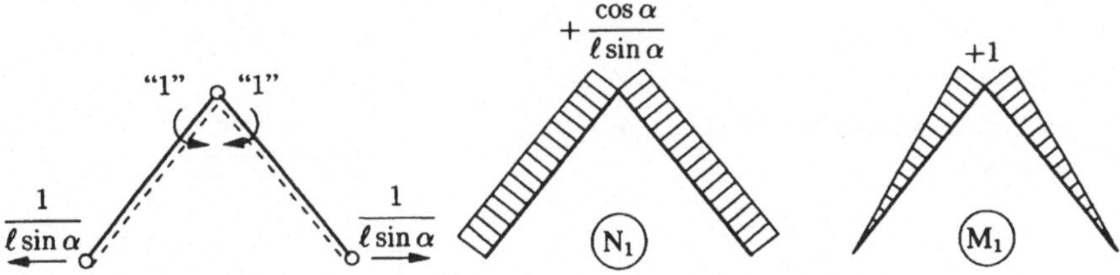

Die Bestimmungsgleichung für das statisch unbestimmte Moment X_1 lautet:

$$f_1 = f_{10} + \delta_{11} X_1 = 0$$

mit den Einflusszahlen

$$EJ\delta_{11} = \int_L M_1^2 \, \mathrm{d}x + \frac{EJ}{EA} \int_L N_1^2 \, \mathrm{d}x = 2\ell \left(\frac{1}{3} + \frac{EJ}{EA} \frac{\cot^2 \alpha}{\ell^2} \right)$$

$$EJf_{10} = \int_L M_1 M_0 \, \mathrm{d}x + \frac{EJ}{EA} \int_L N_1 N_0 \, \mathrm{d}x = -F \frac{\cos \alpha}{\sin^2 \alpha} \frac{EJ}{EA}.$$

Daraus erhalten wir

$$X_1 = \frac{F\ell}{2} \; \frac{\cos\alpha}{\cos^2\alpha + \dfrac{A\ell^2}{3J}\sin^2\alpha} \; .$$

Wegen (7.13)

$$M = M_0 + M_1 X_1$$

ist hier $M_{\max} = X_1$. Entsprechend erhalten wir aus

$$N = N_0 + N_1 X_1$$

$$N_{\max} = |N_0 + N_1 X_1|$$

$$= \frac{F}{2\sin\alpha}\left| -1 + \frac{\cos^2\alpha}{\cos^2\alpha + \dfrac{A\ell^2}{3J}\sin^2\alpha}\right| = \frac{F}{2}\;\frac{\dfrac{A\ell^2}{3J}\sin\alpha}{\cos^2\alpha + \dfrac{A\ell^2}{3J}\sin^2\alpha}\;.$$

Schließlich gilt für das Verhältnis der maximalen Spannungen

$$\frac{\sigma_M}{\sigma_N} = \frac{M_{\max}h/2}{J}\;\frac{A}{N_{\max}} = \frac{3}{2}\;\frac{h}{\ell}\;\cot\alpha.$$

Das untersuchte System wird üblicherweise als ein Fachwerksystem angesehen und in der Praxis auch als ein solches berechnet. Wir sehen, dass diese Vereinfachung für stark geneigte schlanke Stäbe mit $h/\ell \ll 1$, für die der Ausdruck

$$\frac{A\ell^2}{3J} \gg 1$$

sehr groß wird, auch durchaus zulässig ist. In diesem Fall wird dann $X_1 \approx 0$ und das System kann als statisch bestimmtes Fachwerk behandelt werden. Für kleine Winkel α dagegen, d.h. für flach geneigte Stäbe, ist diese Vereinfachung so nicht mehr zulässig.

Aufgabe 7.10:

Bestimmen Sie die Momentenlinie des dargestellten Systems.

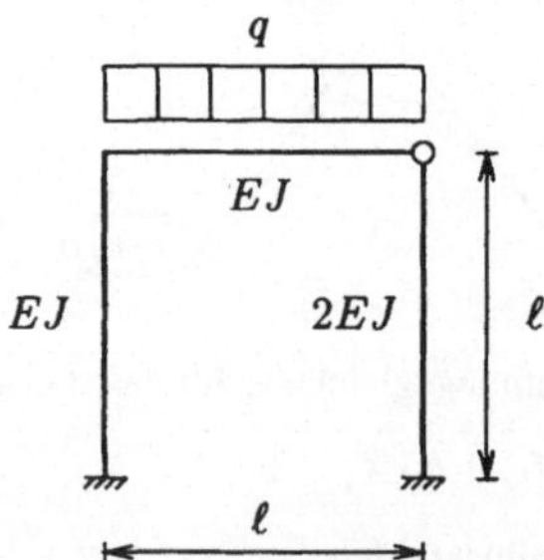

Lösung: Das System ist zweifach statisch unbestimmt. Zur Wahl eines statisch bestimmten Hauptsystems führen wir an den Einspannungen Gelenke ein. Dementsprechend müssen wir an beiden Stellen Einspannmomente (statisch Unbestimmte) X_1 und X_2 einführen, die geeignet sind, die zusätzlichen Freiheiten des Systems wieder aufzuheben.

Neben der getroffenen Wahl bestehen noch viele Möglichkeiten zur Einführung eines statisch bestimmten Hauptsystems. Beispielsweise hätte man hier auch die linke Einspannung durch ein Loslager ersetzen können.

Für die Behandlung komplexer Probleme (mit vielen statisch Unbestimmten) und die dabei gelegentlich auftretenden numerischen Schwierigkeiten bei der Lösung der entsprechenden Systeme (7.12) ist es jedoch häufig hilfreich, wenn das HS möglichst "steif" gewählt wird.

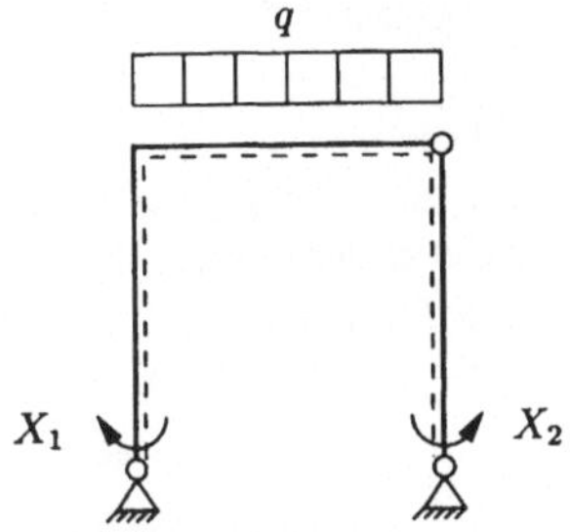

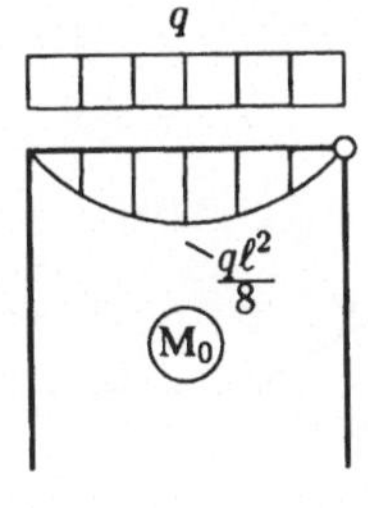

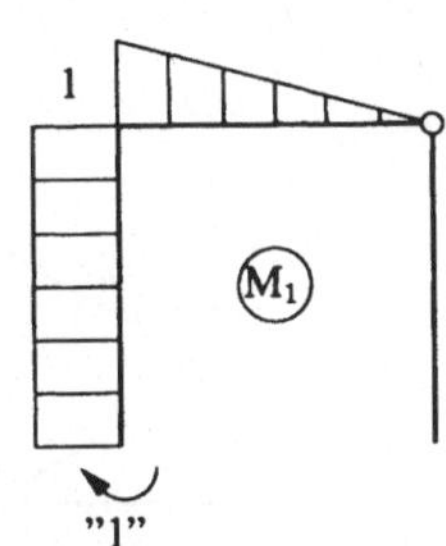

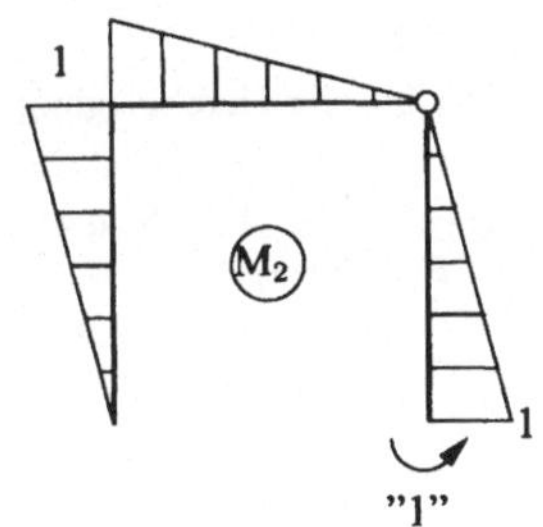

Mit Hilfe der zugehörigen Zustandslinien M_0, M_1 und M_2 ermitteln wir

$$EJf_{10} = \frac{1}{24}\,q\ell^3, \quad EJf_{20} = \frac{1}{24}\,q\ell^3,$$

$$EJ\delta_{11} = \frac{4}{3}\,\ell, \quad EJ\delta_{12} = EJ\delta_{21} = \frac{5}{6}\,\ell, \quad EJ\delta_{22} = \frac{5}{6}\,\ell,$$

wobei wir berücksichtigen, dass die rechte Stütze die (doppelte) Steifigkeit $2EJ$ besitzt.

Damit erhalten wir aus (7.12) zwei Gleichungen für die beiden Unbekannten X_1 und X_2

$$\frac{4}{3}\,\ell\,X_1 + \frac{5}{6}\,\ell\,X_2 = -\frac{1}{24}\,q\ell^3$$

$$\frac{5}{6}\,\ell\,X_1 + \frac{5}{6}\,\ell\,X_2 = -\frac{1}{24}\,q\ell^3$$

mit den Lösungen

$$X_1 = 0, \quad X_2 = -\frac{1}{20}\,q\ell^2.$$

Den Verlauf des Biegemomentes erhalten wir dann mit (7.13)

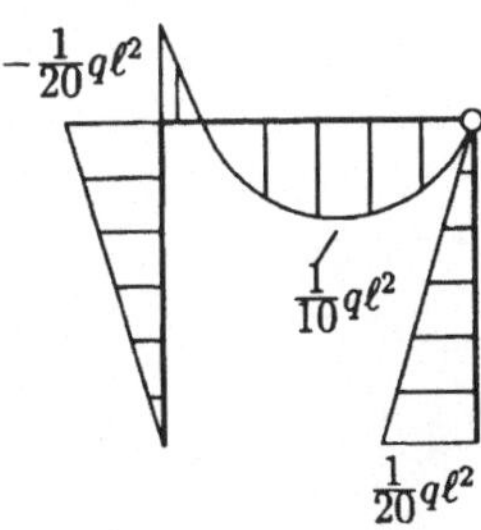

7.3 Aufgaben

Aufgabe 7.11:

Bestimmen Sie die EJ-fache Vertikalverschiebung des Gelenkpunktes G.

Gegeben: $EJ = $ konst.

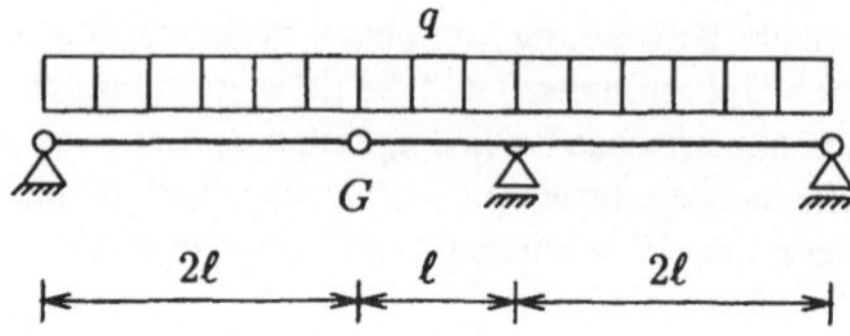

Aufgabe 7.12:

Bestimmen Sie die Durchbiegung des Punktes G.

Gegeben: $EA = 16 \cdot 10^6$ kN, $a = 1$ m,
$\qquad F = 600$ kN

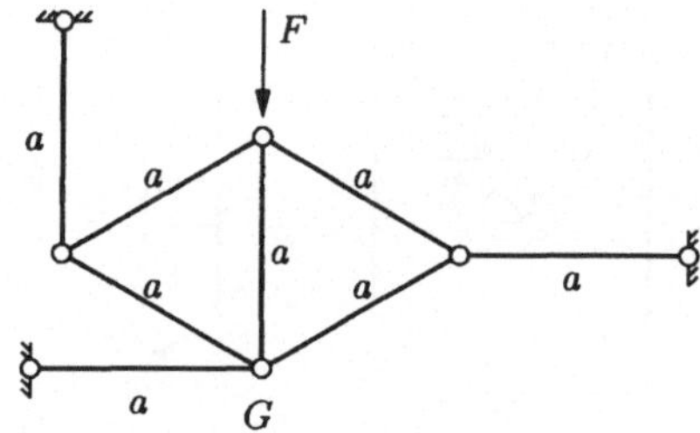

Aufgabe 7.13:

Bestimmen Sie die gegenseitige Winkelverdrehung im Gelenkpunkt.

Gegeben: $R = 5$ m, $F = 100$ kN, $EJ = $ konst.

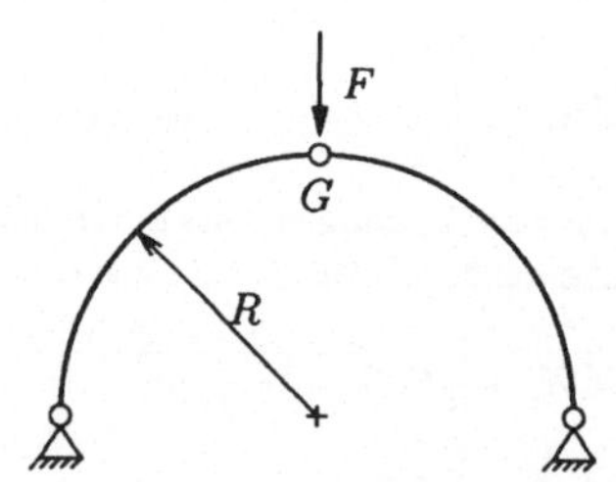

Aufgabe 7.14:

Bestimmen Sie die EJ_c-fache Verschiebung und Verdrehung des Punktes e.

Gegeben: $EJ_c = 12c$ m^3, $\ell = 2$ m

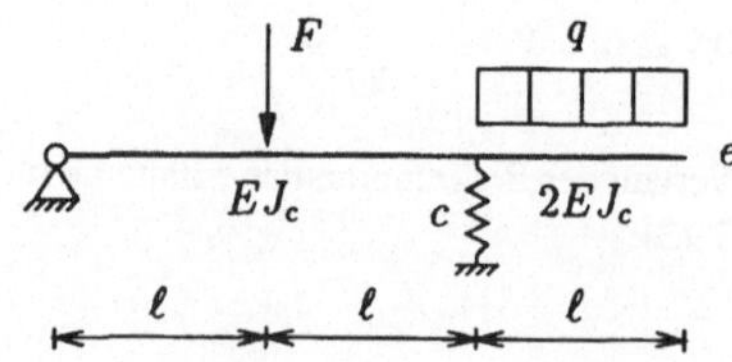

Aufgabe 7.15:

Bestimmen Sie die EJ-fache Horizontal- und Vertikalverschiebung des Gelenkpunktes G.

Gegeben: $\ell = 6$ m, $h = 4$ m,
$\qquad q = 0.5$ MN/m, $F = 5$ MN

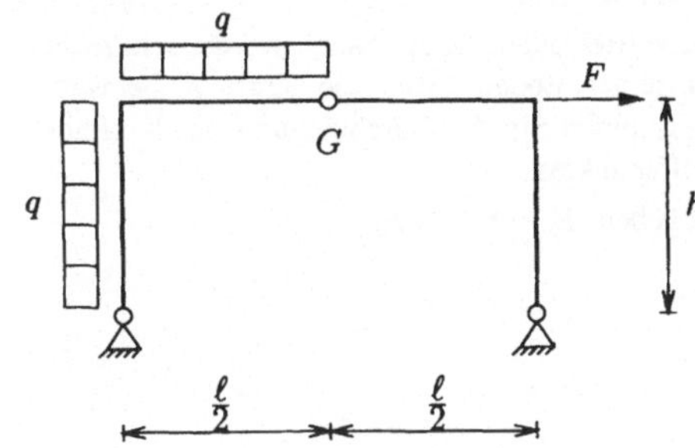

Aufgabe 7.16:

Alle Stäbe der nebenstehenden Kurbel haben einen kreisförmigen Querschnitt vom Durchmesser d. Bestimmen Sie d so, dass die Vertikalverschiebung des Punktes A maximal $l/300$ beträgt.

Gegeben: $E = 3G = 2.1 \cdot 10^4$ kN/cm^2,
$\qquad \ell = 1$ m, $q = 1$ kN/m, $F = 1$ kN

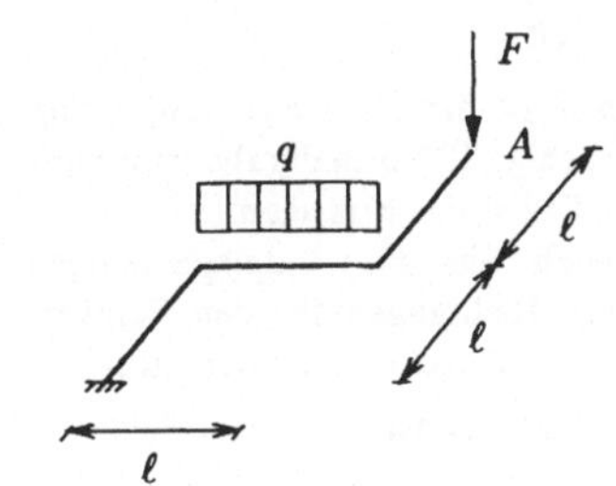

Aufgabe 7.17:

Ein Sprungbrett aus Holz mit den Abmessungen $b/d = 30$ cm/2.4 cm ist wie dargestellt gelagert. Bestimmen Sie die statische Durchbiegung, die ein Springer mit $G = 750$ N an der Spitze bewirkt.

Gegeben: $\ell_1 = 0.60$ m, $\ell_2 = 1.40$ m,
$\qquad c = 0.2$ kN/mm, $E_H = 10$ kN/mm^2

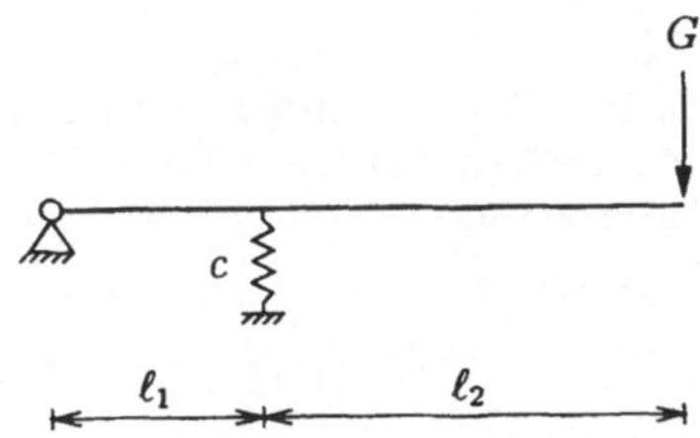

Aufgabe 7.18:

Bestimmen Sie die Horizontal- und Vertikalverschiebung des Punktes C.

(alle Stäbe haben die Dehnsteifigkeit EA)

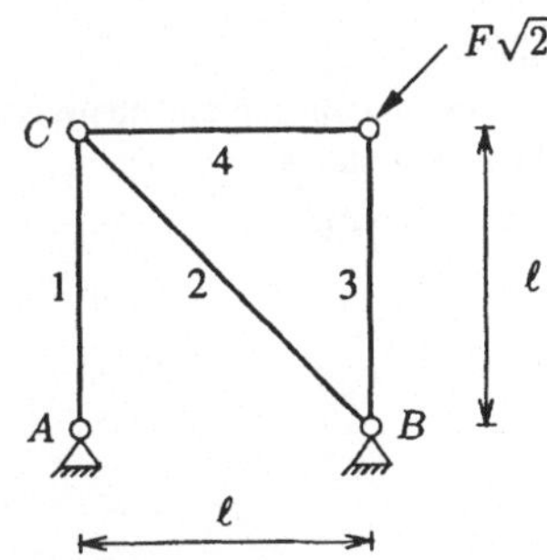

Aufgabe 7.19:

Nebenstehender Bogenträger werde senkrecht zu seiner Ebene durch die Kraft F belastet. Bestimmen Sie die Durchbiegung des Kraftangriffspunktes.

Gegeben: F, r, EJ, GJ_T

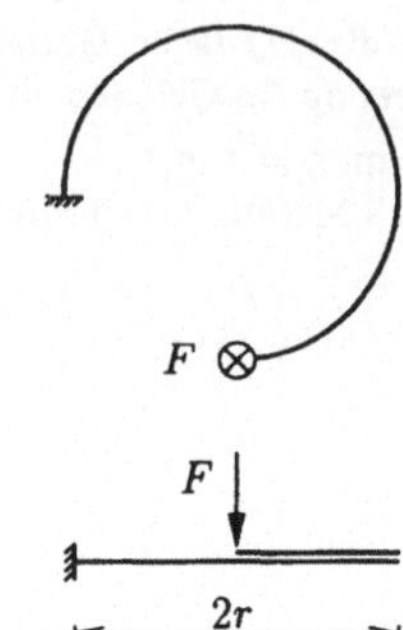

Aufgabe 7.20:

a) Wie groß ist die EJ-fache Verdrehung am Stabende A? Normalkraftverformungen sind zu vernachlässigen.

b) Berechnen Sie die Hauptspannungen und ihre Richtungen für den Schwerpunkt des Querschnitts im Schnitt I-I.

Gegeben: EJ = konst.

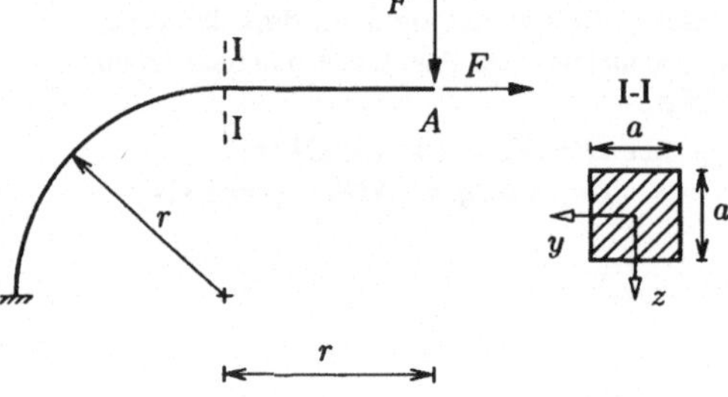

Aufgabe 7.21:

Der Vertikalstab des nebenstehenden Systems wird um ΔT erwärmt. Bestimmen Sie die Normalkraft in diesem Stab.

Gegeben: α, EJ, EA

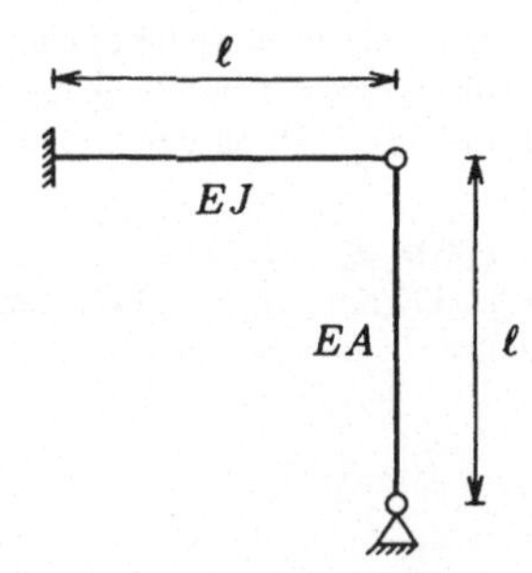

Aufgabe 7.22:

Bestimmen Sie den Biegemomentenverlauf des nebenstehenden Systems.

Gegeben: EJ = konst.

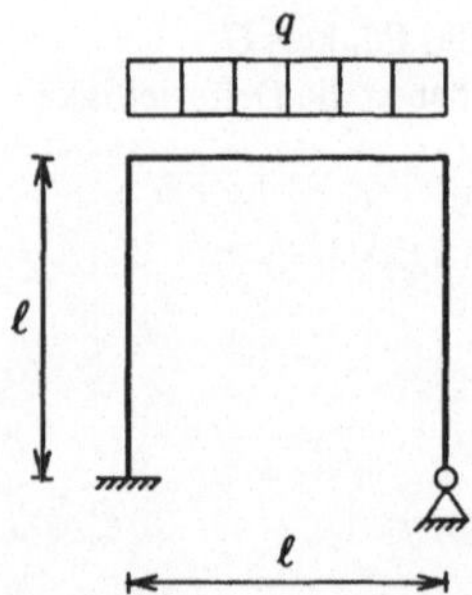

Aufgabe 7.23:

Bestimmen Sie den Momentenverlauf des dargestellten Systems.

Gegeben: $EJ = $ konst.

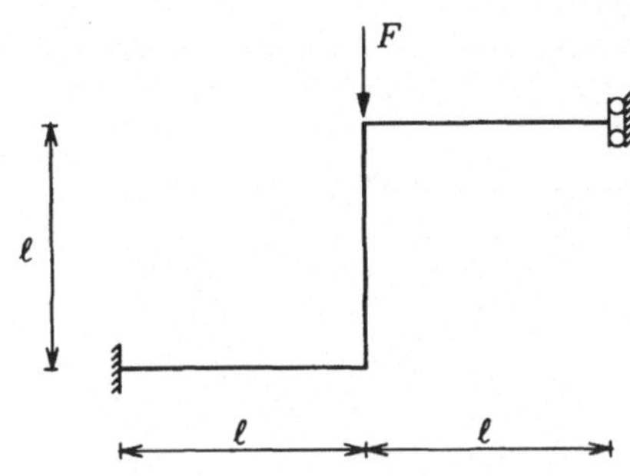

Aufgabe 7.24:

Bestimmen Sie den Momentenverlauf für den nebenstehenden Zweigelenkrahmen, wenn sich die Einspannung A um den Winkel Δ_A verdreht. Normalkraftverformungen sind zu vernachlässigen.

Gegeben: $EJ = 10^4$ kNm^2, $h = 3$ m,
$$\Delta_A = 0.0174 \, (\equiv 1°)$$

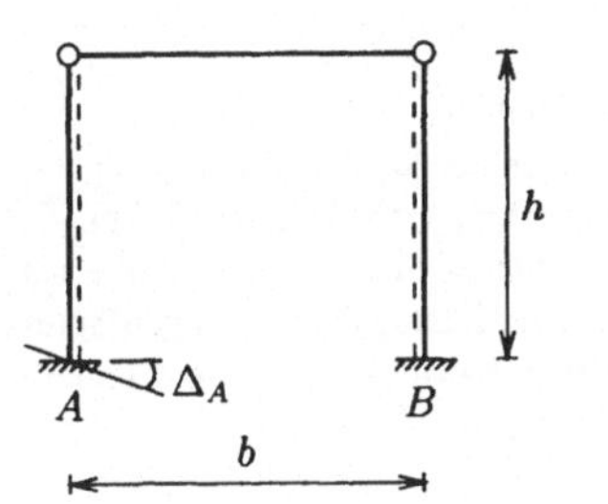

Aufgabe 7.25:

Geben Sie den Momentenverlauf für das nebenstehende System an. Normalkraftverformungen sind nur im Zugband zu berücksichtigen.

Gegeben: $EJ = \ell^2 EA$

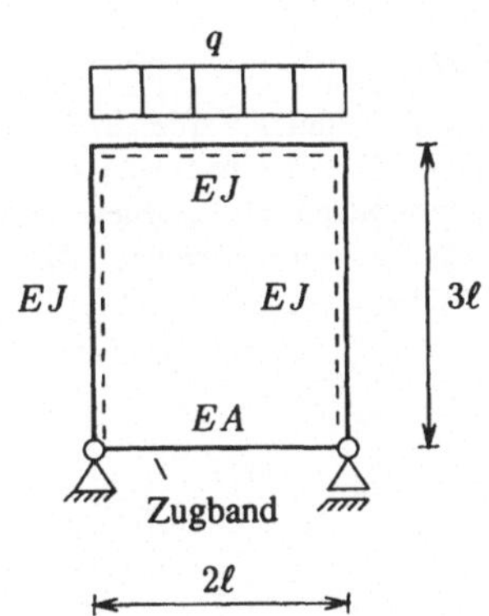

Aufgabe 7.26:

Bestimmen Sie die Auflagerkräfte des nebenstehenden Systems.

Gegeben: $EJ = $ konst.

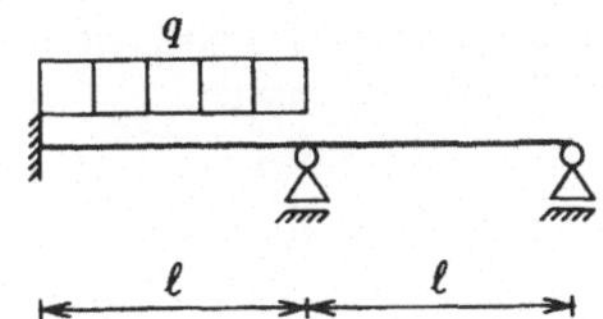

Aufgabe 7.27:

Bestimmen Sie die EJ-fache gegenseitige Verdrehung der im Gelenk zusammentreffenden Stäbe.

Gegeben: $EJ = $ konst.

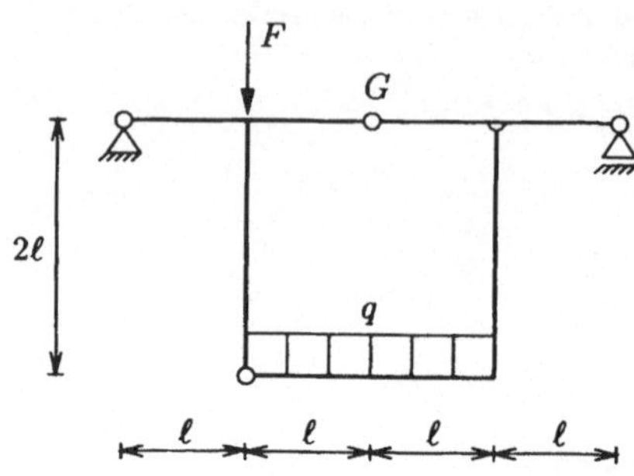

Aufgabe 7.28:

Der dargestellte Stab mit der Biegesteifigkeit EJ sei an einem Seil (Dehnsteifigkeit EA) aufgehängt, welches über eine lose Rolle laufe. Die Vertikalverschiebung des Lastangriffspunktes ist zu ermitteln. Normalkraftverformungen sind zu vernachlässigen.

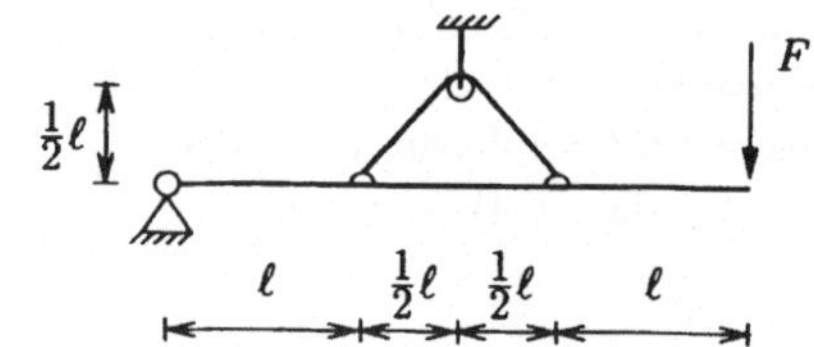

Aufgabe 7.29:

Eine rechteckige Öffnung werde zur Aufnahme einer Einzellast F durch zwei sich kreuzende, lose aufliegende Stäbe mit der Biegesteifigkeit EJ überdeckt. Bestimmen Sie den Momentenverlauf der Stäbe.

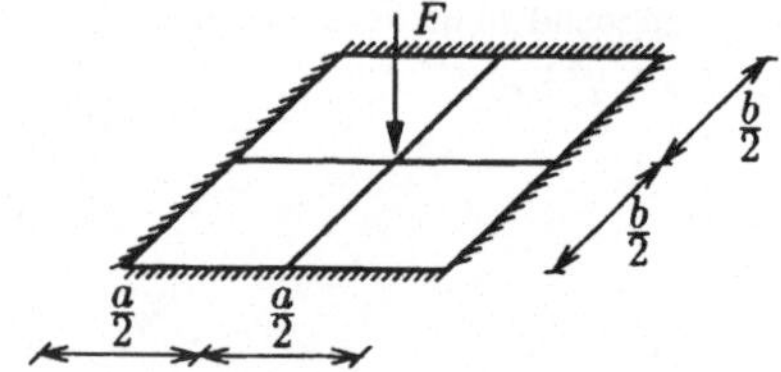

Aufgabe 7.30:

Bestimmen Sie den Momentenverlauf des nebenstehenden Systems. Normalkraftverformungen sind zu vernachlässigen.

Gegeben: M, a, $EJ = $ konst.

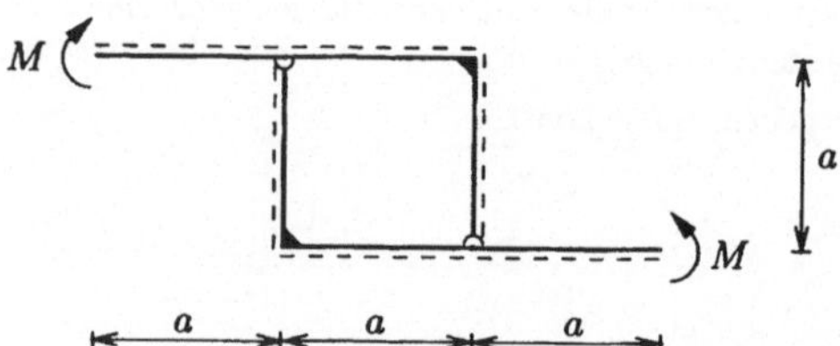

Aufgabe 7.31:

Bestimmen Sie den Momentenverlauf des nebenstehenden Systems. Die Normalkraftverformungen sind zu berücksichtigen.

Gegeben: F, a, $EJ = a^2 EA$

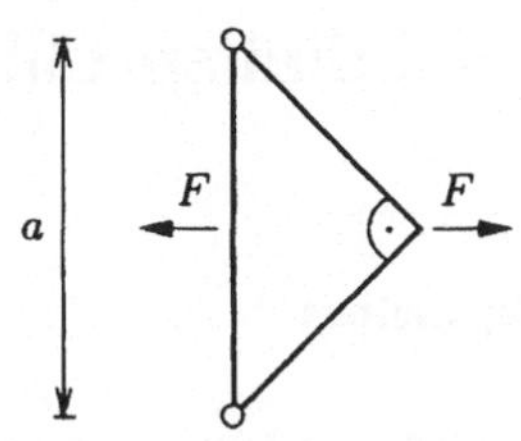

Aufgabe 7.32:

Bestimmen Sie den Momentenverlauf des nebenstehenden Systems. Normalkraftverformungen sind nur im Zugband zu berücksichtigen.

Gegeben: F, R, $EJ = \frac{\pi}{4} R^2 EA$

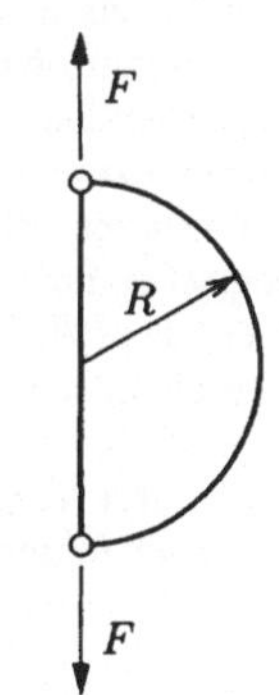

Aufgabe 7.33:

Bestimmen Sie die Stabkräfte des nebenstehenden Systems (alle Stäbe haben die Dehnsteifigkeit EA).

Gegeben: $\ell = 3$ m, $\alpha = 30°$, $F = 100$ kN

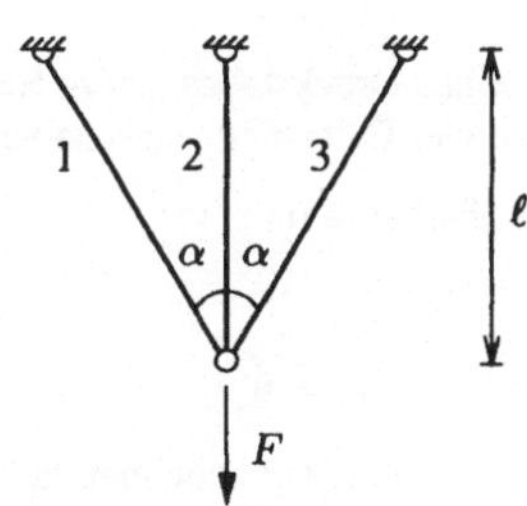

Aufgabe 7.34:

Bestimmen Sie die Stabkräfte des nebenstehenden ebenen Systems. Alle Stäbe haben die Dehnsteifigkeit $EA =$ konst. und die Länge ℓ.

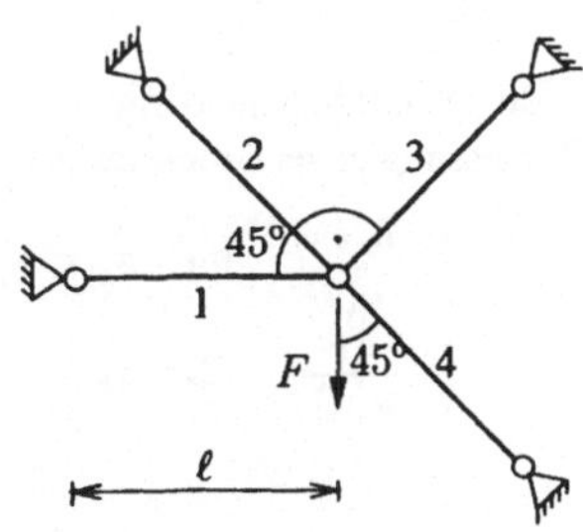

8 Stabilitätsprobleme

8.1 Allgemeines

Unter einem stabilen Gleichgewicht verstehen wir in der Statik und Festigkeitslehre ein solches, bei dem einer bestimmten Last eindeutig eine entsprechende Verformung zugeordnet ist. Der Verlust der Eindeutigkeit dieses Zusammenhangs kennzeichnet dann den Verlust der Stabilität einer Struktur.

Wir untersuchen deshalb, ob unter einer gegebenen Last mehr als eine Gleichgewichtslage möglich ist. Anders als sonst in der linearen Theorie üblich, müssen wir dazu das Gleichgewicht am verformten Körper – im Nachbarzustand – bilden.

Bei Systemen von starren Teilkörpern mit einer endlichen Zahl n von Freiheitsgraden führt das linearisierte Gleichgewicht im Nachbarzustand auf ein System von n homogenen Gleichungen für die n kinematischen Größen (Verschiebungen, Verdrehungen). Die n kritischen Lasten (Verzweigungslasten) erhalten wir als Lösung der charakteristischen Gleichung des Problems (siehe auch Band II, Abschnitt 8.2).

Systeme deformierbarer Körper besitzen den Freiheitsgrad unendlich. Die entsprechenden charakteristischen Gleichungen führen auf eine unendliche Folge kritischer Lasten.

8.2 Der Euler-Knickstab

Das Knicken eines Druckstabes ist ein Beispiel für ein Verzweigungsproblem mit dem Freiheitsgrad unendlich. Die vier Euler-Fälle sind dabei Lösungen der Eigenwertprobleme

$$w''(x) + k^2 w(x) = 0 \tag{8.1}$$

bzw.

$$w''''(x) + k^2 w''(x) = 0 \tag{8.2}$$

mit $k^2 = F/EJ$ und entsprechenden homogenen Randbedingungen (siehe auch Band II, Abschnitt 8.3).

Die Lösungen lassen sich zusammenfassen zu

$$F_k = \pi^2 \frac{EJ_{\min}}{\ell_k^2} \; . \tag{8.3}$$

Dabei ist ℓ_k die jeweilige Knicklänge – im Verhältnis zur Knicklänge $\ell_k = \ell$ des 2. Euler-Falles.

Für die Bemessung eines Druckstabes gilt

$$\sigma_{D\,\mathrm{zul}}(\lambda) = \begin{cases} \dfrac{\sigma_k(\lambda)}{\nu(\lambda)} & \text{für} \quad \sigma_k \leqslant \sigma_F \\[2ex] \dfrac{\sigma_F}{\nu(\lambda)} & \text{für} \quad \sigma_k \geqslant \sigma_F \end{cases} \tag{8.4}$$

mit

$$\sigma_k = \frac{\pi^2}{\lambda^2}\, E = \sigma_k(\lambda), \quad \lambda = \ell_k \sqrt{\frac{A}{J_{\min}}} \; , \tag{8.5}$$

λ als Schlankheitsgrad des Druckstabes und σ_F als Fließspannung.

Für die Bemessung z.B. nach dem ω-Verfahren (DIN 4114, siehe Band II, Abschnitt 8.3.3) setzen wir

$$\sigma_{Dzul}(\lambda) = \frac{1}{\omega(\lambda)}\,\sigma_{zul}\,. \tag{8.6}$$

Für die zu tragende Last gilt dann die Forderung

$$\frac{F}{A}\,\omega(\lambda) \leqslant \sigma_{zul}\,. \tag{8.7}$$

8.3 Beispiele

Aufgabe 8.1:

Bestimmen Sie die kritische Last des nebenstehenden Systems.

Gegeben: $EJ = \infty$

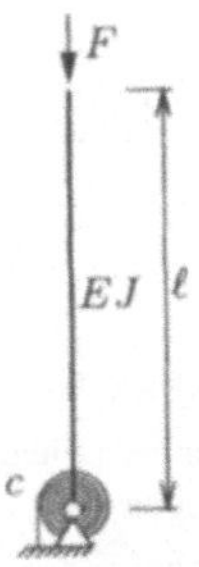

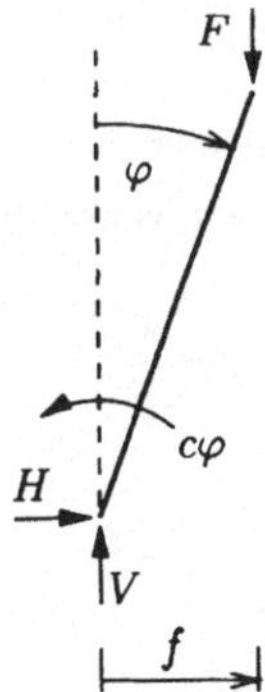

Lösung: Das System ist im Grundzustand (bei $\varphi = 0$) mit $H = 0$ und $V = F$ im Gleichgewicht. Zur Untersuchung, ob neben dieser sog. trivialen Lösung noch andere Gleichgewichtslagen möglich sind, ist das System unter Beachtung der Randbedingungen in einer möglichen Nachbarlage zu zeichnen. Die Gleichgewichtsbedingungen sind dann an diesem verformten System aufzustellen.

Nachbarlage: Die Gleichgewichtsbedingungen liefern

$$\sum F_V = 0: \quad \rightarrow \quad V = F$$

$$\sum F_H = 0: \quad \rightarrow \quad H = 0$$

$$\sum M = 0: \quad \rightarrow \quad Ff = c\varphi\,.$$

Unter Beachtung des geometrischen Zusammenhanges

$$f = \ell \sin\varphi$$

erhalten wir aus der letzten Beziehung die Eigenwertgleichung

$$F\ell \sin\varphi = c\varphi\,.$$

Diese Gleichung besitzt zwei Lösungen:

a) $\varphi = \sin\varphi = 0, \quad \rightarrow \quad$ der Stab bleibt senkrecht und F ist beliebig, d.h. dies ist die triviale Lösung und

b) $F = \dfrac{c}{\ell} \dfrac{\varphi}{\sin \varphi}$.

Für $F \geqslant F_k$ existieren zwei Gleichgewichtslagen, von denen die Fortsetzung der Lösung auf der Lastachse ($\varphi = 0$) labil, die dick durchgezogene Lösung stabil ist. Im Verzweigungspunkt selbst ist die Lösung indifferent.

Zur Bestimmung der Verzweigungslast selbst ist es allerdings ausreichend, nur die (gestrichelt dargestellte) Tangente des Kraft-Verformungsdiagramms zu ermitteln. Dann dürfen wir näherungsweise auch kleine Verformungen in den Nachbarzustand betrachten.

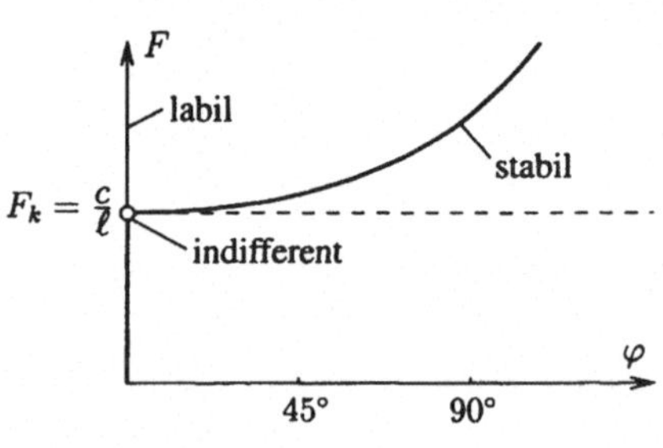

Die Linearisierung des o.g. geometrischen Zusammenhanges liefert

$$f = \ell\varphi$$

und das Momentengleichgewicht wird damit zu

$$F\ell\varphi = c\,\varphi \quad \rightarrow \quad (F\ell - c)\varphi = 0$$

mit der nichttrivialen Lösung

$$F_k = \frac{c}{\ell} .$$

Aufgabe 8.2:

Bestimmen Sie die kritischen Lasten und die zugehörigen Knickformen.

Gegeben: $EJ = \infty$

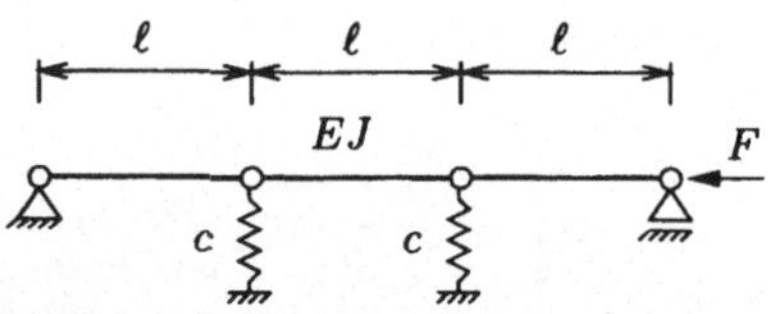

Lösung: Wir betrachten das System in einer Nachbarlage bei geometrischer Linearisierung:

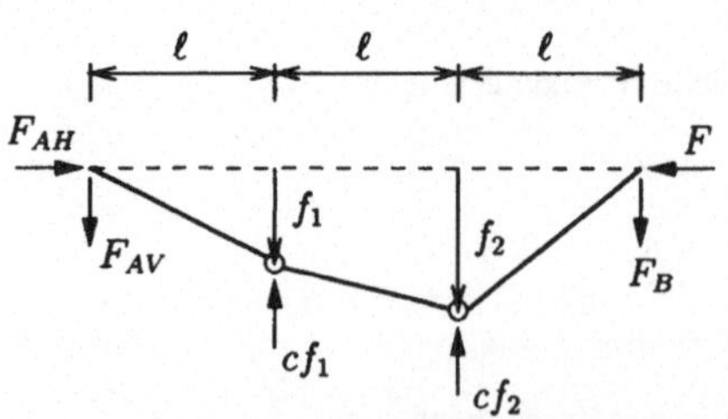

Die Gleichgewichtsbedingungen am verformten System liefern

$$F_{AH} = F, \quad F_{AV} = F\,\frac{f_1}{\ell}, \quad F_B = F\,\frac{f_2}{\ell}$$

sowie

$$\sum F_V = 0: \quad cf_1 + cf_2 - F\,\frac{f_1}{\ell} - F\,\frac{f_2}{\ell} = 0$$

$$\sum M_A = 0: \quad 3Ff_2 - 2cf_2\ell - cf_1\ell \quad = 0.$$

Diese Beziehungen lassen sich in Matrizenform schreiben

$$\begin{bmatrix} c - \dfrac{F}{\ell} & c - \dfrac{F}{\ell} \\[2mm] -c\ell & 3F - 2c\ell \end{bmatrix} \begin{bmatrix} f_1 \\[1mm] f_2 \end{bmatrix} = \begin{bmatrix} 0 \\[1mm] 0 \end{bmatrix} .$$

Nichttriviale Lösungen dieses homogenen Gleichungssystems erhalten wir für verschwindende Koeffizientendeterminante, d.h.

$$\left(c - \frac{F}{\ell} \right)(3F - c\ell) = 0$$

mit den Lösungen der Eigenwertgleichung

$$F_{k1} = \frac{1}{3}\,c\ell, \quad F_{k2} = c\ell.$$

Zur Ermittlung der Knickformen setzen wir die ermittelten Eigenwerte in das homogene Gleichungssystem ein.

a) erster Eigenwert:

$$\frac{2}{3}\,cf_1 + \frac{2}{3}\,cf_2 = 0$$

$$-cf_1\ell - cf_2\ell = 0.$$

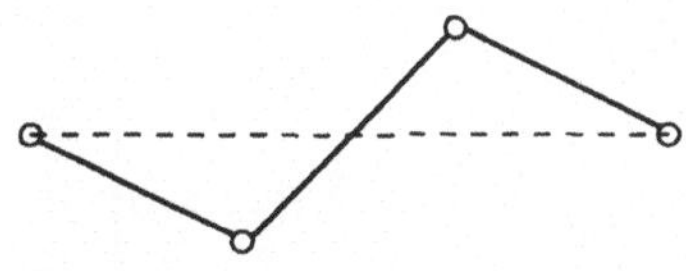

Beide Gleichungen liefern

$$f_1 + f_2 = 0,$$

wobei f_1 oder f_2 frei wählbar sind.

b) zweiter Eigenwert:

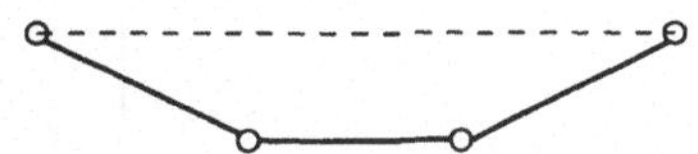

Auf analoge Weise erhalten wir

$$f_1 - f_2 = 0.$$

Aufgabe 8.3:
Bestimmen Sie die kritischen Lasten des Systems.

Gegeben: $EJ = \infty$

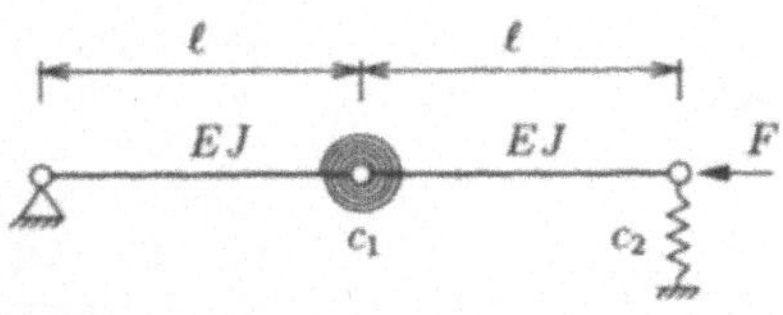

Lösung: Wir betrachten das System in einer möglichen Nachbarlage.

Die Gleichgewichtsbedingungen am verformten System liefern (unter Beachtung der zulässigen geometrischen Linearisierung)

$$F_{AH} = F, \quad F_{AV} = c_2 f, \quad F_B = c_2 f$$

sowie

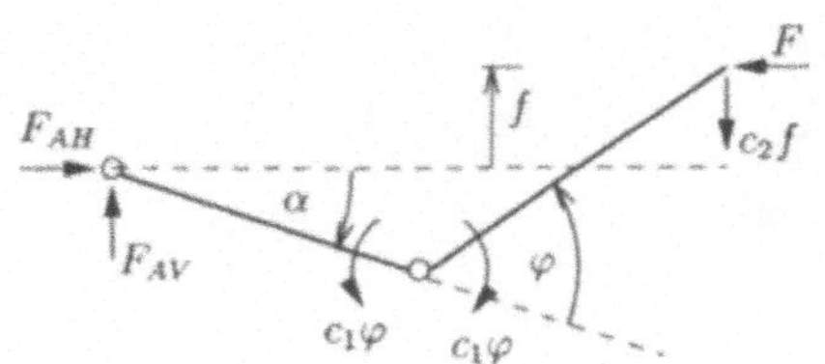

$$\sum M_A = 0: \quad Ff - c_2 f\,2\ell = 0$$

$$\sum M_{Gr} = 0: \quad F(f + \ell\alpha) - c_2 f\ell - c_1\varphi = 0.$$

Mit dem geometrischen Zusammenhang

$$\varphi\ell = f + 2\ell\alpha \quad \rightarrow \quad \varphi = \frac{f}{\ell} + 2\alpha$$

erhalten wir daraus in Matrizenform

$$
\begin{bmatrix} F - 2c_2\ell & 0 \\ F - c_2\ell - \dfrac{c_1}{\ell} & F\ell - 2c_1 \end{bmatrix} \begin{bmatrix} f_1 \\ \alpha \end{bmatrix} = \begin{bmatrix} 0 \\ 0 \end{bmatrix}.
$$

Das Verschwinden der Koeffizientendeterminante liefert nichttriviale Lösungen:

$$(F - 2c_2\ell)(F\ell - 2c_1) = 0.$$

Die Lösungen dieser Eigenwertgleichung sind

$$F_{k1} = 2c_2\ell, \quad F_{k2} = 2\frac{c_1}{\ell}.$$

Aufgabe 8.4:

Bestimmen Sie die kritische Last des dargestellten Systems. Der vertikale Stiel sei starr.

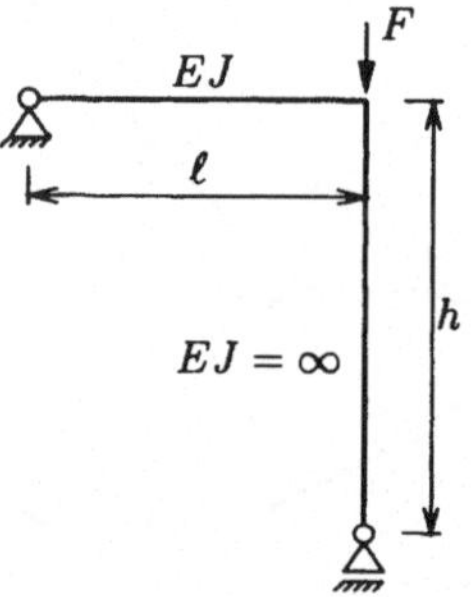

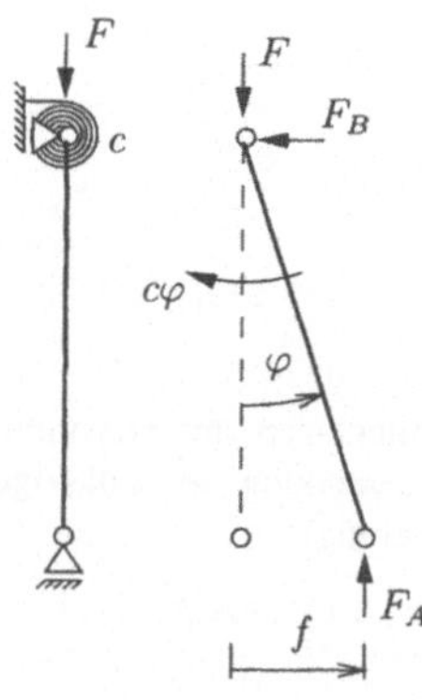

Lösung: Der elastisch deformierbare horizontale Stab übt bei der Verformung des vertikalen Stiels ein Moment $M = c\varphi$ auf diesen aus. An Stelle des gegebenen Systems können wir deshalb das angegebene Ersatzsystem einführen, wobei wir den horizontalen Stab durch eine Momentenfeder mit der Steifigkeit c ersetzen.

Mit Hilfe der Gleichgewichtsbedingungen erhalten wir dafür im Nachbarzustand

$$F_A = F, \quad F_B = 0$$

und

$$c\varphi = Ff, \quad f = h\varphi \quad \rightarrow \quad (c - Fh)\varphi = 0$$

mit der nichttrivialen Lösung

$$F_k = \frac{c}{h}.$$

Ermittlung der Federsteifigkeit:

Der horizontale Stab wird in der in der Skizze angegebenen Weise durch das Moment $M = c\varphi$ beansprucht. Mit Hilfe des Prinzips der virtuellen Arbeit (Kraftgrößen-Verfahren, siehe Kapitel 7) oder der Biegelinie (siehe Kapitel 5) können wir die sich unter dieser Belastung einstellende Verdrehung φ des rechten Lagers bestimmen

$$\varphi = \frac{1}{3}\frac{M\ell}{EJ}\,.$$

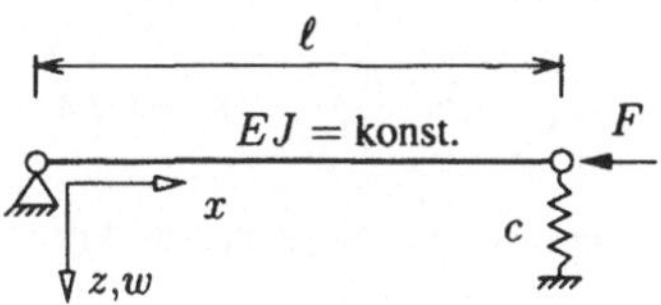

Damit wird die Steifigkeit der Feder

$$c = \frac{3EJ}{\ell}$$

und die kritische Last

$$F_k = \frac{3EJ}{h\ell}\,.$$

Aufgabe 8.5:

Bestimmen Sie die kritischen Lasten des dargestellten elastischen Stabes.

Lösung: Wir betrachten die Nachbarlage:

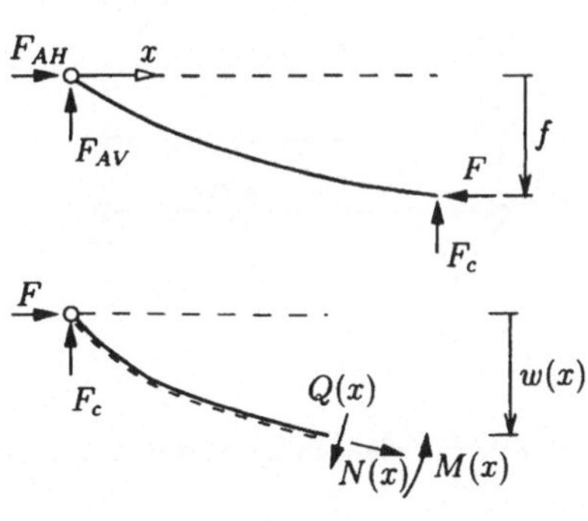

Für die Auflagerkräfte erhalten wir

$$F_{AH} = F, \quad F_{AV} = -F_c\,.$$

Das Momentengleichgewicht an der Stelle x liefert

$$M(x) - Fw(x) = -F_c x\,.$$

Wird $M(x)$ gemäß $(5.1)_2$ durch

$$M(x) = -EJw''(x)$$

ersetzt, folgt daraus schließlich

$$w''(x) + k^2 w(x) = \frac{F_c}{EJ}x \quad \text{mit} \quad k^2 = \frac{F}{EJ}\,,$$

d.h. eine spezielle Form der Gleichung (8.2).

Die allgemeine Lösung dieser inhomogenen Differentialgleichung ist

$$w = c_1 \sin kx + c_2 \cos kx + \frac{F_c}{k^2 EJ}x\,.$$

Randbedingungen:

$$w(0) = 0, \quad w(\ell) = f = \frac{F_c}{c}, \quad M(\ell) = 0 = Fw(\ell) - F_c\ell\,.$$

(Die Bedingung $M(0) = 0$ ist wegen $w(0) = 0$ bereits durch die Differentialgleichung des Problems erfüllt.) Aus den Randbedingungen folgt

$$c_2 = 0$$

und

$$\begin{bmatrix} 0 & \dfrac{F}{c} - \ell \\[2mm] \sin k\ell & \dfrac{\ell}{F} - \dfrac{1}{c} \end{bmatrix} \begin{bmatrix} c_1 \\[2mm] F_c \end{bmatrix} = \begin{bmatrix} 0 \\[2mm] 0 \end{bmatrix} .$$

Die Koeffizientendeterminante verschwindet für

$$\left(\frac{F}{c} - \ell \right) \sin k\ell = 0$$

mit den Lösungen

(i) $F_{k1} = c\ell$ sowie

(ii) $\sin k\ell = 0$ $\rightarrow$ $k\ell = n\pi$ bzw.

$$F_{k2} = n^2 \pi^2 \frac{EJ}{\ell^2} , \quad (n = 1,2,3 \ldots)$$

Da stets der niedrigste Eigenwert als kritisch angesehen wird, gilt damit

$$F_{k1} = c\ell, \quad F_{k2} = \pi^2 \frac{EJ}{\ell^2} .$$

Aufgabe 8.6:

Um wie viel Grad darf der nebenstehende Stab
(HEB-Profil 140: $A = 43\ \text{cm}^2$, $J_{\min} = 550\ \text{cm}^4$)
höchstens erwärmt werden, wenn er nicht aus-
knicken und die zulässige Druckspannung nicht
überschritten werden soll?

Gegeben: $l = 3$ m, $E = 2{,}1 \cdot 10^5$ N/mm^2,
$\qquad\qquad \alpha = 1{,}1 \cdot 10^{-5}$ K^{-1},
$\qquad\qquad \sigma_{\text{zul}} = 140$ N/mm^2

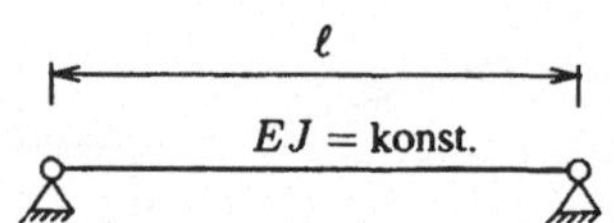

Lösung: Das angegebene System entspricht dem 2. Euler-Fall. Für die niedrigste kritische Last gilt
entsprechend (8.3)

$$F_k = \pi^2 \frac{EJ_{\min}}{\ell^2}$$

und damit gemäß (8.5)

$$\sigma_k = -\pi^2 \frac{EJ_{\min}}{A\ell^2} = -\pi^2 \frac{E}{\lambda^2} ,$$

mit dem Schlankheitsgrad

$$\lambda = \ell \sqrt{\frac{A}{J_{\min}}} = 84 .$$

Bei Erwärmung des Stabes gilt das Stoffgesetz $(2.3)_1$. Die Randbedingungen fordern dabei $\epsilon = 0$

$$\epsilon = \frac{\sigma}{E} + \alpha \Delta T = 0 \quad \rightarrow \quad \sigma = -E\alpha\Delta T .$$

Der Stab knickt aus für $\sigma = \sigma_k$, d.h.

$$\Delta T_k = -\frac{\sigma_k}{E\alpha} = \frac{1}{\alpha}\frac{\pi^2}{\lambda^2} = 127{,}5\,^\circ\text{C}.$$

Dabei wirkt die Knickspannung

$$|\sigma_k| = 294{,}5\,\text{N/mm}^2.$$

Die zulässige Druckspannung bestimmen wir mit Hilfe des ω-Verfahrens (DIN 4114). Für $\sigma_{\text{zul}} = 140\,\text{N/mm}^2$ lesen wir ab

$$\omega\text{-Beiwert:}\quad \omega(\lambda = 84) = 1{,}61.$$

Nach (8.6) setzen wir

$$\sigma_{D\text{zul}} = \frac{\sigma_{\text{zul}}}{\omega(\lambda)} = 86{,}96\,\text{N/mm}^2.$$

Da

$$|\sigma_k| > \sigma_{D\text{zul}}$$

ist im obigen Ergebnis $|\sigma_k|$ durch $\sigma_{D\text{zul}}$ zu ersetzen und die zulässige Erwärmung reduziert sich auf

$$\Delta T_{\text{zul}} = \frac{\sigma_{D\text{zul}}}{E\alpha} = 37{,}6\,^\circ\text{C}.$$

Aufgabe 8.7:

Der Stab 1 des nebenstehenden Systems ist so zu bemessen, daß die Sicherheit gegen Erreichen der kritischen Last $\nu = 3$ beträgt. Welcher Stabquerschnitt wäre für den Lastfall b) erforderlich? Es ist ein HEB-Profil zu wählen.

Gegeben: $\ell = 3\,\text{m}$, $F = 200\,\text{kN}$,
$\qquad\quad E = 2.1 \cdot 10^5\,\text{N/mm}^2$,
$\qquad\quad \sigma_{D\text{zul}} = 160\,\text{N/mm}^2$

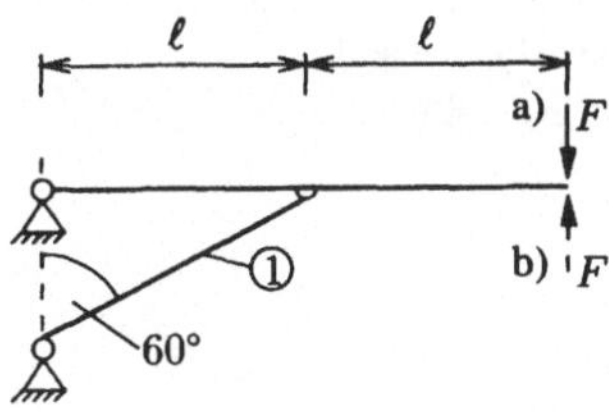

Lösung:

1. Lastfall a):

Mit Hilfe der Gleichgewichtsbedingungen bestimmen wir die Stabkraft für den Stab 1

$$S_1 = -\frac{2F}{\cos\alpha}\,.$$

Die Knickspannung wird dann gemäß (8.5)

$$\sigma_k = -\pi^2\frac{EJ_{\min}}{A\ell_k^2}\,,\quad \ell_k = \frac{\ell}{\sin\alpha}\,.$$

Die Sicherheit gegen Knicken erfordert (8.4)

$$\sigma_{D\text{zul}} = \frac{1}{3}\,|\sigma_k| \geqslant \frac{1}{3}\,\pi^2\,\frac{EJ_{\min}}{A\ell^2}\sin^2\alpha.$$

Daraus folgt für die Bemessung

$$\frac{|S_1|}{A_{erf}} \leqslant \sigma_{Dzul} \quad \rightarrow \quad F \leqslant \frac{1}{2}\,\sigma_{Dzul}A_{erf}\cos\alpha\,.$$

Andererseits erfordert die Knicksicherheit

$$F \;\leqslant\; \frac{1}{6}\,\pi^2\,\frac{EJ_{erf}}{\ell^2}\,\sin^2\alpha\cos\alpha$$

$$J_{erf} \;\geqslant\; \frac{6F\ell^2}{\pi^2 E \sin^2\alpha\cos\alpha} = 1{,}39 \cdot 10^7 \text{ mm}^4$$

<u>gew.</u>: HEB 200 mit $J_{min} = 2 \cdot 10^3$ cm^4 und $A = 78{,}1$ cm^2

2. Lastfall b):

Für die Stabkraft gilt in diesem Fall

$$S_1 = \frac{2F}{\cos\alpha}$$

und damit

$$\frac{S_1}{A_{erf}} \leqslant \sigma_{zul} \quad \rightarrow \quad A_{erf} \geqslant \frac{S_1}{\sigma_{zul}} = 5000 \text{ mm}^2$$

<u>gew.</u>: HEB 160 mit $A = 54{,}3$ cm^2

Aufgabe 8.8:

Bestimmen Sie das Momenten-Verformungsdiagramm, wenn das nebenstehende System im Gleichgewicht sein soll.

Gegeben: $\varphi_0 = 60°$

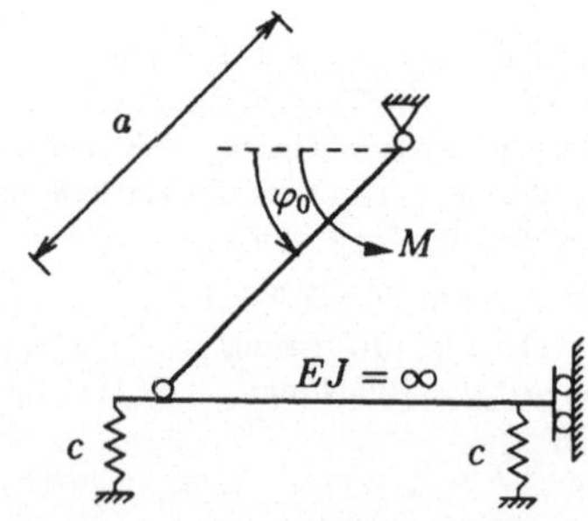

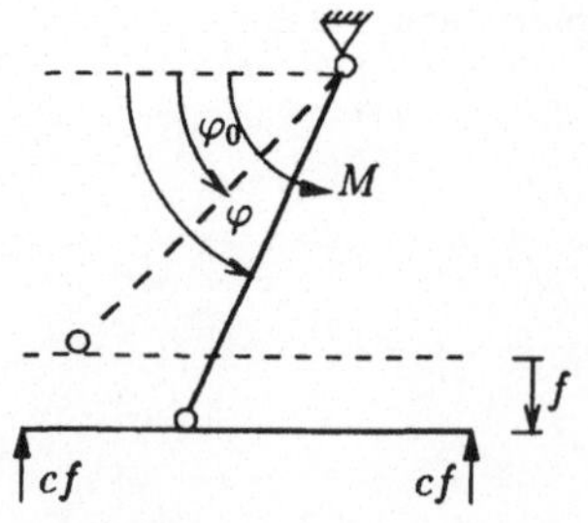

Lösung: Die Gleichgewichtsbedingungen am verformten System liefern

$$N = 2cf, \quad M = Na\cos\varphi = 2cfa\cos\varphi.$$

Mit der geometrischen Bedingung

$$f = a(\sin\varphi - \sin\varphi_0)$$

erhalten wir daraus schließlich

$$M = 2ca^2\cos\varphi(\sin\varphi - \sin\varphi_0).$$

das Verformungsverhalten eines Durchschlagproblems (Band II, Abschnitt 8.4).

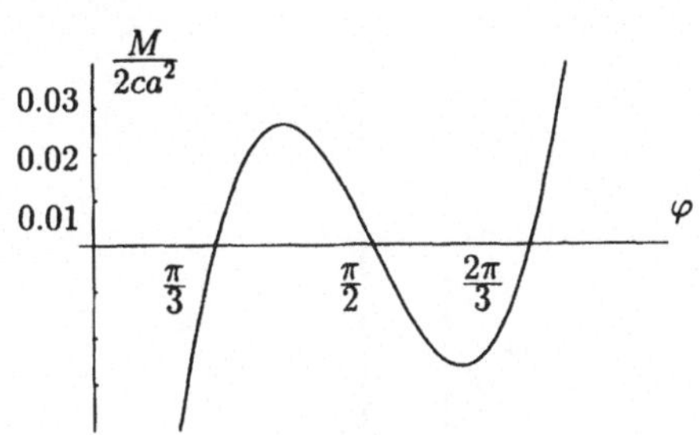

Bei einer Steigerung der Belastung können
wir dabei feststellen, dass das Moment bis
zu einem Maximalwert von

$$M_{\text{max}} = 0,0264 \, \frac{M}{2ca^2}$$

bei

$$\varphi_1 = 72,94°$$

angehoben werden kann.

Momenten-Verformungsdiagramm

Bei Erreichen dieser Last wird das System allerdings instabil und schlägt durch vom Winkel

$$\varphi_1 = 72.94° \quad \rightarrow \quad \varphi_2 = 124,93° \, .$$

Bei einer Lastumkehr wiederholt sich dieser Vorgang in entgegengesetzter Richtung.

8.4 Aufgaben

Aufgabe 8.9:

Bestimmen Sie die kritische Last des dargestellten Systems aus starren Stäben.

Gegeben: $EJ = \infty$

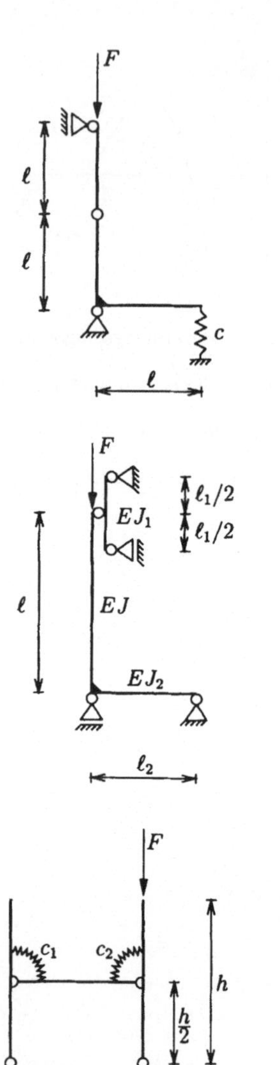

Aufgabe 8.10:

Bestimmen Sie die kritische Last des dargestellten Systems.

Gegeben: $EJ = \infty$

Aufgabe 8.11:

Bestimmen Sie die kritische Last des dargestellten Systems aus starren Stäben.

Aufgabe 8.12:

Die kritischen Lasten des nebenstehenden Systems sowie die zugehörigen Knickformen sind
zu bestimmen. Alle Stäbe seien starr.

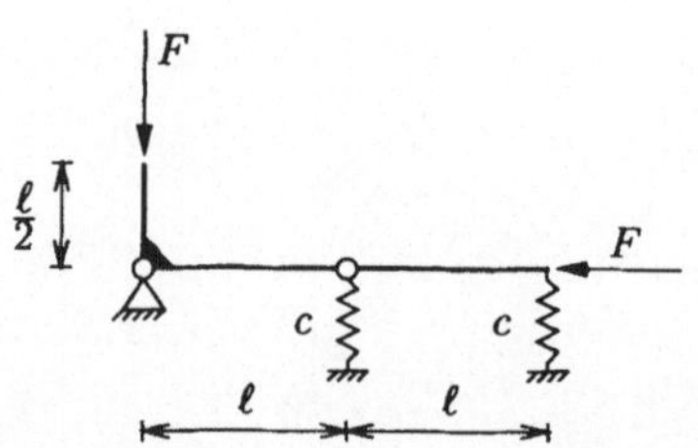

Aufgabe 8.13:

Bestimmen Sie die kritische Last F des dargestellten Systems aus starren Stäben.

Gegeben: G, a, b, c

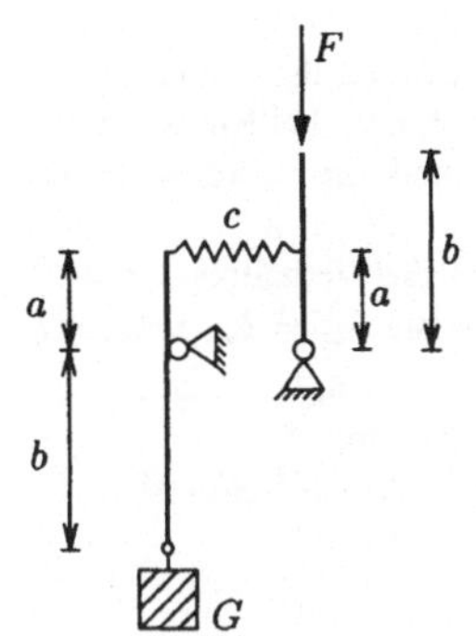

Aufgabe 8.14:

Geben Sie die kritischen Lasten des nebenstehenden Systems an und bestimmen Sie die zugehörigen Knickformen. Alle Stäbe seien starr.

Gegeben: F, a, $c_1 = c$, $c_2 = a^2 c$

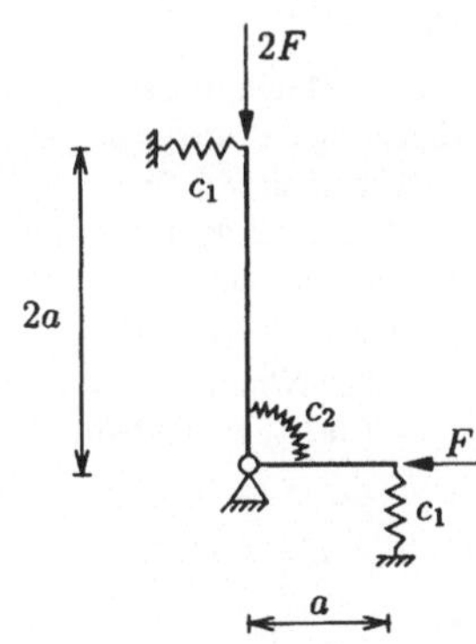

Aufgabe 8.15:

Bestimmen Sie die kritischen Lasten des dargestellten Systems aus starren Stäben ($EJ = \infty$).

Gegeben: F, ℓ, $c_1 = 2\,c$, $c_2 = 3\,c$

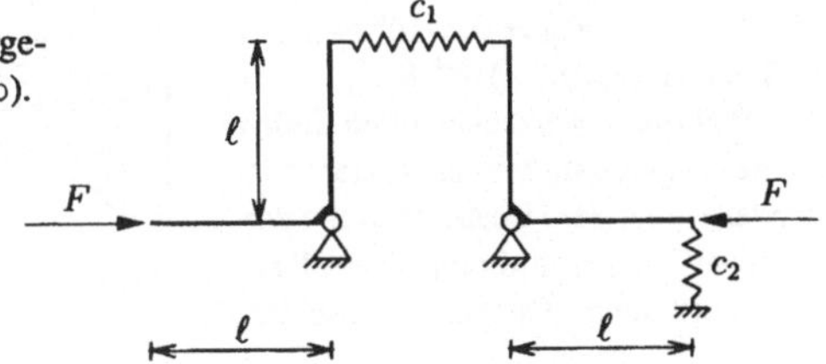

Aufgabe 8.16:

Dimensionieren Sie die Stäbe des Fachwerkes,
wenn die Querschnitte rechteckig sind und ein
Seitenverhältnis von $b/h = 1/2$ besitzen.
Der Knicksicherheitsfaktor ist mit $\nu = 1.8$ anzu-
nehmen.

Gegeben: $F = 10$ kN, $\sigma_{zul} = 280$ N/mm^2,
$\qquad\quad E = 2 \cdot 10^5$ N/mm^2, $\ell = 2$ m

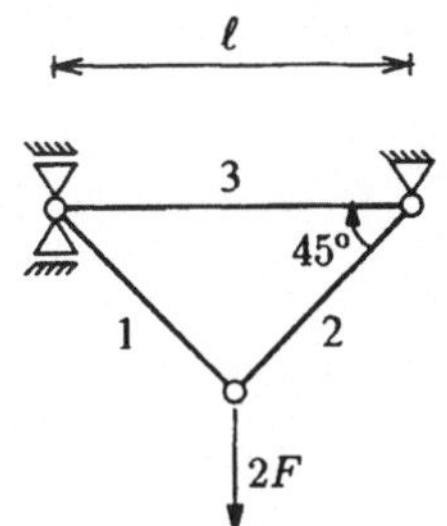

Aufgabe 8.17:

a) Für den dargestellten Stab sollen die kritischen Lasten bei Knickung um die y-Achse und die z-Achse bestimmt werden.

b) Wie muss das Verhältnis a/b gewählt werden, wenn $F_{kz} = F_{ky}$ sein soll?

Gegeben: $b = 3$ cm, $a = 1$ cm,

$\ell = 1$ m,

$E = 2.1 \cdot 10^5$ N/mm^2

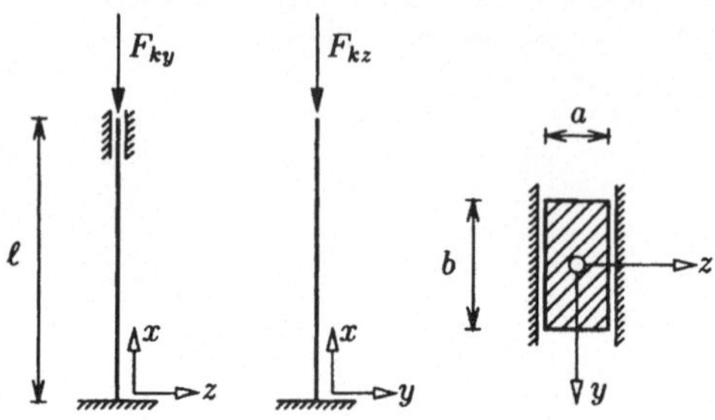

Aufgabe 8.18:

Bestimmen Sie den Durchmesser der Pendelstütze so, dass Knickung des Stabes ausgeschlossen werden kann (Sicherheit $\nu = 2$).

Würde die Stütze gemäß dem ω-Verfahren ausreichend dimensioniert sein?

Gegeben: $E = 2.1 \cdot 10^5$ N/mm^2,

$\sigma_{zul} = 210$ N/mm^2,

$\ell = 1$ m, $q_0 = 10$ kN/m

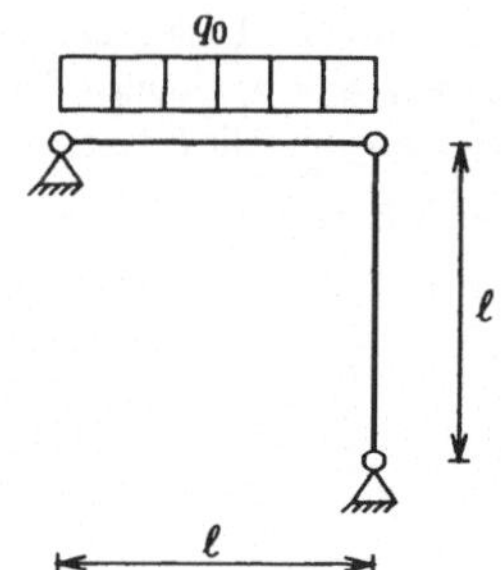

Aufgabe 8.19:

Je zwei Stangen aus Aluminium ($\alpha_{Al} = 23.5 \cdot 10^{-6}$ K^{-1}, $E_{Al} = 0.7 \cdot 10^5$ N/mm^2) und Stahl ($\alpha_{St} = 9.5 \cdot 10^{-6}$ K^{-1}, $E_{St} = 2.1 \cdot 10^5$ N/mm^2) werden an ihren Enden bei einer Temperatur von 20° C starr miteinander verbunden. Bestimmen Sie den zulässigen Temperaturbereich, um Bauteilversagen durch Knicken auszuschließen.

Gegeben: $a = 10$ mm, $\ell = 1$ m

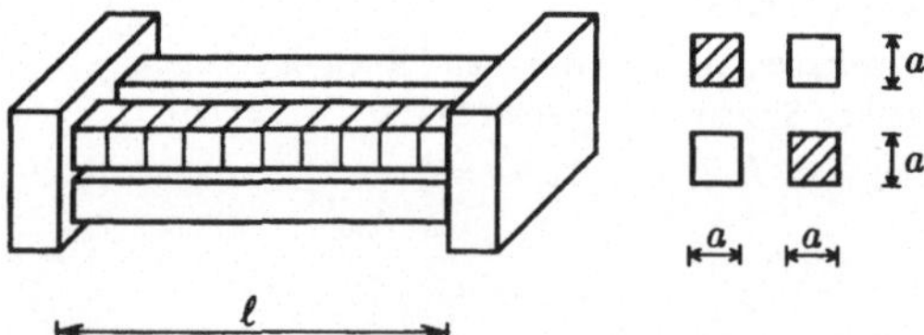

9 Einfache rotationssymmetrische Probleme

9.1 Dünnwandige Körper

Wir betrachten drei elementare Probleme, bei denen die Radialspannung generell vernachlässigt werden kann, d.h. $\sigma_{rr} = 0$ zu setzen ist.

1. Dünnwandiges Rohr unter Innendruck

Für das gerade dünnwandige Rohr ($s \ll d$) unter Innendruck p_i gelten die folgenden Zusammenhänge für die Spannungen $\sigma_{\varphi\varphi}$ in Umfangsrichtung und σ_{zz} in Axialrichtung

$$\sigma_{\varphi\varphi} = p_i \frac{d}{2s} \tag{9.1}$$

$$\sigma_{zz} = p_i \frac{d}{4s} = \frac{1}{2} \sigma_{\varphi\varphi} \quad \text{(für das geschlossene Rohr, Kessel),} \tag{9.2}$$

$$\sigma_{zz} = p_i \frac{d}{4s} + \frac{F_z}{\pi ds} \quad \text{(bei zusätzlicher Axiallast } F_z\text{).} \tag{9.3}$$

2. Dünnwandiges Rohr unter Zentrifugallast

Für eine sich mit konstanter Winkelgeschwindigkeit Ω drehende ungefüllte Zentrifugen-Trommel gilt

$$\sigma_{\varphi\varphi} = \rho \Omega^2 r^2 = \rho \Omega^2 \frac{d^2}{4}, \quad \sigma_{zz} = 0. \tag{9.4}$$

3. Dünnwandige Kugel unter Innendruck

Für die dünnwandige Kugel unter Innendruck p_i gilt schließlich

$$\sigma_{\varphi\varphi} = \sigma_{\vartheta\vartheta} = \sigma_{tt} = p_i \frac{d}{4s}. \tag{9.5}$$

9.2 Ebene rotationssymmetrische Probleme

Wir beschreiben die rotationssymmetrischen Probleme in einem Zylinder-Koordinatensystem und erhalten für die Gleichgewichtsbedingungen

$$\frac{1}{r}(r\sigma_{rr})' - \frac{1}{r}\sigma_{\varphi\varphi} + \rho f_r = 0$$

$$\frac{1}{r}(r\sigma_{r\varphi})' - \frac{1}{r}\sigma_{r\varphi} + \rho f_\varphi = 0 \tag{9.6}$$

$$\frac{1}{r}(r\sigma_{rz})' \qquad + \rho f_z = 0.$$

wenn wir mit $(\cdot)'$ die Ableitung nach der Koordinate r kennzeichnen.

Setzen wir ein im Rahmen rotationssymmetrischer Probleme mögliches Verschiebungsfeld mit den Komponenten

$$u_\varphi(r,z) = u_\varphi^*(r) + \vartheta r z$$

$$u_z(r,z) = u_z^*(r) + c z \tag{9.7}$$

voraus, so erhalten wir bei elastischem Verhalten für das Stoffgesetz

$$\epsilon_{rr} = u_r' \;\; = \;\; \frac{1}{E}\left\{\sigma_{rr} - \nu(\sigma_{\varphi\varphi} + \sigma_{zz})\right\} + \alpha\Delta T$$

$$\epsilon_{\varphi\varphi} = \frac{u_r}{r} \;\; = \;\; \frac{1}{E}\left\{\sigma_{\varphi\varphi} - \nu(\sigma_{zz} + \sigma_{rr})\right\} + \alpha\Delta T \tag{9.8}$$

$$\epsilon_{zz} = c \;\;\; = \;\; \frac{1}{E}\left\{\sigma_{zz} - \nu(\sigma_{rr} + \sigma_{\varphi\varphi})\right\} + \alpha\Delta T$$

$$\epsilon_{r\varphi} = \frac{1}{2}\,r\left(\frac{u_\varphi^*}{r}\right)' = \frac{1}{2G}\,\sigma_{r\varphi}$$

$$\epsilon_{\varphi z} = \frac{1}{2}\,\vartheta r \;\;\;\;\; = \frac{1}{2G}\,\sigma_{\varphi z} \tag{9.9}$$

$$\epsilon_{zr} = \frac{1}{2}\,u_z^{*\prime} \;\;\;\; = \frac{1}{2G}\,\sigma_{zr}\,.$$

Mit Hilfe dieser Gleichungen lassen sich sowohl Probleme mit ebenen Spannungs- oder Verzerrungs-
zuständen als auch die Scheibentorsion, die axiale Scherung und die Torsion eines Stabes mit Kreisquerschnitt behandeln (siehe Band II, Tabelle 9.1)

9.3 Beispiele

Aufgabe 9.1:

Ein dünner Zylinder beginnt in einem ebenfalls
zylindrischen Gehäuse zu rotieren. Wie groß
darf seine Umdrehungszahl/min höchstens werden, damit er das Außengehäuse gerade berührt?
Wie hoch ist dann die Umfangsspannung im
Mantel? Die Änderung der Mantelstärke ist zu
vernachlässigen.

Gegeben: $R = 494$ mm, $s = 6$ mm,
$\Delta = 1$ mm, $\gamma_S = 78.5$ kN/m^3,
$E = 2.1 \cdot 10^5$ N/mm^2

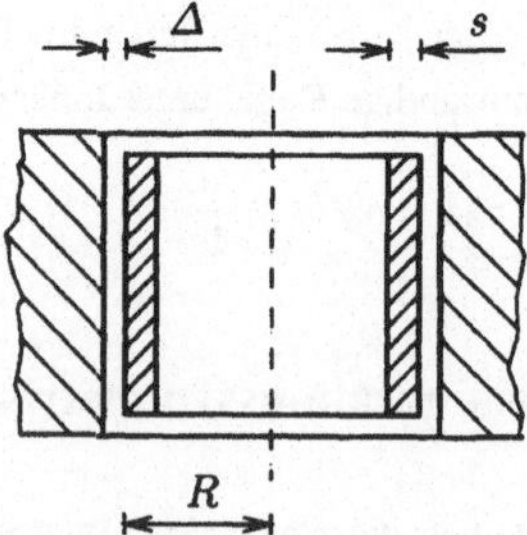

Lösung: Nach (9.4) gilt für die Umfangsspannung in einem mit konstanter Winkelgeschwindigkeit Ω
rotierenden dünnwandigen Zylinder

$$\sigma_{\varphi\varphi} = \rho\,\Omega^2 R^2 = \frac{\gamma_S}{g}\,\Omega^2 R^2\,.$$

Dabei ist $\gamma = \rho g$ das spezifische Gewicht. Unter Berücksichtigung der möglichen Aufweitung Δ
erhalten wir

$$\sigma_{\varphi\varphi} = \frac{\gamma_S}{g}\,\Omega^2(R + \Delta)^2\,.$$

Aus der zweiten Beziehung des Stoffgesetzes (9.8) können wir unter der Annahme

$$\sigma_{rr} = \sigma_{zz} = 0$$

für die Dehnung in Umfangsrichtung ablesen

$$\epsilon_{\varphi\varphi} = \frac{u_r}{r} = \frac{1}{E}\,\sigma_{\varphi\varphi}.$$

Bei vorgegebener Verschiebung

$$u_r(R) = \Delta$$

erhalten wir dann

$$\sigma_{\varphi\varphi} = E\,\frac{\Delta}{R} = \frac{\gamma_S}{g}\,\Omega^2(R+\Delta)^2$$

und damit

$$\Omega = \frac{1}{R+\Delta}\sqrt{\frac{E\Delta g}{R\gamma_S}} = 465.63\ \text{1/s},$$

$$\Omega = 2\pi n \quad\rightarrow\quad n = 4\,446.4\ \text{U/min}, \quad \sigma_{\varphi\varphi} = 425.1\ \text{N/mm}^2.$$

Aufgabe 9.2:

Auf eine starre Welle soll eine Scheibe aufgeschrumpft werden. Dazu wird die Scheibe um
ΔT erwärmt, so dass ihr Lochdurchmesser mit
dem Wellendurchmesser übereinstimmt. Ermitteln Sie die Spannungen und Verschiebungen
nachdem sich die Scheibe abgekühlt hat.

Gegeben: $R_i = 10$ mm, $R_a = 100$ mm,
$\qquad E = 2.1 \cdot 10^5$ N/mm^2, $\nu = 0.3$,
$\qquad \alpha = 1.23 \cdot 10^{-5}$ K^{-1}, $\Delta T = 100$ K

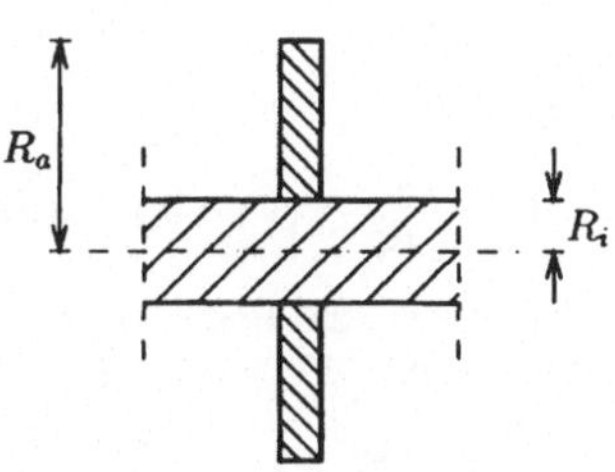

Lösung: Bei einem Scheibenproblem handelt es sich um ein Beispiel mit einem ebenen Spannungs-
zustand $\sigma_{zz} = \sigma_{zr} = \sigma_{z\varphi} = 0$. Die Gleichgewichtsbedingung in radialer Richtung lautet dann $(9.6)_1$

$$\frac{1}{r}\,(r\sigma_{rr})' - \frac{1}{r}\,\sigma_{\varphi\varphi} + \rho f_r = 0$$

und vom Stoffgesetz (9.8) verbleiben die drei Beziehungen für die Dehnungen

$$\epsilon_{rr} = u_r{}' = \frac{1}{E}\,(\sigma_{rr} - \nu\sigma_{\varphi\varphi}) + \alpha\Delta T$$

$$\epsilon_{\varphi\varphi} = \frac{u_r}{r} = \frac{1}{E}\,(\sigma_{\varphi\varphi} - \nu\sigma_{rr}) + \alpha\Delta T$$

$$\epsilon_{zz} = c = -\frac{\nu}{E}\,(\sigma_{rr} + \sigma_{\varphi\varphi}) + \alpha\Delta T.$$

Mit $f_r = 0$ können wir das Gleichgewicht nach $\sigma_{\varphi\varphi}$ auflösen

$$\sigma_{\varphi\varphi} = (r\sigma_{rr})'.$$

Setzen wir dies in die beiden ersten Beziehungen des Stoffgesetzes ein,

$$u_r = \frac{r}{E}\left(\sigma_{\varphi\varphi} - \nu\sigma_{rr}\right) + r\alpha\Delta T$$

$$u_r' = \frac{1}{E}\left(\sigma_{rr} - \nu\sigma_{\varphi\varphi}\right) + \alpha\Delta T$$

$$\quad = \frac{r}{E}\left(\sigma_{\varphi\varphi}' - \nu\sigma_{rr}'\right) + \frac{1}{E}\left(\sigma_{\varphi\varphi} - \nu\sigma_{rr}\right) + \alpha\Delta T$$

bzw.

$$r^2(r\sigma_{rr})'' + r(r\sigma_{rr})' - r\sigma_{rr} = 0,$$

so erhalten wir eine Euler-Differentialgleichung mit der Lösung

$$\sigma_{rr} = \frac{c_1}{r^2} + c_2, \quad \sigma_{\varphi\varphi} = -\frac{c_1}{r^2} + c_2$$

für die beiden Spannungen sowie

$$u_r = \frac{r}{E}\left(-(1+\nu)\frac{c_1}{r^2} + (1-\nu)c_2\right) + r\alpha\Delta T$$

für die Radialverschiebung.

Unter Berücksichtigung der Randbedingungen

$$\sigma_{rr}(r = R_a) = 0, \quad u_r(r = R_i) = 0$$

erhalten wir daraus

$$0 = \frac{c_1}{R_a^2} + c_2$$

$$0 = -(1+\nu)\frac{c_1}{R_i^2} + (1-\nu)c_2 + E\alpha\Delta T$$

ein Gleichungssystem zur Bestimmung der zwei Integrationskonstanten c_1 und c_2 mit der Lösung
(nach Abkühlung, d.h. $\Delta T = -100$ K)

$$c_1 = \frac{R_i^2}{(1+\nu) + \dfrac{R_i^2}{R_a^2}(1-\nu)}\, E\alpha\Delta T = -1{,}976 \cdot 10^4 \text{ N}$$

$$c_2 = -\frac{R_i^2/R_a^2}{(1+\nu) + \dfrac{R_i^2}{R_a^2}(1-\nu)}\, E\alpha\Delta T = 1{,}976 \text{ N/mm}^2.$$

Zahlenwerte:

$$\sigma_{rr}(R_i) = -195.7 \text{ N/mm}^2, \quad \sigma_{\varphi\varphi}(R_i) = 199.6 \text{ N/mm}^2, \quad u_r(R_a) = -0.12 \text{ mm}.$$

9.4   Aufgaben

Aufgabe 9.3:

Für einen unter Innendruck stehenden Kessel
(Wandstärke s, Innendurchmesser $d \gg s$, Ü-
berdruck p) ist eine Festigkeitsberechnung im
Schnitt A-A durchzuführen. Bestimmen Sie

a) die Spannungen in Umfangs- und Längsrichtung des Kessels,

b) unter der Annahme eines ebenen Spannungszustandes die maximalen Schubspannungen
   und die zugehörigen Schnittflächen und

c) die Normalspannungen in den unter b) ermittelten Schnittflächen.

Gegeben: $s = 5$ mm, $d = 800$ mm,
$$p = 1.5 \, \text{MPa}$$

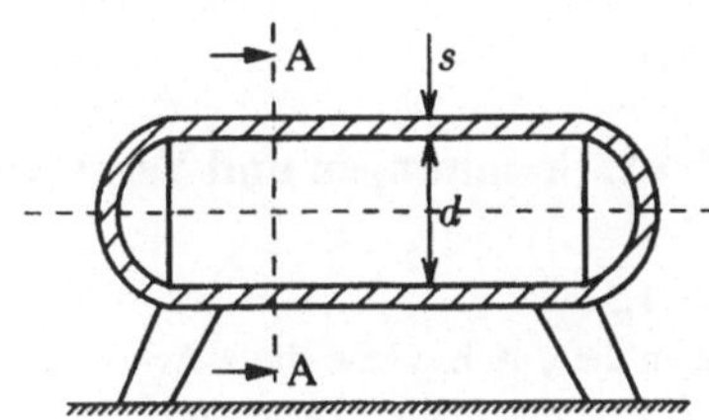

Aufgabe 9.4:

Ein dünner Kupferring soll auf einen dünnen
Stahlring aufgeschrumpft werden. Dazu wird der
um ΔT erhitzte Kupferring auf den nicht erhitz-
ten Stahlring ohne Spiel aufgebracht.

Wie groß sind nach dem Erkalten die Ringspan-
nungen und der Schrumpfdruck?

Gegeben: E_C, E_S, α; h_S, $h_C \ll r$

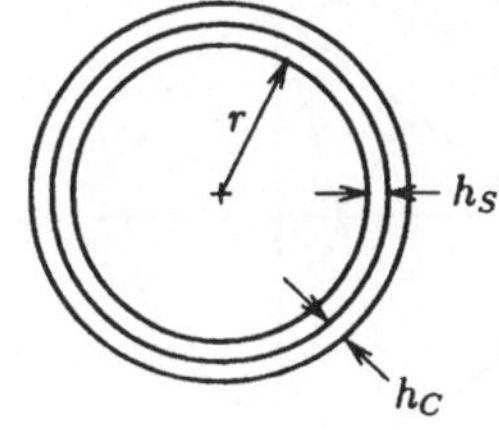

10 Lösungen

Kapitel 1: Spannungen und Verzerrungen

Aufgabe 1.5:

Wir lassen die y-Achse bzw. die x-Achse des kartesischen Koordinatensystems mit den Kanten CA bzw. CB zusammenfallen. Dann sind

$$\sigma_{xx} = 0,\ \sigma_{yy},\ \sigma_{xy} = -\tau = -120\ \text{N/mm}^2$$

die Spannungen, die längs dieser Kanten angreifen und σ_2 die Druckspannung längs AB.
Damit erhalten wir aus den Transformationsbeziehungen (1.9) – bei vorgegebenem Winkel φ

$$\sigma_{yy} = -70\ \text{N/mm}^2,\ \sigma_{yx} = -120\ \text{N/mm}^2,\quad \sigma_1 = 90\ \text{N/mm}^2,\ \sigma_2 = -160\ \text{N/mm}^2.$$

Die entsprechende Lösung können wir auch mit Hilfe des Mohrschen Kreises konstruieren:

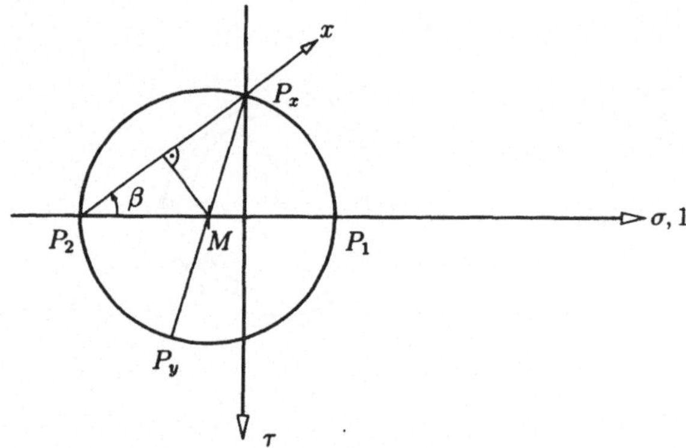

Aufgabe 1.6:

Für beide Schnitte muss gelten

$$\sigma_1 + \sigma_2 = \sigma_{x_1 x_1} + \sigma_{y_1 y_1} = \sigma_{x_2 x_2} + \sigma_{y_2 y_2}$$

sowie

$$\sigma_1 - \sigma_2 = \sqrt{(\sigma_{x_1} - \sigma_{y_1})^2 + 4\tau_1^2} = \sqrt{(\sigma_{x_2} - \sigma_{y_2})^2 + 4\tau_2^2}$$

bzw.

$$(\sigma_{x_1} - \sigma_{y_1})^2 + 4\tau_1^2 = (\sigma_{x_2} - \sigma_{y_2})^2 + 4\tau_2^2,$$

wenn wir $\sigma_{x_1 x_1} = \sigma_{x_1}$, $\sigma_{y_1 y_1} = \sigma_{y_1}$, $\sigma_{x_1 y_1} = \tau_1$, usw. bezeichnen.
Daraus lassen sich zunächst die unbekannten Normalspannungen σ_{y_1} und σ_{y_2} bestimmen

$$\sigma_{y_1} = 10\ \text{N/mm}^2,\ \sigma_{y_2} = -30\ \text{N/mm}^2$$

und damit mit Hilfe der Beziehungen (1.10) bis (1.14)

a) $\sigma_1 = 60\ \text{N/mm}^2$, $\sigma_2 = -40\ \text{N/mm}^2$, $\quad \varphi_1 = 45°$, $\varphi_2 = 18{,}43°$

b) $|\sigma_{xy}|_{\max} = 50\ \text{N/mm}^2$

c) $\alpha_{3,4} = \mp 50{,}77°$, $\sigma_{x_3,x_4} = 0$, $\tau_{3,4} = \pm 48{,}99\ \text{N/mm}^2$.

Aufgabe 1.7:

$$\sigma_{1,2} = \pm 111{,}80\ \text{N/mm}^2, \quad \varphi_1 = 13{,}15°, \quad |\sigma_{\bar{x}\bar{y}}|_{\max} = 111{,}80\ \text{N/mm}^2, \quad \varphi_1^* = 58{,}15°.$$

Aufgabe 1.8:

$$\sigma_1 = 54{,}64\ \text{N/mm}^2, \quad \sigma_2 = 14{,}64\ \text{N/mm}^2, \quad \varphi_1 = 45°, \quad |\sigma_{\bar{x}\bar{y}}|_{\max} = 20\ \text{N/mm}^2$$

Aufgabe 1.9:

Wir bestimmen zunächst $\tau = 20\sqrt{2}\ \text{N/mm}^2$ und erhalten dann

a) $\alpha = -35{,}25°$, b) $\sigma_1 = 60\ \text{N/mm}^2$, $\sigma_2 = 0$, $\varphi_1 = 35{,}25°$

Aufgabe 1.10:

Hauptaufgabe: $\sigma_{\bar{x}\bar{x}} = 69{,}28\ \text{N/mm}^2$, $\sigma_{\bar{y}\bar{y}} = 30{,}72\ \text{N/mm}^2$, $\sigma_{\bar{x}\bar{y}} = -126{,}60\ \text{N/mm}^2$

a) $\sigma_1 = 178{,}06\ \text{N/mm}^2$, $\sigma_2 = -78{,}06\ \text{N/mm}^2$, $\varphi_1 = 19{,}33°$

b) $\tau_{1,2} = \pm 128{,}06\ \text{N/mm}^2$, $\varphi_1^* = -25{,}67°$, $\varphi_2^* = 64{,}33°$, $\sigma_{\bar{x}\bar{x}}(\varphi_1^*) = 50\ \text{N/mm}^2$

Aufgabe 1.11:

a) $\epsilon_{ik} = \dfrac{1}{200} \begin{pmatrix} 1 & 3 \\ 3 & -3 \end{pmatrix}$, b) $\varphi = 28{,}15°$

Kapitel 2: Stoffgesetz für elastisches Materialverhalten

Aufgabe 2.4:

Aus dem Hookeschen Gesetz folgt unter der Annahme eines ebenen Spannungszustandes

$$\epsilon_{xx} = \frac{1}{E}\,\sigma_{xx} + \alpha\Delta T.$$

Daraus erhalten wir:

$$\Delta l = 2 \text{ mm (bei } \sigma_{xx} = 0) \text{ bzw. } \sigma_{xx} = -10,5 \text{ N/mm}^2 \text{ (bei } \epsilon_{xx} = 0), \quad F_h = 1260 \text{ kN/m}.$$

Aufgabe 2.5:

$$\sigma_{xx} = \sigma_{yy} = -\frac{\nu}{1-\nu}\,\frac{F}{a^2}\,, \quad \sigma_{zz} = -\frac{F}{a^2}$$

$$\epsilon_{xx} = \epsilon_{yy} = 0, \quad \epsilon_{zz} = -\frac{(1+\nu)(1-2\nu)}{1-\nu}\,\frac{F}{Ea^2}\,, \quad \epsilon_{zz} = 0 \text{ (bei } \nu = 0.5)$$

Aufgabe 2.6:

Aus den Längenänderungen der beiden Stäbe: $\Delta\ell_1 = -0,528$ mm, $\Delta\ell_2 = 0,337$ mm erhalten wir (unter der Voraussetzung kleiner Verschiebungen):

$$f_H = 1,33 \text{ mm}, \quad f_V = 0,337 \text{ mm}$$

Aufgabe 2.7:

$$\Delta\ell = \frac{Fl}{EA}\left(1 + \frac{G}{2F}\right)$$

Aufgabe 2.8:

a) Abkühlung $\rightarrow$ $F_{C\text{max}} = \dfrac{G}{2}$, Erwärmung $\rightarrow$ $F_{B\text{max}} = G$

b) $T \geqslant \dfrac{10\,G}{6\,\alpha EA}\,°\text{C}$

Aufgabe 2.9:

Wir wählen ein Koordinatensystem, bei dem die y-Richtung mit c und die x-Richtung mit a zusammenfallen

$$\epsilon_{xx} = \epsilon_{aa}, \epsilon_{yy} = \epsilon_{cc}.$$

Für einen ebenen Spannungszustand mit $\sigma_{zz} = 0$ gelten die Beziehungen (2.8), die wir auch nach den Spannungen auflösen können. Zur Bestimmung von ϵ_{xy} bzw. σ_{xy} betrachten wir schließlich einen um den Winkel $\varphi = 45°$ gedrehten Schnitt. Damit lassen sich dann die Hauptspannungen berechnen.

$$\sigma_1 = 315,3 \text{ N/mm}^2, \quad \sigma_2 = -99,3 \text{ N/mm}^2, \quad \varphi_1 = 65,5°$$

Aufgabe 2.10:

$$T = 20 + \frac{3\,\Delta x}{4\,l\alpha_2}\,°\text{C}$$

Aufgabe 2.11:

a) $F = 800\,\mathrm{N}$,   b) $\epsilon(x) = \dfrac{nx}{EA}$, $u(x) = \dfrac{nx^2}{2\,EA}$

Aufgabe 2.12:

$$F_1 = F_3 = \frac{G}{2 + \dfrac{1}{2}\left(\dfrac{A_2}{A_1} + \dfrac{A_2}{A_3}\right)}\,, \qquad F_2 = \frac{G\left(\dfrac{A_2}{A_1} + \dfrac{A_2}{A_3}\right)}{4 + \left(\dfrac{A_2}{A_1} + \dfrac{A_2}{A_3}\right)}$$

Aufgabe 2.13:

Aus den gemessenen Verschiebungen lassen sich die Dehnungen berechnen:

$$\epsilon_{xx} = 8 \cdot 10^{-4}\,\frac{x}{a}\,, \qquad \epsilon_{yy} = \epsilon_{zz} = \epsilon_{xx}$$

Aufgabe 2.14:

Hauptspannungen und -dehnungen

a) $\sigma_{xx} = \dfrac{F}{A}$, $\sigma_{yy} = \sigma_{zz} = 0$, $\epsilon_{xx} = \dfrac{F}{EA}$, $\epsilon_{yy} = \epsilon_{zz} = -\nu\,\dfrac{F}{EA}$,

b) $\Delta\ell = \ell\left(\dfrac{F}{EA} + \alpha\Delta T\right)$,   c) $\Delta T = -\dfrac{F}{\alpha EA}$

Aufgabe 2.15:

$\lvert \Delta T \rvert = 55{,}5°\,\mathrm{C}$

Aufgabe 2.16:

a) $\sigma_V = \sqrt{\sigma^2 + 3\tau^2}$,   b) $\sigma_V = \sqrt{\sigma^2 + 4\tau^2}$,   c) $\sigma_V = \dfrac{1}{2}\left(\sigma + \sqrt{\sigma^2 + 4\tau^2}\right)$

Aufgabe 2.17:

a) $\sigma_V = 178{,}9\,\mathrm{N/mm^2}$,   b) $\sigma_V = 166{,}1\,\mathrm{N/mm^2}$

Kapitel 3: Flächen-Trägheitsmomente

Aufgabe 3.5:

$J_1 = 70\,410{,}92 \text{ cm}^4, \quad J_2 = 5\,418{,}41 \text{ cm}^4, \quad \varphi = 26{,}45°$

Aufgabe 3.6:

$a = 16{,}68 \text{ cm}$

Aufgabe 3.7:

$J_1 = 44\,849{,}56 \text{ cm}^4, \quad J_2 = 11\,803 \text{ cm}^4$

Aufgabe 3.8:

$J_1 = 962{,}16 \text{ cm}^4, \quad J_2 = 148{,}45 \text{ cm}^4, \quad \varphi = 7{,}24°$

Aufgabe 3.9:

$J_1 = 62\,410 \text{ cm}^4, \quad J_2 = 17\,070 \text{ cm}^4, \quad \varphi = -19{,}53°$

Aufgabe 3.10:

$J_1 = 5{,}57\,a^4, \quad J_2 = 1{,}09\,a^4, \quad \varphi = 13{,}28°$

Aufgabe 3.11:

$d = 76{,}2 \text{ mm}$

Aufgabe 3.12:

Aus der Bedingung, dass $J_{\bar{y}\bar{y}}(\varphi)$ für beliebige Werte von φ konstant bleiben soll, folgt mit Hilfe der Transformationsbeziehungen:

$a = 2\,b$.

Aufgabe 3.13:

Für das gleichseitige Dreieck gilt:

$$J_{yy} = J_{zz} = J_1 = J_2 = \frac{\sqrt{3}\,h^4}{54}$$

a) $J = \dfrac{\sqrt{3}}{18}\,(4\,h_m^3\delta + 9\,h_m\delta^3),$ b) $J = \dfrac{2\sqrt{3}}{9}\,h_m^3\delta$

Kapitel 4: Elementare Stabstatik

Aufgabe 4.12:

a) $\sigma_{max} = \dfrac{31\,F}{6\,a^2}$, b) $F_2 = 30\,F$

Aufgabe 4.13:

a) Neutrale Faser: $y = -\dfrac{h}{6} + \dfrac{2\,h}{b}\,z$

b) $\max\sigma = \sigma_{xx}(y = \dfrac{h}{3}, z = -\dfrac{b}{2}) = 18\,\dfrac{F}{bh}$

Aufgabe 4.14:

$\sigma_{xx} = -3{,}57 + 0{,}0084\,z$ [N/mm^2]

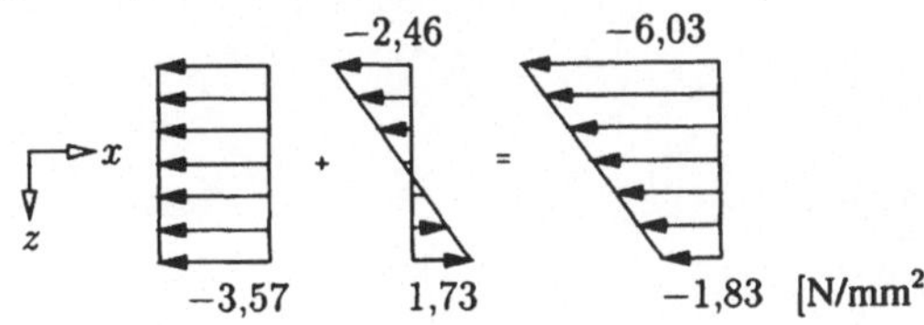

Aufgabe 4.15:

a) $\sigma_{I-I} = -\dfrac{4\,F}{3\,bh}\left(1 + \dfrac{216\,z}{59\,h}\right)$, b) $\sigma_{II-II} = -\dfrac{F}{bh}\left(1 + 4\,\dfrac{z}{h}\right)$

Aufgabe 4.16:

Die Kernfläche hat dieselben Symmetrieeigenschaften, wie der Querschnitt:

$$y_K = \pm\frac{29}{30}\,a, \quad z_K = \pm\frac{13}{24}\,a$$

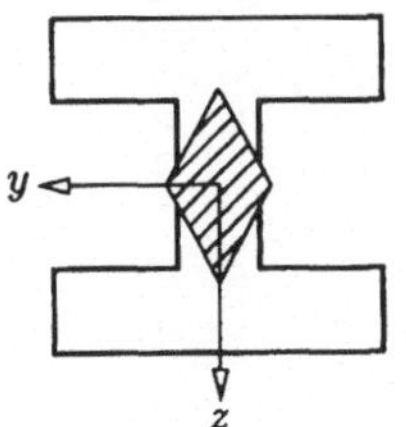

Aufgabe 4.17:

Wir gehen aus von den Beziehungen (4.5) für allgemeine symmetrische Querschnitte und erhalten:

$$\tau_{xz} = \frac{4\,Q}{3\,\pi ca^3}\,(a^2 - z^2), \quad \tau_{xy} = -\frac{4\,Q}{3\,\pi ca^3}\,zy$$

Aufgabe 4.18:

Die Richtung der resultierenden Schubspannung wird beschrieben durch den Winkel α

$$\tan \alpha = \frac{\sigma_{xz}}{\sigma_{xy}} = \frac{1 - \left(2\frac{z}{h}\right)^2}{1 - \left(4\frac{y}{h}\right)^2}$$

Aufgabe 4.19:

$$\sigma_o = \frac{15}{74}\frac{q\ell^2}{a^3}\,,\ \sigma_u = -\frac{21}{74}\frac{q\ell^2}{a^3}\,,\ \tau_1 = \frac{18}{37}\frac{q\ell}{a^2}\,,\ \tau_2 = \frac{\tau_1}{2}\,,\ \tau_{\max} = \frac{147}{296}\frac{q\ell}{a^2}\,,$$

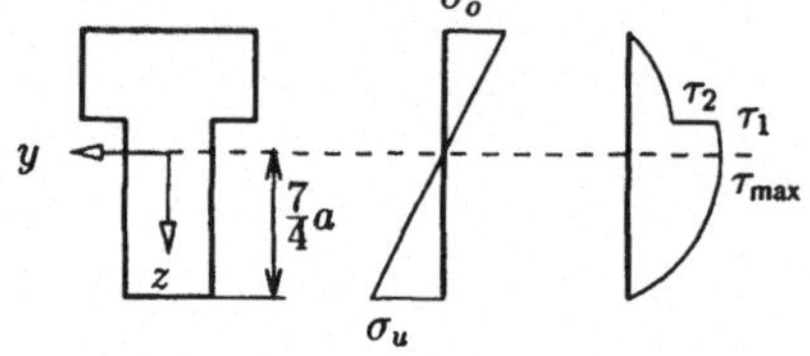

Aufgabe 4.20:

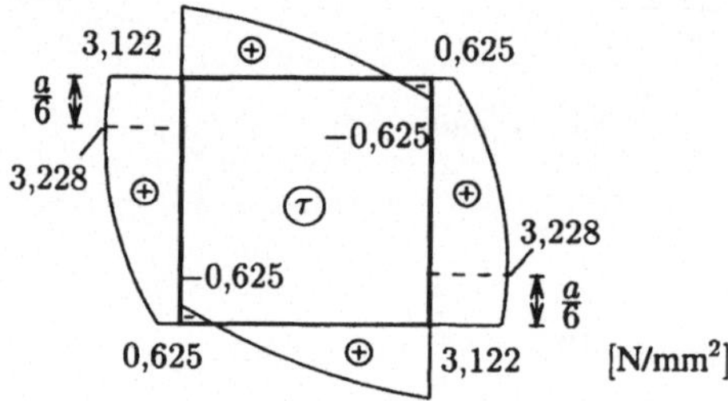

Aufgabe 4.21:

Man beachte, dass in den Gurten des Trägers $\delta \neq$ konst. ist!

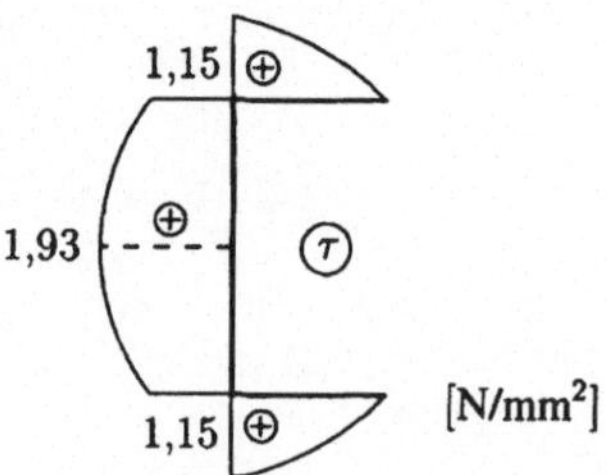

Aufgabe 4.22:

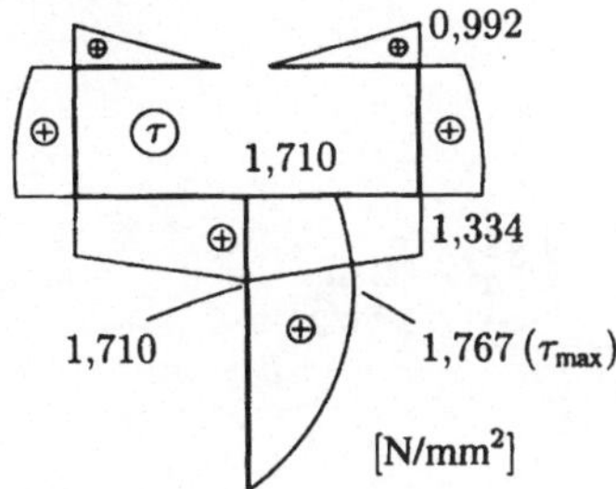

Aufgabe 4.23:

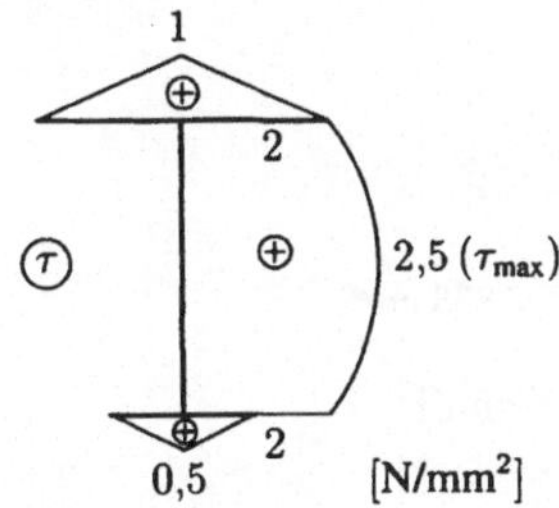

Aufgabe 4.24:

Ideeller Schwerpunkt bei $\bar{z} = 33{,}28$ cm

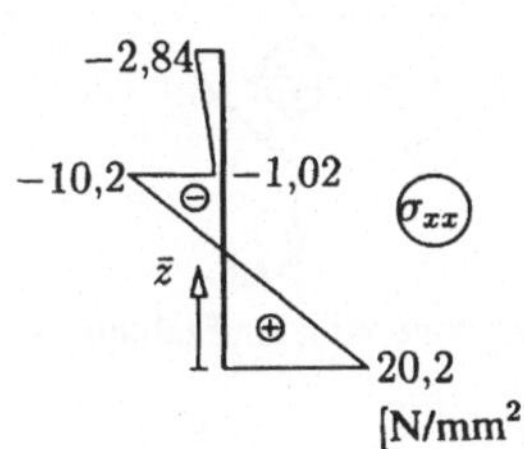

Aufgabe 4.25:

Ideeller Schwerpunkt bei $\bar{z} = a$

$$\sigma_i = Fn_i \left(\frac{1}{A_i} - \frac{az}{J_i} \right)$$

Daraus folgt

$$\sigma_{max0} = \sigma_0(z = -3a) = \frac{F}{6a^2} \leqslant \sigma_{zul0} \quad \rightarrow \quad a \geqslant 4 \text{ cm}$$

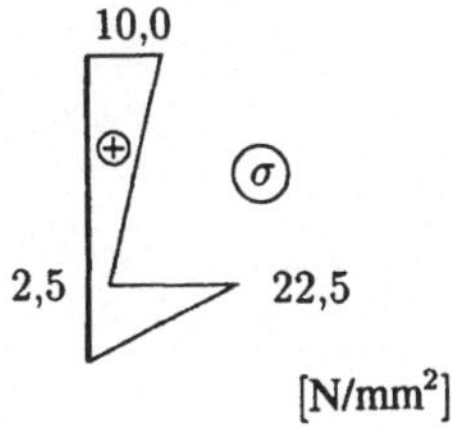

Aufgabe 4.26:

a) $\sigma_{V_I} = \dfrac{5\sqrt{7}N}{4\pi d^2}$, $\quad \sigma_{V_{II}} = \dfrac{N}{\pi d^2}$, $\quad$ b) $\sigma_{V_I} = \dfrac{5\sqrt{2}N}{2\pi d^2}$, $\quad \sigma_{V_{II}} = \dfrac{\sqrt{5}N}{2\pi d^2}$

Aufgabe 4.27:

Ideeller Schwerpunkt: $e = \dfrac{a}{4\sqrt{2}}$

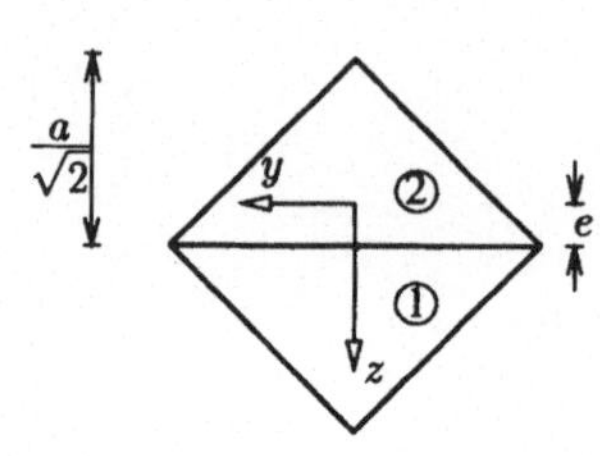

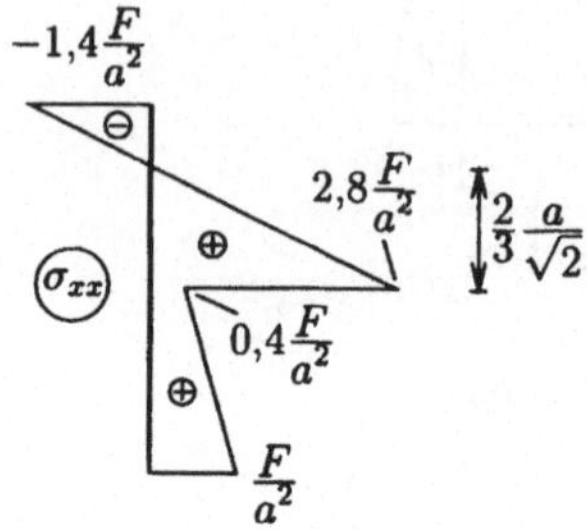

Aufgabe 4.28:

$\max q_0 = 0{,}1614 \text{ N/mm}$

Aufgabe 4.29:

a) $A_i = 2\,500 \text{ cm}^2$, $e_{iz} = 5{,}09 \text{ cm}$, $J_{i\eta\eta} = 336\,033 \text{ cm}^4$, $J_{i\zeta\zeta} = 220\,833 \text{ cm}^4$,

b)

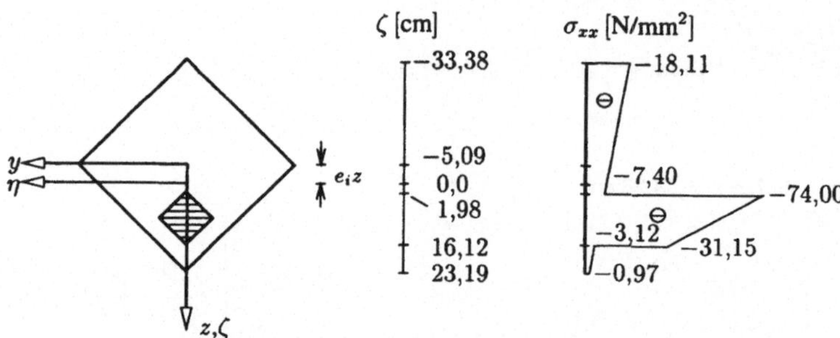

c) Für mittig angeordneten Stahlquerschnitt gilt: $\sigma_b = -8 \text{ N/mm}^2$, $\sigma_s = -80 \text{ N/mm}^2$

Kapitel 5: Biegelinie

Aufgabe 5.8:

a) Mit den Randbedingungen

$$w(0) = 0, \qquad\qquad w(\ell) = 0,$$

$$M(0) = -EJw''(0) = 0, \quad M(\ell) = -EJw''(\ell) = 0$$

erhalten wir:

$$EJw(x) = \frac{q}{24}\,(x^4 - 2\,\ell x^3 + \ell^3 x)$$

und der maximalen Durchbiegung bei $x = \frac{\ell}{2}$

$$w_{\max} = \frac{5}{384}\,\frac{q\ell^4}{EJ}\,.$$

b) Mit den Randbedingungen

$$w(0) = 0, \quad w(\ell) = 0,$$

$$w'(0) = 0, \quad M(\ell) = -EJw''(\ell) = 0$$

erhalten wir:

$$EJw(x) = \frac{q}{24}\,(x^4 - \frac{5}{2}\,\ell x^3 + \frac{3}{2}\,\ell^2 x^2),$$

der maximalen Durchbiegung bei $x = 0{,}5785\ell$

$$w_{\max} = \frac{1}{184{,}6}\,\frac{q\ell^4}{EJ}$$

und dem Biegemoment

$$M = -\frac{q}{8}\,(4x^2 - 5\,\ell x + 1).$$

Aufgabe 5.9:

Wir führen zwei Bereiche ein, mit den Koordinaten x_1 bzw. x_2. Als Lösung erhalten wir

$$EJw(x_1) = \frac{q}{24}\,(x_1^4 - 4\,\ell x_1^3 + 6\,\ell^2 x_1^2)$$

$$EJw(x_2) = -\frac{q}{8}\,\ell^3(x_2 - \ell)$$

$$w_{\max} = \frac{1}{8}\,\frac{q\ell^4}{EJ} \quad \text{bei} \quad x_1 = \ell \quad \text{bzw.} \quad x_2 = 0.$$

Aufgabe 5.10:

Aus Symmetriegründen betrachten wir nur die linke Hälfte des Rahmens und führen zwei gegenläufige Koordinaten x_1 und x_2 ein. Mit den Rand- und Übergangsbedingungen

$$w(x_1 = 0) = 0, \quad w(x_2 = \ell) = 0,$$

$$w(x_1 = 2\ell) = 0, \quad w'(x_1 = 2\ell) = -w'(x_2 = \ell)$$

erhalten wir die Lösungen

$$EJw(x_1) = \frac{F}{24}\,(x_1^3 - 4\,\ell^2 x_1)$$

$$EJw(x_2) = \frac{F}{12}\,(x_2^3 - 7\,\ell^2 x_2 + 6\,\ell^3)$$

$$w_{\text{max}} = -\frac{2}{9\sqrt{3}}\, F\ell^3 \quad \text{bei} \quad x_1 = \frac{2}{\sqrt{3}}\,\ell.$$

Aufgabe 5.11:

Mit den Rand- bzw. Übergangsbedingungen

$$w(x_1 = 0) = 0, \quad w'(x_1 = \ell) = w'(x_2 = 0),$$

$$w(x_2 = 0) = 0, \quad w(x_1 = \ell) = -w(x_2 = \ell)$$

erhalten wir

$$EJw(x_1) = \frac{F}{12}\,(x_1^3 - 3\,\ell^2 x_1)$$

$$EJw(x_2) = -\frac{F}{12}\,(x_2^3 - 3\,\ell x_2^2).$$

Aufgabe 5.12:

Wir bestimmen zunächst die Federkraft zu $C = \frac{8}{3}q\ell$ und führen zwei gegenläufige Koordinaten x_1 und x_2 ein. Mit den Rand- bzw. Übergangsbedingungen

$$w(x_1 = 0) \ = 0, \quad w'(x_1 = 3\ell) = -w'(x_2 = \ell)$$

$$w(x_1 = 3\ell) = \frac{8}{3}\,\frac{q\ell}{c} = w(x_2 = \ell)$$

erhalten wir

$$EJw(x_1) = \frac{q}{24}\,(x_1^4 - \frac{16}{3}\,\ell x_1^3 + 21\,\ell^3 x_1) + \frac{8}{9}\,\frac{EJ}{c}\,q x_1$$

$$EJw(x_2) = \frac{q}{24}\,(x_2^4 + 11\,\ell^3 x_2 - 12\,\ell^4) - \frac{8}{9}\,\frac{EJ}{c}\,q(x_2 - 4\ell).$$

Aufgabe 5.13:

$$EJw_I \ \ = -\frac{F}{6}\,(x_1^3 - 4\,\ell^2 x_1)$$

$$EJw_{II} \ = \frac{F}{3}\,(2x_2^3 - 3\,\ell x_2^2 + \ell^2 x_2)$$

$$EJw_{III} = \frac{F}{6}\,(x_3^3 - 4\,\ell^2 x_2 + 6\,\ell^3)$$

Aufgabe 5.14:

Mit $R = $ konst. und $\Delta T = 0$ sowie $s = R\varphi$ und $\mathrm{d}s = R\,\mathrm{d}\varphi$ erhalten wir aus (5.4)

$$w'' + w = -\frac{MR^2}{EJ}, \quad u' + w = \frac{NR}{EA},$$

wobei hierin $(\cdot)'$ die Ableitung nach dem Winkel φ kennzeichnet. Unter Berücksichtigung der Randbedingungen erhalten wir daraus als Lösungen:

$$w = -\frac{FR^3}{2EJ}\,\varphi\sin\varphi, \quad u = \frac{FR^3}{2EJ}\,(\sin\varphi - \varphi\cos\varphi) - \frac{FR}{EA}\,\sin\varphi$$

und damit für die Verschiebungen des Punktes B:

$$w_B = -\frac{\pi}{4}\,\frac{FR^3}{2EJ}, \quad u_B = \frac{FR^3}{2EJ} - \frac{FR}{EA}.$$

Kapitel 6: Torsion

Aufgabe 6.12:

Allgemein gilt gemäß (6.12)

$$|\tau|_{\max} = G\,\frac{J_T}{W_T}\,|\vartheta|$$

Für dünnwandige geschlossene Querschnitte bestimmen wir die Querschnittswerte mit Hilfe der Bredtschen Formeln (6.18) und (6.19)

$$\tilde{A}_M = \frac{\pi}{4}\,d_m^2, \quad W_T = \frac{\pi}{2}\,d_m^2(\delta_m - \varepsilon), \quad J_T = \frac{\pi}{4}\,d_m^3\,\sqrt{\delta_m^2 - \varepsilon^2}$$

und erhalten so

$$|\tau|_{\max} = G\,\frac{d_m}{2}\,\sqrt{\frac{\delta_m + \varepsilon}{\delta_m - \varepsilon}}\,|\vartheta|.$$

Dabei ist das bestimmte Integral

$$\oint \frac{\mathrm{d}\zeta}{\delta(\zeta)} = \frac{1}{2}\oint \frac{d_m}{\delta_m + \varepsilon\cos\varphi}\,\mathrm{d}\varphi = \frac{\pi\,d_m}{\sqrt{\delta_m^2 - \varepsilon^2}}\,.$$

Aufgabe 6.13:

$$J_T = 11.372{,}7\ \mathrm{cm}^4, \quad W_T = 800\ \mathrm{cm}^3$$

Aufgabe 6.14:

Unter der Voraussetzung, dass in beiden Profilen $|\tau|_{\max} = \tau_{\mathrm{zul}}$ ist, erhalten wir mit $\beta = 1$

$$\frac{V_I - V_{II}}{V_I} = 1 - \frac{\sqrt{a+b}}{ab}\,\sqrt{\frac{M_T}{6\,\tau_{\mathrm{zul}}}}$$

Aufgabe 6.15:

$$d_2 = \frac{d_1}{2}\,\sqrt{\frac{d_1}{\delta}}\,, \quad \delta \ll d_2$$

Aufgabe 6.16:

$$\varphi = \frac{8}{3}\,\frac{M_T l}{G a^3 \delta}\,, \quad |\tau|_{\max} = \frac{2M_T}{\sqrt{3}\,a^2 \delta_{\min}} \quad \text{bei} \quad \delta = \delta_{\min}$$

Aufgabe 6.17:

$$y_D = 0{,}32a = 32{,}4\ \mathrm{mm}$$

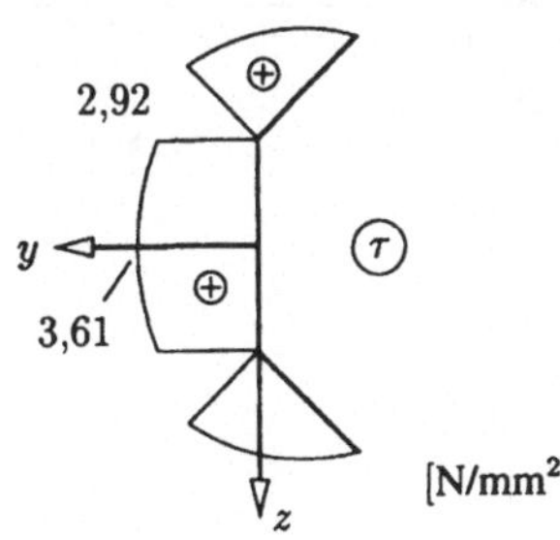

Aufgabe 6.18:

$a_D = 1{,}22$ cm

Aufgabe 6.19:

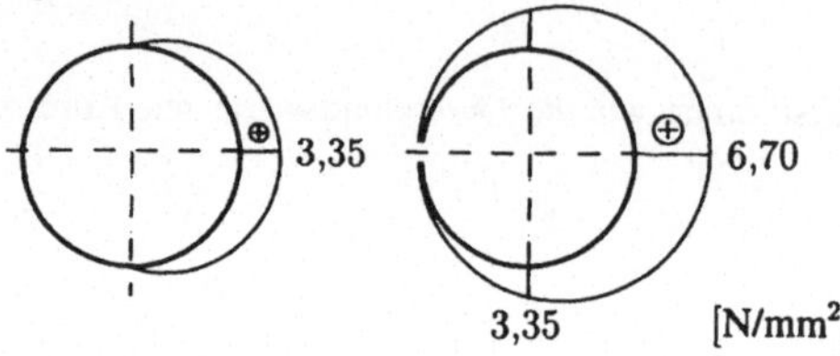

geschlossenes   geschlitztes Profil:

$a_D = 2R = 19$ cm

Aufgabe 6.20:

$$y_D = \frac{8}{25}\, a$$

Aufgabe 6.21:

a) $b = \dfrac{a}{2}$

b)

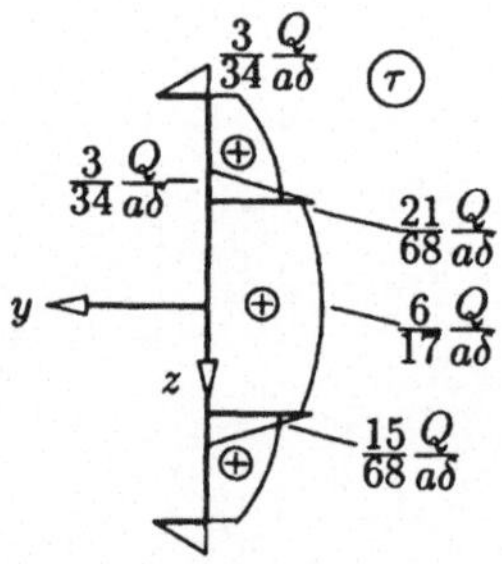

Aufgabe 6.22:

a) $J_{yy} = \dfrac{\delta r^3}{6}\,(3\pi + 28) = 6{,}24\,\delta r^3$ b) $y_D = -\dfrac{9\pi + 12}{3\pi + 28} = -1{,}08\,r$

c) $\tau_Q(z = 0) = \dfrac{15}{3\pi + 28}\,\dfrac{Q}{r\delta} = 0{,}40\,\dfrac{Q}{r\delta}$, $\max \tau_{M_T} = \dfrac{3\,y_D Q}{\delta^2 r(\pi + 2)} = 0{,}63\,\dfrac{Q}{\delta^2}$

Aufgabe 6.23:

a)

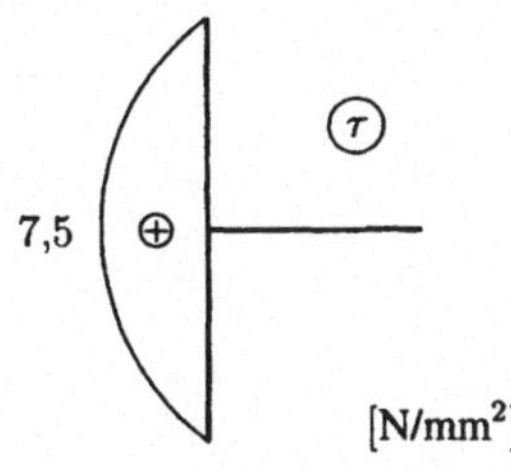

b) $\max\tau_{M_T} = \dfrac{3\,F}{5\,\delta^2} = 60\ \text{N/mm}^2$ c) $\vartheta = \dfrac{3\,F}{10\,G\delta^3} = 5\cdot 10^{-4}$

Aufgabe 6.24:

a)

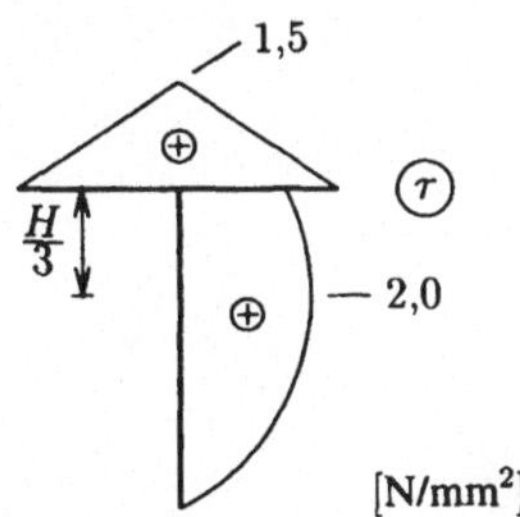

b) $\tau_Q = 2\ \text{N/mm}^2$, $\max\tau_{M_T} = 10\ \text{N/mm}^2$ bei $\beta = 1$

c) $\vartheta(x) = \dfrac{q_0\ell}{12\,G\delta^3}\left(1 - \dfrac{x}{\ell}\right)^2$, $\varphi = \displaystyle\int_0^\ell \vartheta(x)\,\mathrm{d}x = 2{,}08\cdot 10^{-3}$

Aufgabe 6.25:

a)

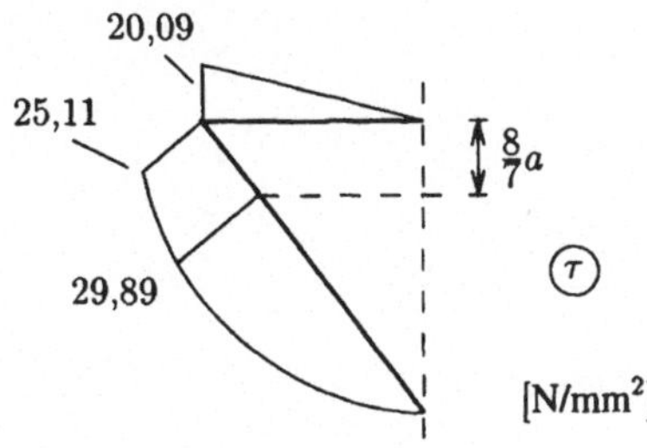

b) $\max\tau_{M_T} = \dfrac{96\,M_T}{5\,a^2 t} = 3.918{,}4\ \text{N/mm}^2$ c) $\vartheta = \dfrac{37\,M_T}{1152\,G a^3 t} = 1{,}17\cdot 10^{-6}\ \text{mm}^{-1}$

Aufgabe 6.26:

a)

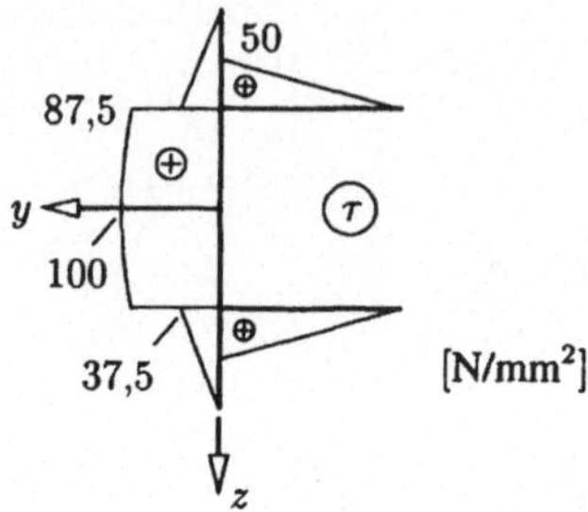

b) $y_D = \dfrac{3}{14}\, a = 42.86$ mm, $\quad \max \tau_{M_T} = \dfrac{Q}{56\,\delta^2} = 250$ N/mm^2

Aufgabe 6.27:

a) $\sigma_{xx} = -\dfrac{24\,F}{\delta a^2}\, z$

b)

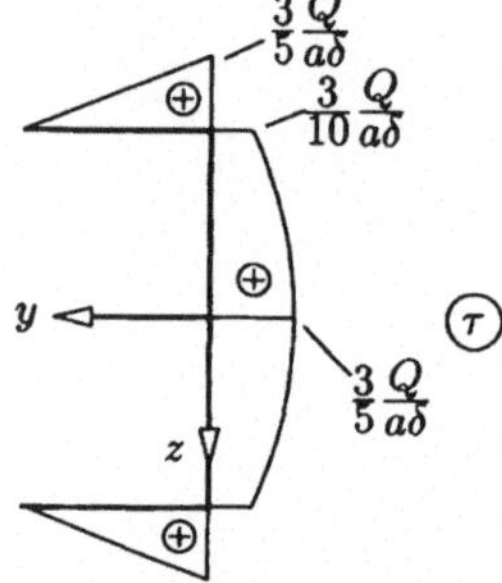

c) $y_D = -\dfrac{7}{30}\, a$ d) $\tau_Q = \dfrac{3}{5}\,\dfrac{F}{a\delta}$, $\quad \max\tau_{M_T} = \dfrac{143}{45}\,\dfrac{F}{\delta^2}$

e) $\sigma_V = \dfrac{F}{a\delta}\sqrt{144 + \dfrac{3}{25}\left(\dfrac{3}{2} + \dfrac{73\,a}{9\,\delta}\right)}$

Kapitel 7: Energiemethoden

Aufgabe 7.11:

$$EJf_G = \frac{9}{8}\,q\ell^4$$

Aufgabe 7.12:

$$EAf_G = 11Fa \quad \rightarrow \quad f_G = 0{,}413\text{ mm}$$

Aufgabe 7.13:

$$EJ\varphi_G = \left(\frac{1}{2} - \frac{\pi}{4}\right)FR^2 = -713{,}5\text{ kNm}^2$$

Aufgabe 7.14:

$$EJ_c\delta_V = 793{,}3\text{ kNm}^3, \quad EJ_c\,\varphi = 126{,}6\text{ kNm}^2$$

Aufgabe 7.15:

$$EJ\delta_V = 4{,}75\text{ MNm}^3, \quad EJ\delta_H = 114{,}55\text{ MNm}^3$$

Aufgabe 7.16:

Wir erhalten zunächst

$$EJf_A = 6F\ell^3 + \frac{41}{24}\,q\ell^4 = 7{,}71\text{ kNm}^3.$$

Aus der Forderung $f_A \leqslant \ell/300$ folgt dann: $d \geqslant 12{,}24$ cm.

Aufgabe 7.17:

$$EJf = \frac{1}{3}\,G\,\ell_2^2(\ell_1 + \ell_2) + G\frac{EJ}{c}\left(\frac{\ell_1 + \ell_2}{\ell_1}\right)^2 \quad \rightarrow \quad f = 32{,}52\text{ cm}$$

Aufgabe 7.18:

$$\delta_H = \frac{F\ell}{EA}\,(1 + 2\sqrt{2}), \quad \delta_V = \frac{F\ell}{EA}$$

Aufgabe 7.19:

$$\delta_F = Fr^3\left[\frac{3}{4}\,\pi\,\frac{1}{EJ} + \left(\frac{9}{4}\,\pi + 2\right)\frac{1}{GJ_T}\right]$$

Aufgabe 7.20:

a) $EJ\varphi_A = \left(\pi + \frac{1}{2}\right)Fr^2$

b) im Schwerpunkt gilt:

$$\sigma_{xx} = \frac{F}{a^2}, \quad \sigma_{xz} = \frac{3}{2}\,\frac{F}{a^2}, \quad \sigma_{1,2} = \frac{1}{2}\,\frac{F}{a^2}\,(1 \pm \sqrt{10}) \quad \rightarrow \quad \varphi = -35{,}78°$$

Aufgabe 7.21:

Das System ist 1-fach statisch unbestimmt. Wir erhalten:

$$N = -\frac{3EJ\alpha\Delta T}{\ell^2 + 3\dfrac{EJ}{EA}} \cdot$$

Aufgabe 7.22:

Das System ist 2-fach statisch unbestimmt. Wir erhalten:

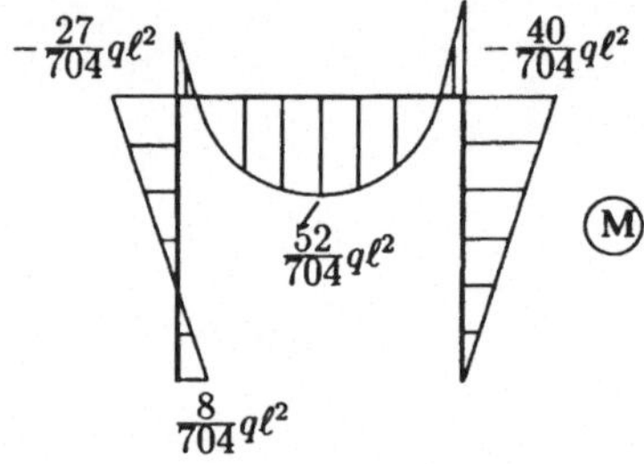

Aufgabe 7.23:

Das System ist 2-fach statisch unbestimmt. Wir erhalten:

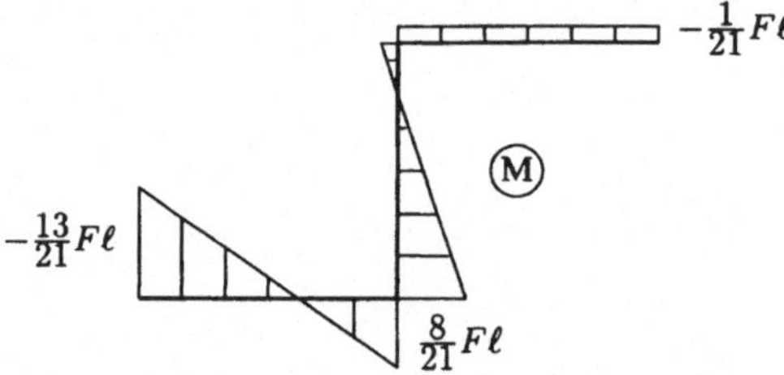

Aufgabe 7.24:

Das System ist 1-fach statisch unbestimmt. Wir erhalten:

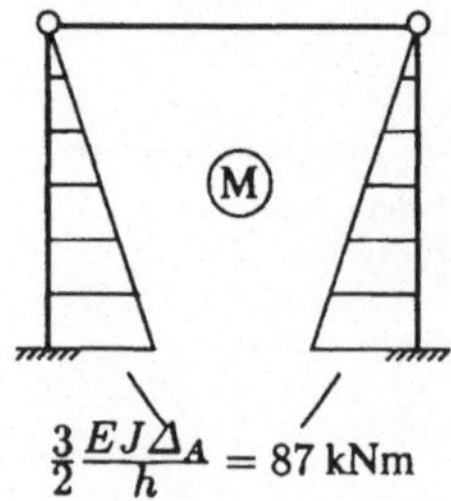

Aufgabe 7.25:

Das System ist 1-fach statisch unbestimmt. Wir erhalten für die Momentenlinie:

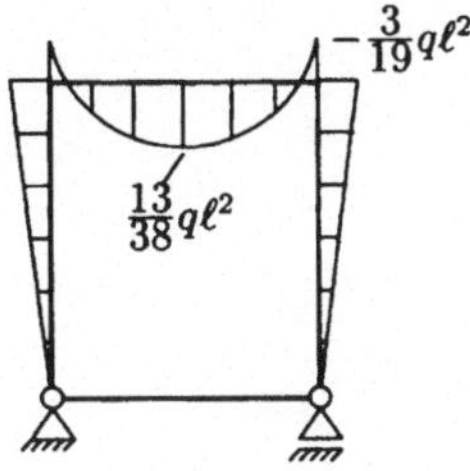

Aufgabe 7.26:

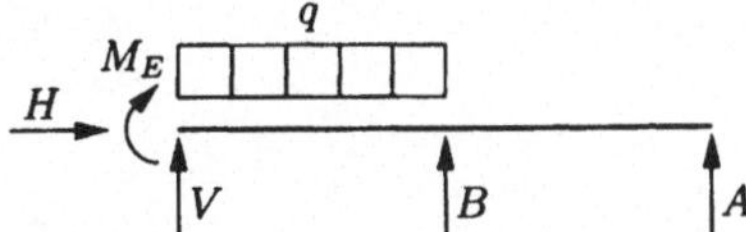

Das System ist 2-fach statisch unbestimmt. Wir erhalten:

$$A = -\frac{1}{28}\,q\ell, \quad B = \frac{13}{28}\,q\ell, \quad V = \frac{4}{7}\,q\ell, \quad H = 0, \quad M_E = -\frac{3}{28}\,q\ell^2$$

Aufgabe 7.27:

$$EJ\varphi_G = \frac{25}{6}\,F\ell^2 + 8q\ell^3$$

Aufgabe 7.28:

$$\delta_V = \frac{5}{3}\,\frac{F\ell^3}{EJ} + 2\sqrt{2}\,\frac{F\ell}{EA}$$

Aufgabe 7.29:

Das System ist 1-fach statisch unbestimmt. Wir erhalten:

$$X = F\,\frac{a^3}{a^3 + b^3}$$

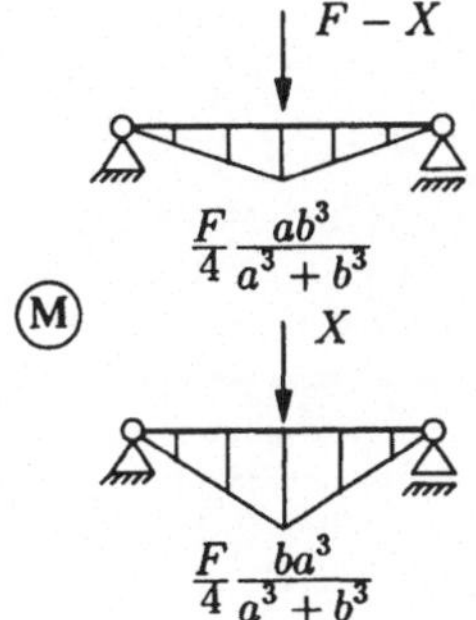

Aufgabe 7.30:

Das System ist 1-fach statisch unbestimmt.

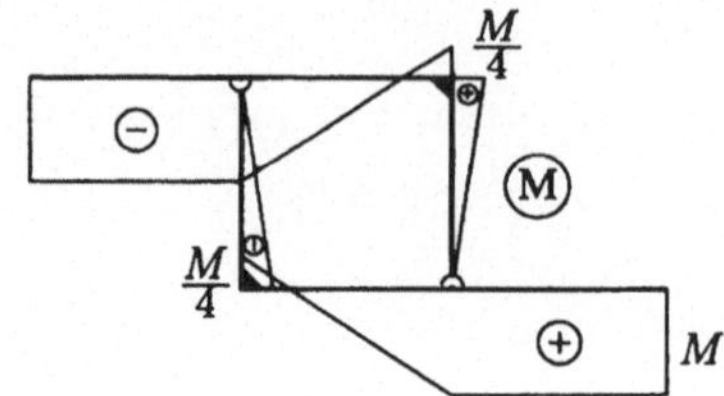

Aufgabe 7.31:

Das System ist 1-fach statisch unbestimmt.

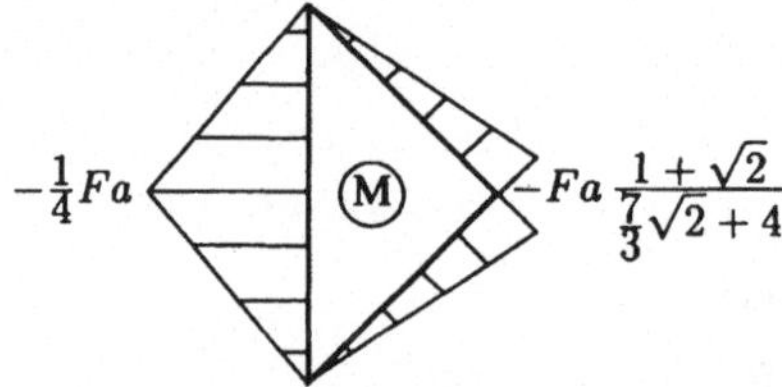

Aufgabe 7.32:

Das System ist 1-fach statisch unbestimmt.

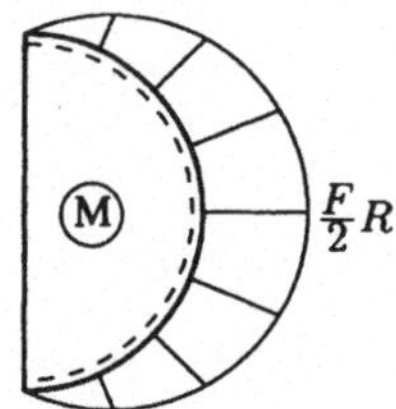

Aufgabe 7.33:

Das System ist 1-fach statisch unbestimmt. Wir erhalten:

$$S_1 = S_3 = 32{,}62 \, \text{kN}, \quad S_2 = 43{,}50 \, \text{kN}$$

Aufgabe 7.34:

Das System ist 2-fach statisch unbestimmt. Wir erhalten:

$$S_1 = -\frac{1}{7} F, \quad S_2 = \frac{2}{7} \sqrt{2} F, \quad S_3 = \frac{3}{7} \sqrt{2} F, \quad S_4 = -\frac{2}{7} \sqrt{2} F$$

Kapitel 8: Stabilitätsprobleme

Aufgabe 8.9:

Wir bilden das Gleichgewicht der Kräfte am verformten System und erhalten:

$$F_k = \frac{c\ell}{2} \, .$$

Aufgabe 8.10:

An Stelle des gegebenen Systems führen wir ein Ersatzsystem ein, das die Nachgiebigkeiten in den Bereichen 1 (EJ_1) bzw. 2 (EJ_2) durch entsprechende Federn berücksichtigt.

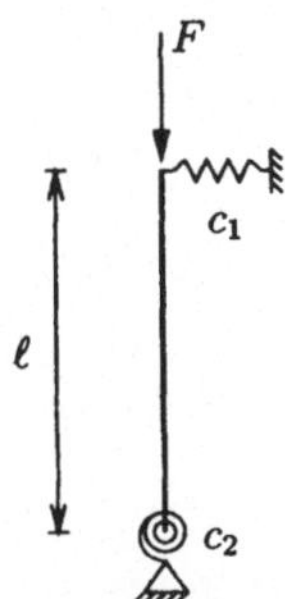

Als Federsteifigkeiten erhalten wir mit Hilfe des Prinzips der virtuellen Arbeiten (siehe Kapitel 7)

$$c_1 = \frac{1}{\delta_{11}} = 48 \frac{EJ_1}{\ell_1^3} \, , \quad c_2 = \frac{1}{\delta_{22}} = 3 \frac{EJ_2}{\ell_2} \, .$$

Das Gleichgewicht der Kräfte am verformten Ersatzsystem liefert dann

$$F_k = 48 \frac{EJ_1}{\ell_1^3} \ell + 3 \frac{EJ_2}{\ell_2 \ell}$$

Aufgabe 8.11:

$$F_k = \frac{c_1 + c_2}{h}$$

Aufgabe 8.12:

$$F_{k1} = \frac{1}{3} c\ell, \quad F_{k2} = 2\, c\ell$$

Aufgabe 8.13:

$$F_k = \frac{G}{1 + \frac{b}{a} \frac{G}{ac}}$$

Aufgabe 8.14:

$$F_{k1} = ac, \quad F_{k2} = \frac{9}{4} ac$$

Aufgabe 8.15:

$$F_{k1} = c\ell, \quad F_{k2} = 6\,c\ell$$

Aufgabe 8.16:

Zugstäbe: $\quad S_1 = S_2 = \sqrt{2}F \quad \to \quad h \geqslant 10{,}05 \text{ mm}$

Druckstab: $\quad S_3 = -F \quad \to \quad h \geqslant 43{,}26 \text{ mm}$

Aufgabe 8.17:

a) $\quad F_{ky} = 4\pi^2 \dfrac{EJ_y}{\ell^2} = 20{,}73 \text{ kN}, \quad$ (4. Euler-Fall)

$\qquad F_{kz} = \dfrac{\pi^2}{4} \dfrac{EJ_z}{\ell^2} = 11{,}66 \text{ kN}, \quad$ (1. Euler-Fall)

b) $\quad \dfrac{a}{b} = \dfrac{1}{4}$

Aufgabe 8.18:

$$F = -5 \text{ kN}, \quad F_k = \pi^2 \frac{EJ}{\ell^2} \quad \text{(2. Euler-Fall)}$$

$$\sigma_{Dzul} = \frac{EJ\pi^2}{\nu A\ell^2} \geqslant \frac{|F|}{A} \quad \to \quad r \geqslant 8{,}85 \text{ mm}$$

Das ω-Verfahren liefert dann:

$$\sigma = \omega \frac{|F|}{A}, \quad \lambda = 227{,}2 \quad \to \quad \omega = 13{,}1 \quad \text{(St 520)}$$

$$\sigma = 266 \text{ N/mm}^2 > 210 \text{ N/mm}^2 = \sigma_{zul} \quad \to \quad \text{die Stütze ist nicht ausreichend dimensioniert.}$$

Aufgabe 8.19:

Wegen der starren Einspannung erfahren alle 4 Stäbe die gleiche Dehnung.

$$\epsilon = \frac{N_{Al}}{E_{Al}A} + \alpha_{Al}\Delta T = \frac{N_{St}}{E_{St}A} + \alpha_{St}\Delta T.$$

Mit Hilfe des Kräftegleichgewichtes erhalten wir daraus

$$N_{Al} = -N_{St} = -\frac{\alpha_{Al} - \alpha_{St}}{E_{Al} + E_{St}} E_{St}E_{Al}A\Delta T.$$

Stabilität (4. Euler-Fall): Knicklänge $\ell_k = \dfrac{1}{2}\ell$

Knicken der Aluminiumstäbe: $\quad \to \quad \Delta T \geqslant 31{,}33 \text{ K}$

Knicken der Stahlstäbe: $\qquad\quad \to \quad \Delta T \leqslant -94{,}0 \text{ K}.$

Kapitel 9: Einfache rotationssymmetrische Probleme

Aufgabe 9.3:

a) $\sigma_{\varphi\varphi} = 120\,\text{MPa}$, $\sigma_{zz} = 60\,\text{MPa}$

b) $\sigma_{\varphi\varphi}$ und σ_{zz} sind Hauptspannungen $\quad\rightarrow\quad |\sigma_{\bar{x}\bar{y}}|_{\text{max}} = 30\,\text{MPa}$, $\varphi^* = 45°$

c) $\sigma_{\bar{z}\bar{z}} = 90\,\text{MPa}$

Aufgabe 9.4:

$$\sigma_{\varphi\varphi S} = -\frac{q\,r}{h_S}, \quad \sigma_{\varphi\varphi C} = -\frac{q\,r}{h_C}$$

Schrumpfdruck: $\quad q = -\dfrac{\alpha\,\Delta T}{r\left(\dfrac{1}{h_S E_S} + \dfrac{1}{h_C E_C}\right)}$.

Weitere Titel aus dem Programm

Alfred Böge
Technische Mechanik
Statik - Dynamik -
Fluidmechanik – Festigkeitslehre
24., überarb. Aufl. 1999.
XVIII, 409 S. mit 547 Abb.,
21 Arbeitsplänen, 16 Lehrbeisp.,
40 Übungen und 15 Tafeln.
(Viewegs Fachbücher der Technik)
Geb. DM 49,80
ISBN 3-528-24010-5

Alfred Böge,
Walter Schlemmer
**Aufgabensammlung
Technische Mechanik**
15., überarb. Aufl. 1999. XII, 216 S.
mit 516 Abb. und 907 Aufg.
(Viewegs Fachbücher der Technik)
Br. DM 39,80
ISBN 3-528-14011-9

Alfred Böge
**Formeln und Tabellen
Technische Mechanik**
17., überarb. Aufl. 1999. IV, 52 S.
(Viewegs Fachbücher der Technik)
Br. DM 19,80
ISBN 3-528-34012-6

Alfred Böge, Walter Schlemmer
**Lösungen zur
Aufgabensammlung
Technische Mechanik**
10., überarb. Aufl. 1999. IV, 200 S. mit
743 Abb. Diese Aufl. ist abgestimmt
auf die 15. Aufl. der Aufgabensammlung TM. (Viewegs Fachbücher
der Technik) Br. DM 38,00
ISBN 3-528-94029-8

Alfred Böge (Hrsg.)
Das Techniker Handbuch
Grundlagen und Anwendungen der
Maschinenbau-Technik
15., überarb. und erw. Aufl. 1999.
XVI, 1720 S. mit 1800 Abb.,
306 Tab. und mehr als 3800 Stich-
wörtern. Geb. DM 148,00
ISBN 3-528-34053-3

Abraham-Lincoln-Straße 46
65189 Wiesbaden
Fax 0611.7878-400
www.vieweg.de

Stand 1.4.2000
Änderungen vorbehalten.
Erhältlich im Buchhandel oder im Verlag.